工信精品

软件技术系列教材

软件测试

微课版

王敏 王智超 / 主编

周燕 肖玉 许华 魏波 / 副主编

Software
Testing

人民邮电出版社

北京

图书在版编目（CIP）数据

软件测试 : 微课版 / 王敏, 王智超主编. -- 北京 : 人民邮电出版社, 2025. -- (工信精品软件技术系列教材). -- ISBN 978-7-115-66504-1

Ⅰ. TP311.55

中国国家版本馆 CIP 数据核字第 2025FB0754 号

内容提要

本书依据高等职业院校软件技术专业教学标准，参考《Web 应用软件测试职业技能等级标准》及全国职业院校技能大赛“软件测试”赛项规程，按照学生认知规律、企业软件测试的流程及软件测试员的初→中→高岗位级别对应的典型任务将内容分为 8 个单元（共 28 个子任务和 1 个综合项目实战），包括软件测试基础、白盒测试、黑盒测试、软件测试过程、面向对象软件测试、缺陷报告与测试管理、软件测试自动化和软件测试项目实战——测试资产管理系统。

本书涵盖了当前软件测试领域的基本理论和技能点，与软件测试领域的岗位需求密切对接，适合作为高职专科层次院校软件技术专业“软件测试”课程、职业本科层次院校“软件质量保证与测试”课程、专本联合“3+2”人才培养相关课程的教材，也可供软件开发和测试的技术人员、对软件测试有兴趣的学习者使用。

◆ 主　　编　王　敏　王智超

副 主 编　周　燕　肖　玉　许　华　魏　波

责任编辑　赵　亮

责任印制　王　郁　周昇亮

◆ 人民邮电出版社出版发行　　北京市丰台区成寿寺路 11 号

邮编　100164　　电子邮件　315@ptpress.com.cn

网址　https://www.ptpress.com.cn

天津千鹤文化传播有限公司印刷

◆ 开本：787×1092　1/16

印张：16　　2025 年 7 月第 1 版

字数：400 千字　　2025 年 7 月天津第 1 次印刷

定价：59.80 元

读者服务热线：(010)81055256　印装质量热线：(010)81055316

反盗版热线：(010)81055315

编委会

前　言

软件测试是发现软件缺陷、提高软件质量的重要手段。近年来，随着信息技术的快速发展，软件的种类、开发模式和应用场景发生了较大的变化，软件的复杂度也越来越高，给软件测试带了较大的挑战，软件测试也由原来的人工测试向自动化测试方向发展。自动化测试不仅可以大大提高测试效率，还能将软件测试人员从重复、枯燥的测试工作中解放出来，使得软件测试人员可以把精力放在系统测试的整体大局上。

本书全面系统地介绍了当前软件测试领域的基本理论和技能点，与软件测试领域的岗位需求密切对接。本书从思想性、灵活性、适宜性、职业性四个方面为基本点，融合了多名软件开发及测试工程师、一线教师的工作经验和科研成果，以企业真实项目为载体，以技能等级证书技能要求为导向，紧跟软件测试技术前沿，在多年课程建设成果的基础上编写而成。本书以任务的实施过程为主线，将知识的讲解贯穿其中，通过推进任务来深化学生对技能的掌握，各任务按任务引入、问题导引、知识准备、任务拓展/任务实训和复习提升进行组织，做到内容全面、层次清晰、循序渐进、理论与实践相结合。

本书通过引入数字化学习资源实现活页化，将各任务的知识点或技能点颗粒化并以不同形式呈现，结合资源难度和用途分为课前、课中和课后三类数字资源，通过一个二维码可阅读或观看同一知识技能点的多个资源，不仅能满足个性化学习和多样化学习的需求，还能将软件测试岗位的最新技术及时融入教学。为落实立德树人根本任务，本书依托“素养园地”视频资源精心打造培根铸魂的动态育人场景，推动学生核心素养全面发展。

本书的参考学时为 54～72 学时，各单元的参考学时见以下学时分配表。

学时分配表

单元	课程内容	参考学时
单元一	软件测试基础	4
单元二	白盒测试	8
单元三	黑盒测试	8
单元四	软件测试过程	4～8
单元五	面向对象软件测试	4～8
单元六	缺陷报告与测试管理	4～8
单元七	软件测试自动化	12～16
单元八	软件测试项目实战——测试资产管理系统	10～12
学时总计		54～72

本书由从事软件测试课程教学的双师型教师、全国职业院校技能大赛“软件测试”赛项的指导教师和中软国际等企业的软件测试工程师共同编写，编写人员的职

称、学历和年龄结构合理。王敏、王智超担任主编，周燕、肖玉、许华、魏波担任副主编。其中王敏负责总体规划和统稿工作，并负责单元一、单元二、单元三内容的编写；王智超负责单元四内容的编写及全书的整理和修订；许华负责单元五内容的编写；周燕负责单元六内容的编写；肖玉负责单元七内容的编写；单元七和单元八中涉及相关测试工具和测试任务的内容由以上 5 位教师共同编写。编委会成员全程参与本书的编写指导，对本书的结构设计和内容编写提出了宝贵的建议。

由于编者水平有限，书中内容难免存在疏漏和不足之处，恳请各位同人和广大读者朋友批评指正，联系邮箱：wangmin@hbou.edu.cn。

编　者

2025 年 1 月

案例执行及实训环境说明

二维码资源使用说明

学习资源命名规则

微课视频清单

单元	视频名称	二维码
课程介绍	W-Y-0　课程介绍	
单元一 软件测试基础	W-Y-1-1-1　软件	
	W-Y-1-1-2　软件工程	
	W-Y-1-1-3　软件缺陷	
	W-Y-1-2-1　软件测试	
	W-Y-1-2-2　软件测试的分类	
	W-Y-1-2-3　软件测试的原则	
	W-Y-1-2-4　软件测试过程模型	
	W-Y-1-3　软件质量	
	W-Y-1-4　软件测试行业发展	

单元	视频名称	二维码
单元二 白盒测试	W-Y-2-1　静态测试	
	W-Y-2-2　逻辑覆盖测试	
	W-Y-2-3　基本路径测试	
单元三 黑盒测试	W-Y-3-1　等价类划分法	
	W-Y-3-2　边界值分析法	
	W-Y-3-3　决策表法	
	W-Y-3-4　因果图法	
	W-Y-3-5　正交试验法	
	W-Y-3-6　场景法	

续表

单元	视频名称	二维码	单元	视频名称	二维码
单元四 软件测试过程	W-Y-4-1 实施单元测试		单元六 缺陷报告与测试管理	W-Y-6-1 缺陷的报告方法	
	W-Y-4-2 实施集成测试			W-Y-6-2 软件测试项目管理	
	W-Y-4-3 实施系统测试		单元七 软件测试自动化	W-Y-7-1 认知软件测试自动化的基本知识	
	W-Y-4-4 模拟验收测试			W-Y-7-2 使用 JUnit 进行单元测试	
	W-Y-4-5 实施回归测试			W-Y-7-3 使用 Selenium 进行功能测试	
单元五 面向对象软件测试	W-Y-5-1 面向对象软件测试的层次			W-Y-7-4 使用 Postman 进行接口测试	
	W-Y-5-2 面向对象软件测试的策略			W-Y-7-5 使用 LoadRunner 进行性能测试	
				W-Y-7-6 使用禅道模拟测试管理	

目 录

单元一

软件测试基础

单元导学

软件测试是保证软件工程质量的重要手段，是伴随软件生命周期的重要质量保证活动。随着信息技术的飞速发展，软件技术广泛应用于各个产业，软件的复杂度不断增加，软件测试得到广泛的重视。

本单元介绍与软件测试相关的基础知识，包括软件测试的定义、软件测试的分类、软件测试的原则等内容。通过本单元的学习，读者能了解软件测试是什么、需要做什么、怎么做等。本单元的知识和技能适用于以下岗位。

- 功能测试实施岗位。
- 性能测试实施岗位。
- 安全性测试实施岗位。
- 测试项目管理岗位。

学习目标

- 理解软件、软件工程的基本概念。
- 了解软件缺陷产生的原因。
- 了解软件测试的定义及分类。
- 理解并掌握软件测试的原则。
- 了解软件质量模型。
- 树立正确的社会主义核心价值观。

素养园地

资源码 S-1-0

任务 1-1　认知软件测试的背景

任务引入

食品安全对我们来说并不陌生，要保证食品安全，就需要加强对食品生产过程的监管，保证食品质量。没有通过质量论证的企业便没有生产资质，通过质量检测的食品才能进入市场。实际上所有的产品均有严格的质量监管，软件也一样，软件测试是对软件质量进行检测的过程，是确保软件工程质量的重要手段。

要知道何为软件测试、如何进行软件测试、软件测试要遵循什么原则等，首先要了解软件是什么，以及为什么会产生软件缺陷。

问题导引

1. 软件是什么？软件包含哪些内容？
2. 产生软件缺陷的原因是什么？
3. 什么是软件危机？
4. 讲述你遇到过的软件缺陷，它们产生的原因是什么。

预习资源

资源码 Y-1-1

知识准备

1.1.1　软件

人们通常将系统程序、应用程序、用户自己编写的程序等称为软件（Software）。随着硬件技术及互联网技术的飞速发展，软件越来越复杂，规模也越来越大，并且与人们的生活密不可分，人们意识到软件作为一种产品，并不等于程序。程序是人们为了完成特定的功能而编制的代码，由不同类型的计算机语言描述，并且能在计算机上执行。而软件不仅包括程序，还包括支撑程序运行的基础数据，以及与程序开发、维护和使用有关的文档。

1. 软件的定义

1983 年，电气与电子工程师学会（Institute of Electrical and Electronics Engineers，IEEE）对软件给出的定义：计算机程序、文档、运行程序必需的数据、方法、规则。软件过程改善和软件工程技术方面的国际知名研究者罗杰 S.普雷斯曼（Roger S. Pressman）认为，计算机软件是由专业人员开发并长期维护的软件。不同组织和专家从不同角度对软件进行了定义，由于软件并不仅运行在传统的计算机上，还可运行在众多的电子设备上，因此本书对软件的定义如下。

软件是各种电子设备中与硬件相互依存的一部分，是包括程序、数据及其相关文档的完整集合，是由专业人员开发并长期维护的产品。

程序：用程序设计语言编写的代码或指令，如采用 Java、C#等高级语言编写的代码。

数据：通常指支撑软件运行的基础数据，如导航软件除了程序，还需要大量的地理数据。

文档：包括开发过程中各阶段的说明书、数据词典、程序清单、软件使用手册、维护手册、

软件测试报告和测试用例等。它是开发组织和用户之间的权利和义务的合同书，是系统管理者、总体设计者向软件开发人员下达的任务书，是系统维护人员的技术指导手册，是用户的操作说明书。

2. 软件的特点

（1）抽象性。

软件是一种无形逻辑实体，不是看得见、摸得着的物理实体。

（2）多样性。

几乎所有的电子设备都离不开软件，如手机、智能手表、医疗设备等电子设备上都有不同形式的软件。

（3）易生产性。

软件开发与硬件生产不同，它采用计算机开发，不需要大规模的加工设备，软件开发企业的设备投入相对于硬件生产企业较少。

（4）无磨损性。

在软件的运行和使用期间，不会出现硬件使用过程中出现的机械磨损、老化问题。但它存在与新设备和其他软件的兼容性问题，需要对其进行维护。

（5）依赖性。

软件的开发与运行常常受到计算机系统的限制，它依赖于软、硬件系统，因此具有依赖性。降低软件的依赖性是软件开发人员追求的目标。

（6）复杂性。

软件本身是复杂的。软件的复杂性往往来自它所反映的实际问题的复杂性，当然也可能来自程序逻辑结构的复杂性。

（7）脆弱性。

软件容易遭受黑客、病毒、信息盗用者攻击。

（8）高科技性。

软件的研制者需不断学习新知识和新技术，软件的研制工作需要投入大量的、复杂的、高强度的脑力劳动。

1.1.2　软件工程

20 世纪 70 年代中期，有 70%的软件开发项目由于管理不善而失败；20 世纪 90 年代中期，美国软件工程实施现状调查显示，仅有 10%的项目能够在预定的费用和进度下交付。软件项目管理成为软件项目开发的核心内容之一。

软件开发从早期的以个人活动为主的手工作坊方式，逐步转为以程序员小组为代表的集体开发方式。在这一转换过程中，软件开发人员在开发一些大型软件系统时遇到了许多困难，出现软件系统最终彻底失败、软件系统开发花费的时间远远超过计划时间、软件系统未能完全满足用户的期望、软件系统无法被修改和维护等一系列问题。这些问题严重影响了软件产业的发展，制约着计算机软、硬件的应用，使软件生产不能满足市场的需求，人们将这一现象称为“软件危机”。“软件危机”主要表现在以下几个方面。

（1）开发进度难以预测、成本难以控制。

软件开发人员难以估计软件开发的成本与进度，预算成倍增加，开发时间延长几个月甚至几年的情况并不罕见。软件项目组为了节约成本，忽略了软件质量。软件开发陷入成本居高不下、质量无保证、用户不满意、软件开发企业信誉降低的恶性循环。

（2）用户对软件功能的需求难以得到满足。

软件开发人员和用户之间难以沟通、矛盾难以调解。软件开发人员不能真正了解用户的需求，用户又不了解计算机求解问题的模式和能力，双方无法用共同的语言进行交流。在双方互相了解不充分的情况下，软件开发人员就仓促上阵设计软件，着手编写程序，这种“闭门造车”的开发方式必然导致最终的产品不符合用户的实际需要。

（3）软件质量难以保证。

软件中的错误难以消除。软件是逻辑产品，质量很难以统一的标准度量，因而导致质量控制困难。软件并不是没有错误，而是盲目检测很难发现错误，隐藏的错误往往是造成重大事故的隐患。

（4）软件难以维护。

软件中的错误很难改正，让软件适应新的运行环境几乎是不可能的。软件本质上是软件开发人员代码化的逻辑思维活动，他人难以替代，若非软件开发人员本人，很难及时检测、排除故障；大量的软件开发人员在重复开发基本功能类似的软件，但是软件在使用过程中又不能增加用户需要的新功能；为使软件适应新的硬件环境，或根据用户的需要在原软件中增加一些新的功能，又有可能增加软件中的错误。

（5）软件缺少适当的文档资料。

实际上文档资料是软件必不可少的重要组成部分，缺乏必要的文档资料或者文档资料不合格将给软件开发和维护带来许多困难和问题。软件文档资料的不规范、不健全是造成软件开发的进度、成本不可控制和软件维护管理困难的重要原因。

人们对导致“软件危机”的各种因素进行分析之后，发现软件在需求分析、开发过程、文档撰写、人员交流、测试、维护等很多方面都存在严重的不足。为了解决“软件危机”，人们开始尝试着用工程化的思想去指导软件开发，于是诞生了软件工程。

1. 软件工程的定义

软件工程是应用计算机科学、数学及管理科学等开发软件的工程。通俗来说，软件工程是一套软件开发的原则和方法，用于将其他工程领域中行之有效的工程学知识运用到软件开发工作中来，即按工程化的原则和方法组织软件开发工作。

IEEE 对软件工程的定义：将系统化、严格约束的、可量化的方法应用于软件的开发、运行和维护，即将工程化应用于软件。具体来说，软件工程是用借鉴传统工程的原则、方法，以提高质量、降低成本为目的指导计算机软件开发和维护的工程学科。

从经济利益的角度来看，软件工程的目标是生产出满足预算、按期交付、用户满意的软件，通过科学的工程化管理使软件企业利益最大化。从社会的角度来看，软件工程的目标是提高软件的质量与生产率，最终实现软件的工业化生产。

2. 软件项目管理的四要素

软件工程是对软件开发项目的管理工程，是为了使软件项目能够顺利完成，而对成本、人员、进度、质量、风险等进行分析和管理的活动。软件项目管理包含 4 个重要的因素（4P），即人员（People）、过程（Process）、项目（Project）和产品（Product），具体介绍如下。

人员：项目的重要因素，是关于软件工程由谁来完成的问题。

过程：软件工程的框架活动，包含任务、里程碑、工作产品以及质量保证点，指明了软件工

程的实现方式，一般包括可行性研究、需求分析、系统设计、程序设计、测试和维护。

项目：开发软件所需要的所有工作，包括与客户的交流、撰写文档、设计、编程和对产品做测试等一系列工作流程。

产品：所实现的软件及其相关的应用工件，应用工件包括需求分析所得到的软件需求规格说明书、详细设计的最终结果——设计模型、具体实现的源代码和目标代码以及测试过程和测试用例。

4P 之间的关系可表达为每个项目的目标是产生一个产品，设计和实现一个有效产品是过程，而项目小组中人员的组织、协调、管理以及人与人之间的信息交流是决定项目成功与否的关键因素。

3. 软件生命周期

软件工程强调使用生命周期方法学，从时间角度对软件开发和维护的复杂问题进行分解，把软件生命周期划分为若干阶段，每一个阶段有相对独立的任务。软件从形成概念开始到最后退出使用的过程称为软件生命周期，通常软件生命周期包括可行性分析、需求分析、软件开发、软件测试、软件使用与维护 5 个阶段。

（1）可行性分析。

在可行性分析阶段，软件开发方与需求方共同讨论，主要确定软件的开发目标及其可行性。其任务是了解用户的要求及实现环境，从技术、经济和社会等几个方面研究并论证软件系统的可行性。

（2）需求分析。

通过可行性论证后，对软件需要实现的功能、性能和运行环境约束进行分析，编制软件需求规格说明书、软件系统的确认测试准则。软件的性能需求包括软件的适应性、安全性、可靠性、可维护性等。需求分析阶段是一个很重要的阶段，也是在整个软件开发过程中不断变化和深入的阶段，能够为整个软件开发项目的成功打下良好的基础。

（3）软件开发。

包含软件设计与软件编程两个阶段，软件设计阶段主要根据需求分析的结果对整个软件系统进行设计，如系统框架设计、数据库设计等。软件编程阶段主要将软件设计阶段的结果转换成可运行的程序代码。必须制定统一、符合标准的编程规范，以保证程序的可读性、易维护性，提高程序的运行效率。

（4）软件测试。

软件开发完成后要经过严密的测试，以发现软件在整个设计过程中存在的问题并加以纠正。软件测试执行越晚，发现问题并进行纠正的成本越高。软件测试已不是传统意义上的对可执行代码的测试，而是包含各种静态的评审活动，如需求分析的评审、软件设计的评审等。软件测试应该贯穿整个软件生命周期。

（5）软件使用与维护。

软件的使用是指将软件安装在用户确定的运行环境中移交给用户使用。软件维护是指对软件系统进行修改，包括解决用户在使用中遇到的问题和满足用户变更的需求，对应工作包含需求分析变更、设计变更、代码修改、测试等。当发现软件中的潜伏错误，或用户对软件的需求、软件运行环境发生变化时，都需要对软件进行维护。软件维护的成功与否直接影响软件的应用效果和软件生命周期。

当软件不再有使用和维护价值时，将停止软件的使用和维护，软件生命周期结束。

1.1.3 软件缺陷

软件缺陷又叫 Bug（小虫），该名称是由一个硬件故障得来的。在 1947 年，计算机硬件的集成技术还比较落后，计算机由机械式继电器和真空管驱动，非常庞大。有一天计算机突然停止了工作，技术人员找到了原因，原来在计算机内部一组继电器的触点之间有一只小虫，这只小虫飞到继电器的触点上被高压电击死，导致计算机发生故障。后来人们就将计算机出现的问题叫作 Bug，并用 Debug（捉小虫）表示调试程序。

1. 软件缺陷的定义

软件是由人开发的，软件开发是个很复杂的过程，开发期间产生错误是不可避免的。无论软件从业人员、专家和学者做了多大的努力，软件都会出现不同程度的问题。因此，缺陷是软件的一种属性，是无法改变的。

IEEE 对缺陷的定义：从产品内部看，缺陷是软件开发或维护过程中存在的错误、毛病等各种问题；从产品外部看，缺陷指系统所需要实现的某种功能缺失或实现的功能与需求不一致。

2. 软件缺陷的判断

判断软件缺陷的依据主要是各类产品规格说明书（如软件需求规格说明书、软件详细设计规格说明书、软件概要设计规格说明书等）。产品规格说明书是软件开发小组的一个协定，它对开发产品进行定义，给出软件设计和开发的细节，明确做什么、如何做、不能做什么等，这种协定包含简单的口头说明和正式的书面文档等多种形式。下面以资产管理系统的登录页面为例展示产品规格说明书的具体内容。

【例 1-1-1】资产管理系统中登录页面的产品规格说明书如下。

（1）行为人。

系统管理员。

（2）业务描述。

系统管理员通过登录页面进入 Web 端资产管理系统，登录页面是进入该系统的唯一入口。

（3）需求描述。

输入有效的系统管理员用户名和密码才能登录该系统。

（4）UI。

登录页面如图 1-1-1 所示。

图 1-1-1 登录页面

（5）业务规则。

① 在用户名、密码输入框中输入系统管理员的用户名、密码，单击“登录”按钮即可登录该系统；进入系统管理员首页，左侧显示该角色功能菜单。

② 未输入用户名时单击“登录”按钮，系统提示“请输入用户名”。

③ 未输入密码时单击“登录”按钮，系统提示“请输入密码”。

④ 用户名输入无效时单击“登录”按钮，系统提示“登录账号不存在!”。

⑤ 密码输入无效时单击“登录”按钮，系统提示“登录密码错误!”。

下面以资产管理系统的登录页面为例说明如何根据产品规格说明书来判断软件是否存在缺陷。

（1）软件未实现产品规格说明书中所要求的功能。例如，进入系统管理员首页，左侧显示的该角色功能菜单缺少“个人信息”项。

（2）软件中出现了产品规格说明书中指明不应该出现的错误。例如，在登录页面输入用户名后不需要输入有效的密码就可以直接登录。

（3）软件实现了产品规格说明书中未提到的功能。例如，登录页面中的“用户登录”标题可单击。

（4）软件未实现产品规格说明书中虽未明确提及但应该实现的目标。例如，登录页面输入的密码明文展示。

（5）软件难以理解，不易使用，运行缓慢，或软件测试人员预判软件不符合最终用户的使用习惯。例如，登录页面的登录按钮热区过小，难以实现单击操作。

3. 软件缺陷案例

历史上曾多次发生过软件缺陷导致的重大事故，这些事故产生了严重的生命安全问题和经济损失，以下是几个发人深思的软件缺陷案例。

（1）迪士尼的游戏软件问题。

1994 年，美国迪士尼公司发布了第一款面向儿童的多媒体光盘游戏“狮子王动画故事书（Lion King Animated Storybook）”，但由于迪士尼公司没有对各种计算机机型进行全面的系统兼容性测试，而只在几种计算机机型上进行了相关测试，因此这款游戏软件售出后才发现其只能在少数计算机机型上正常运行。这就是兼容性测试不充分导致的。

（2）美国国家航空航天局飞船登陆火星问题。

1999 年，美国国家航空航天局发射飞船登陆火星，但是飞船在登陆前却“失踪”了。

美国国家航空航天局设计的火星登陆流程：在飞船降落到火星的过程中，打开降落伞以减缓飞船下降的速度，降落伞打开后的几秒内，飞船的 3 个支架撑开；当飞船距离火星表面 1800 米时，丢弃降落伞，这时需要通过反向推进器来降低飞船着陆的速度，使飞船缓缓降落到火星表面。

当时美国国家航空航天局利用了触点开关来打开和关闭反向推进器，原本这个触点开关是通过在计算机中设置一个数据位，经计算机精准计算来打开和关闭反向推进器的，但问题是触点开关也可能受机械振动打开和关闭。质量管理小组在事后的测试中发现，飞船在着陆过程中丢弃降落伞后打开了反向推进器，但机械振动使触点开关提前关闭了，之后飞船以自由落体方式冲向火星表面，变成碎片。

分析原因得知：飞船着陆测试由不同的小组进行，其中一个小组测试飞船的着陆过程，没有检查那个关键的数据位，因为那不是这个小组负责的范围；另一个小组测试飞船着陆的其他部分，他们总是在开始测试之前重置计算机、清除数据位。双方自身的工作都没什么问题，最后出现问题就是因为没做集成测试。

（3）“2000 年”问题。

在 20 世纪 70 年代，为了节省内存和硬盘空间，在存储日期数据时只保留年份的后 2 位，即“1979”被存储为“79”。但是，当 2000 年到来的时候，问题出现了。例如，银行存款计算利息时，某人“1979 年 1 月 1 日”存入银行 1000 元，“2000 年 1 月 1 日”去银行结算利息，按照年份存储 2 位的计算方法，00−79=−79，其存款年数就为−79 年，这样将会计算出一个负利息数，顾客不仅得不到利息，反而要付给银行利息。当 2000 年临近时，全世界为了解决这个问题付出了极大的代价，所以将这个问题称为“2000 年”问题（Y2K）。这一问题是在设计评审的时候没有发现问题、扩展性考虑不充分导致的。

4. 软件缺陷产生的原因

软件缺陷是软件的属性，是不可避免的。那么造成缺陷的主要原因有哪些呢？软件缺陷是由软件产品的特点和开发过程决定的。下面从软件本身的问题、团队问题、技术问题和管理问题等角度说明软件缺陷产生的主要原因。

（1）软件本身的问题。

① 需求不清晰，导致设计目标偏离客户的需求，从而产生功能或产品特征上的缺陷。

② 系统太复杂，缺乏很好的层次结构或组件结构，导致意想不到的问题或系统维护、扩充上的困难。

③ 对程序逻辑路径或数据范围的边界考虑不够周全，漏掉了某些边界条件，造成容量或边界错误。

④ 对实时性较高的应用没有精心设计、没有确保时间同步，引起时间上的不一致。

⑤ 没有考虑系统崩溃后的自我恢复或数据的异地备份、灾难性恢复机制。

⑥ 系统运行环境复杂，容易引起一些特定用户环境问题以及数据量过大引起的强度或负载问题。

⑦ 通信端口多、存取和加密手段存在矛盾等，造成系统的安全性或适用性等问题。

⑧ 新技术出现，涉及技术或系统兼容的问题。

（2）团队问题。

① 进行系统需求分析时和客户沟通不充分，导致对需求理解不清楚或有误。

② 不同阶段的软件开发人员的理解不一致。

③ 项目组成员技术水平有差异、培训不够等。

（3）技术问题。

① 算法错误导致得不到正确或准确的结果。

② 计算和精度问题导致计算结果不能满足精度需求。

③ 系统结构不合理、算法选择不科学造成系统性能低下。

④ 接口参数传递不匹配导致模块集成出现问题。

（4）管理问题。

① 缺乏质量管理理念，对质量、资源、任务、成本等的平衡性把握不好。

② 开发周期短，需求分析、设计、编程、测试等各项工作不能完全按照定义好的流程进行，给各类软件开发人员造成太大的压力，引起人为的错误。

③ 开发流程不够规范，存在随机性，缺乏严谨的内审或评审机制。

④ 文档不完善，风险估计不足等。

任务拓展

关于软件缺陷的讨论

拓展资源

资源码 X-1-1

1. 谈谈你使用的哪些软件存在缺陷？是否符合软件缺陷的特征？
2. 结合自己的综合项目实训经验，分析产生软件缺陷的原因。
3. 作为一名软件测试人员，对于一个问题是否属于缺陷跟软件开发人员产生了分歧，该怎么办？
4. 在整个软件生命周期中，如何尽可能地避免产生软件缺陷？

复习提升

扫码复习相关内容，完成以下练习。

复习资源

资源码 F-1-1

选择题

1. 软件是（　　）。

A. 处理对象和处理规则的描述　　B. 程序

C. 程序及其文档　　D. 计算机系统

2. 软件需求分析的任务不包括（　　）。

A. 问题分析　　B. 信息域分析

C. 结构化设计　　D. 确定逻辑结构

3. 下列选项中不属于软件生命周期中软件开发阶段任务的是（　　）。

A. 软件测试　　B. 概要设计　　C. 软件编程　　D. 详细设计

4. 下面哪一种选项不属于软件缺陷（　　）。

A. 软件没有实现产品规格说明书中要求的功能

B. 软件实现了产品规格说明书中要求的功能，但因受性能限制而未考虑可移植性问题

C. 软件实现了产品规格说明书中没有提到的功能

D. 软件中出现了产品规格说明书中不应该出现的功能

5. 在软件生命周期中，修改错误代价最大的阶段是（　　）。

A. 需求分析阶段　　B. 软件设计阶段

C. 软件编程阶段　　D. 软件使用与维护阶段

任务 1-2　认知软件测试基础知识

任务引入

在食品质量监管过程中，从业者需要遵循相关的法律法规。企业生产需具备的资质、食品生产的规定流程、食品添加剂的安全范围等均有严格的规定说明。

在软件测试的过程中，软件测试人员也需要遵循相应的规定说明。软件测试过程模型定义了

测试的流程和方法，软件需求规格说明书规定了测试的范围，软件测试的原则用于指导测试人员如何进行测试。

问题导引

1. 什么是软件测试？

2. 软件测试需遵循的原则有哪些？

3. 软件测试过程模型中的 V 模型、W 模型、H 模型和 X 模型的优缺点是什么？

知识准备

1.2.1 软件测试

1. 软件测试的定义

IEEE 对软件测试（Software Testing）的定义：使用人工或自动手段运行或测试某个系统的过程，其目的在于检验它是否满足规定的需求或弄清楚预期结果与实际结果之间的差别。软件测试与软件质量有着密切的联系，软件测试的最终目的是保证软件质量。通常软件质量以“满足需求”为基本衡量标准，IEEE 提出的软件测试定义明确提出了软件测试以检验是否满足需求为目标。

在开始测试之前，需要设计好测试用例，根据测试用例逐一实施测试。

2. 测试用例

设计测试用例是为了有的放矢地对软件进行测试，设计目标是用最少的测试用例发现尽可能多的软件缺陷，以提高测试的效率。

测试用例（Test Case）是对一项特定测试任务的描述，能体现测试方案、方法、技术和策略。其内容包括测试环境、输入、执行步骤、预期结果、测试脚本等。简单来说，测试用例是为核实是否满足某个需求而编制的一组测试输入、执行条件以及预期结果。

测试用例重点包含以下 4 个内容。

（1）测试用例标题：描述测试的某个功能点。

（2）前置条件：在执行测试步骤前需要满足的条件。

（3）执行步骤：描述测试用例的操作步骤。

（4）预期结果：符合预期需求（需求规格说明书、用户需求等）的结果。

例如，【例 1-1-1】中资产管理系统的登录页面有表 1-2-1 所示的测试用例。其设计的依据是该页面的需求规格说明书。

表 1-2-1　资产管理系统登录页面的测试用例

测试用例编号	测试标题	前置条件	输入	执行步骤	预期结果
DL-001	验证 UI 布局是否合理	启动浏览器	在浏览器地址栏输入登录页面网址	对比 UI 设计图，查看页面	UI 布局与设计吻合
DL-002	验证用户名和密码的输入控制	进入登录页面	用户名：001 密码：001	输入以上数据	用户名以明文显示，密码以密文显示

续表

测试用例编号	测试标题	前置条件	输入	执行步骤	预期结果
DL-003	登录检查	用户名、密码正确，且符合要求	用户名：001 密码：001	输入以上数据，单击“登录”按钮	登录成功，进入系统管理员首页
……	……	……	……	……	……

在软件测试的过程中，测试用例具有以下作用。

（1）指导测试的实施。

在实施测试时测试用例可以作为测试的依据，软件测试人员需要按照测试用例的内容逐一严格执行，并记录测试结果。测试用例主要适用于功能测试、集成测试、系统测试和回归测试。

（2）规划测试数据的准备。

测试（尤其是涉及数据查询等功能时）需要大量的测试数据，按照测试用例的规划准备充分的测试数据是十分重要的。除准备满足条件的正常数据之外，还要针对每一个条件准备违背条件的数据和大量边缘数据。

（3）作为测试脚本的需求规格说明书。

为了提高测试效率，自动化测试被广泛应用，而自动化测试的主要任务是编写测试脚本。如果说软件工程中软件编程必须有需求规格说明书,那么测试脚本的需求规格说明书就是测试用例。

（4）评估测试结果。

完成测试后需要对测试结果进行评估，输出测试报告。判断软件测试是否完成、衡量测试质量需要一些量化的结果，如测试覆盖率、测试合格率、重点测试合格率等。这些都可以通过测试用例的执行情况进行统计。

（5）分析缺陷的性质。

对于发现的缺陷，通过对比测试用例和缺陷库，可以分析确证是漏测还是缺陷复现。漏测反映了测试用例的不完善，应补充相应的测试用例；如果缺陷库已有相应测试用例，而缺陷复现了，则说明实施测试的过程或变更处理存在问题。

1.2.2　软件测试过程模型

软件测试过程用于定义软件测试的流程和方法。软件开发过程的完成度决定了软件的质量，同样，测试过程的完成度将直接影响测试结果的准确性和有效性。软件测试过程和软件开发过程一样，都遵循软件工程、管理学的原理和方法。

测试专家们总结出了多种软件测试过程模型，这些模型将测试活动进行了归纳总结，明确了测试与开发之间的关系，是测试管理的重要参考依据。软件测试过程模型主要包含 V 模型、W 模型、H 模型、X 模型及前置测试模型 5 种。

1. V 模型

V 模型反映了测试活动与需求分析、设计的关系，描述了基本的开发阶段和测试阶段，非常明确地标明了测试过程中存在的不同级别，并且清楚地描述了这些测试阶段和开发阶段的对应关系，如图 1-2-1 所示。

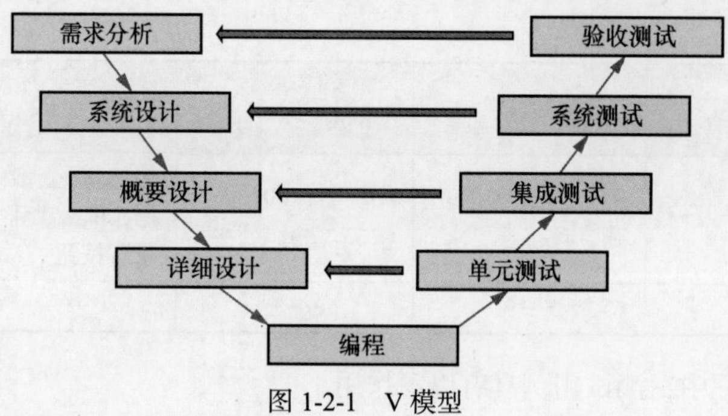

图 1-2-1　V 模型

（1）V 模型的基本思想。

V 模型把软件测试当作软件生命周期的重要组成部分，明确地标出了测试过程中存在的不同级别以及测试阶段与开发阶段的对应关系。

（2）V 模型的优点。

① 测试过程循序渐进，既有底层测试，又有高层测试。

② 清晰地展示了开发和测试的各个阶段。

③ 每个阶段分工明确，便于整体项目的把控。

（3）V 模型的缺点。

① 容易使人误解测试是软件开发的最后一个阶段。

② 开发完成后才开始测试，修复缺陷的成本可能巨大。

③ 如果发生需求变更，就要变更相关需求文档、设计、编程、测试，返工量大。

2. W 模型

V 模型的局限在于没有明确地说明开发完成前的测试活动。在 V 模型中增加开发阶段同步进行的测试，演化为图 1-2-2 所示的 W 模型。W 模型实际上是开发的 V 模型与测试的 V 模型组合而成的“双 V”模型。

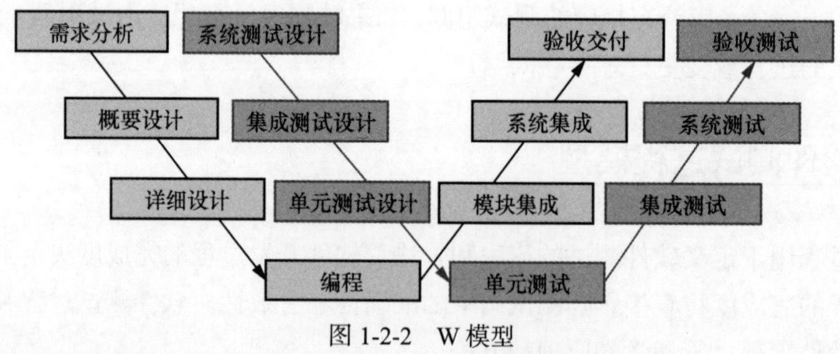

图 1-2-2　W 模型

（1）W 模型的基本思想。

W 模型从需求阶段就开始介入测试，以便更早发现问题，解决了 V 模型不容易找到缺陷根源和修复缺陷成本巨大的问题。

（2）W 模型的优点。

① 测试贯穿整个软件生命周期，除了代码要测试，需求、设计等也要经过测试。

② 便于更早发现问题，使修改的范围可控。

③ 测试与开发相互独立，并行进行，可以加快项目进度。

（3）W 模型的缺点。

① 不适用于需求、设计、接口等文档缺乏的项目。

② 对于需求和设计的测试，技术要求较高，实践较困难。

③ 无法支持迭代的开发模型。

3. H 模型

H 模型将测试活动独立出来，如图 1-2-3 所示，该模型将测试准备活动和测试执行活动清晰地体现出来，贯穿整个软件生命周期，与其他流程并发进行。

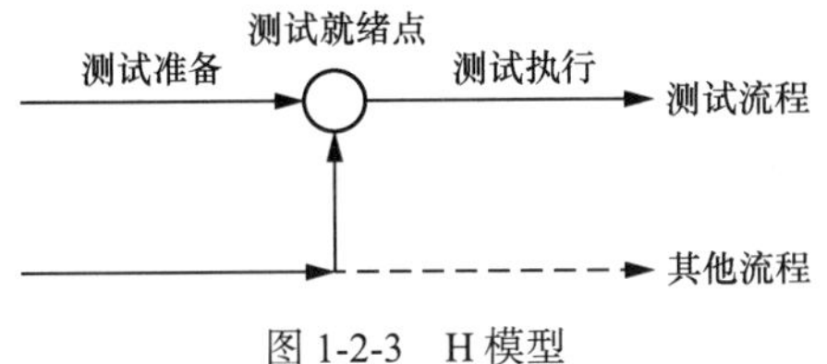

图 1-2-3　H 模型

（1）H 模型的基本思想。

测试活动与其他流程并发进行，只要某个测试点准备就绪，就可以从测试准备阶段进行到测试执行阶段。软件测试可以尽早进行，并且可以根据被测对象的不同分层次进行。

图 1-2-3 所示的“测试就绪点”检查测试的就绪条件是否满足，主要是看以下内容是否完成。

① 该开发流程对应的测试策略是否完成。

② 测试方案是否完成。

③ 测试环境是否搭建好。

④ 相关输入件、输出件是否明确。

（2）H 模型的优点。

① 软件测试完全独立，贯穿整个软件生命周期，且与其他流程并发进行。

② 软件测试活动可以尽早准备、尽早执行，具有很强的灵活性。

③ 软件测试可以根据被测对象的不同分层次、分阶段、分次序地执行，同时也可以被迭代。

（3）H 模型的缺点。

① 管理要求高：由于 H 模型很灵活，必须定义清晰的规划和管理制度，否则测试过程将非常难以管理和控制。

② 技能要求高：H 模型要求很好地定义每次迭代的规模，不能太大也不能太小。

③ 测试就绪点分析困难：很多时候并不知道测试准备到什么时候是合适的、就绪点在哪里、就绪点的标准是什么，因此难以确定何时开始测试的执行。

4. X 模型

X 模型的基本思想是由马里克（Marick）提出的。他认为 V 模型的缺点是无法引导项目的全过程。如图 1-2-4 所示，X 模型的左边描述的是相互分离的程序片段（1～n）的编程和测试，此后将进行频繁的交接，通过集成最终成为可执行程序。该图的右上方体现了对集成后可执行程序的测试，对于已通过集成测试的成品，可以将其进行封装并提交给用户，也可以将其作为更大规模和范围内集成程序的一部分。该图中右下方的虚线体现了探索性测试，探索性测试不是事先计划的特殊类型的测试，这一方式能帮助有经验的软件测试人员在测试计划之外返回更多的软件缺陷。多根并行的曲线表示变更可以在各个部分发生。

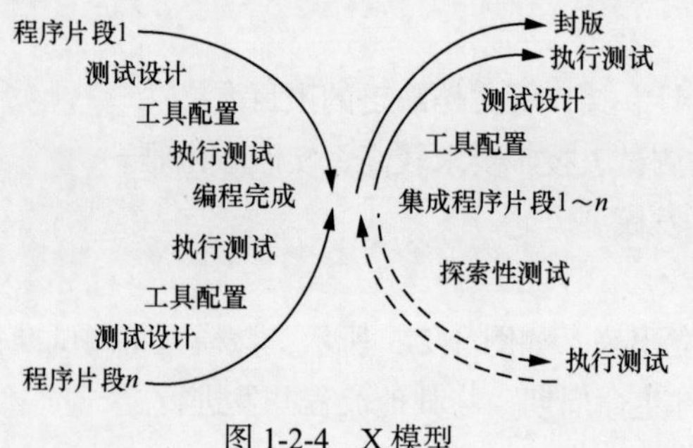

图 1-2-4　X 模型

（1）X 模型的基本思想。

X 模型能处理开发的所有方面，包括交接、频繁重复的集成以及需求文档的缺乏等。

（2）X 模型的优点。

① 提出了探索性测试，探索性测试不经事先计划，可以帮助软件测试人员在测试计划之外发现更多的软件缺陷。

② 软件测试活动可以尽早准备、尽早执行，具有很强的灵活性。

（3）X 模型的缺点。

① 测试投入成本较高，可能造成浪费。

② 对测试技能要求比较高。

5. 前置测试模型

前置测试模型是一个将测试和开发紧密结合的模型，如图 1-2-5 所示。该模型将开发和测试的流程整合在一起，展示了整个项目从开始到结束的关键行为，并且表示了这些行为在项目周期中的价值。如果其中有些行为没有得到很好的执行，那么项目成功的可能性就会有所降低。比如，前置测试模型要求业务需求说明应在系统设计、开发和测试之前被正确定义，如果在没有业务需求说明的情况下进行系统设计、开发和测试，由于需求不明确，不仅软件开发过程效率低下，还很可能导致软件项目失败。

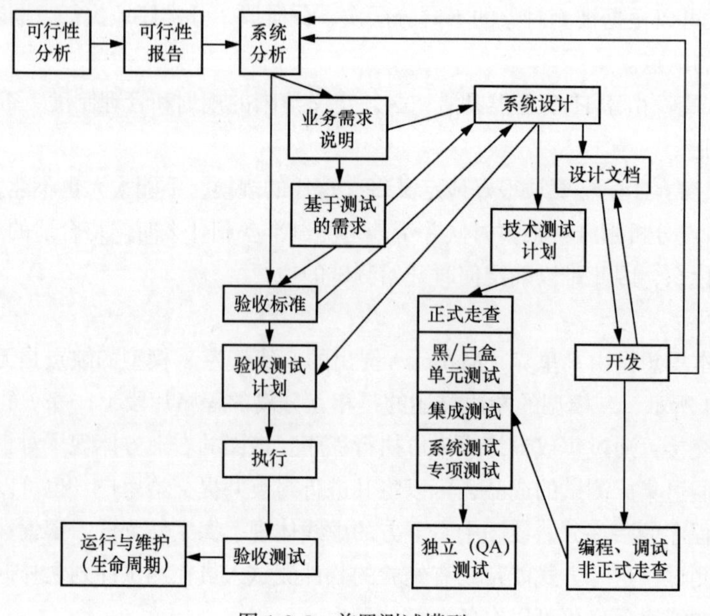

图 1-2-5　前置测试模型

（1）前置测试模型的基本思想。

前置测试模型在设计阶段就开始进行测试计划和测试设计，在项目的整个软件生命周期中进行反复交替的开发和测试，并对每一个交付内容进行测试，最终的验收测试和技术测试保持相互独立。

（2）前置测试模型的优点。

① 质量保证和质量控制严格，有助于提高测试质量。

② 测试贯穿整个开发过程，有效地提高了测试质量。

③ 强调验收测试，并用双重测试验证，保证系统能成功验收。

（3）前置测试模型的缺点。

① 流程管理复杂。

② 需求变化时很难应对。

③ 对文档、质量管理、配置管理、项目管理要求较高。

1.2.3　软件测试的原则

为进行有效的软件测试，软件测试人员需掌握软件测试的基本原则，遵循这些原则可帮助软件测试人员有效地利用时间和精力来发现软件项目的缺陷。软件测试通常有以下 7 个基本原则。

（1）测试是为了证明软件存在缺陷。

测试只能证明软件是存在缺陷的（证伪），而不能证明软件是没有缺陷的（证实）。测试只能找出软件中存在的缺陷，但不能证明软件是完美的。

（2）穷尽测试是不可能的。

覆盖所有的测试数据、输入和测试场景的组合是不可能存在的。在有限的测试周期内，软件测试人员一般只能专注于一些重要的指标。

比如测试一个简单的计算器，可以尝试 1+1,1+2,1+3,1+n⋯，但是不可能把取值范围内的所有数值组合都进行测试，从功能本身出发穷举测试也是多余的操作。软件测试人员可在尽可能提高测试覆盖率的情况下采用精准测试（改动什么测什么）、二八原则（测试重点功能）、等价划分法等做针对性较强的测试。

（3）尽早介入测试。

缺陷的修复成本与其发现时间成反比，即越晚发现缺陷，修复成本将会呈指数级增长，如图 1-2-6 所示，这一现象也叫缺陷的放大效应。因此应尽早介入测试，只要产生产品需求或文档，软件测试人员就可以开始测试。

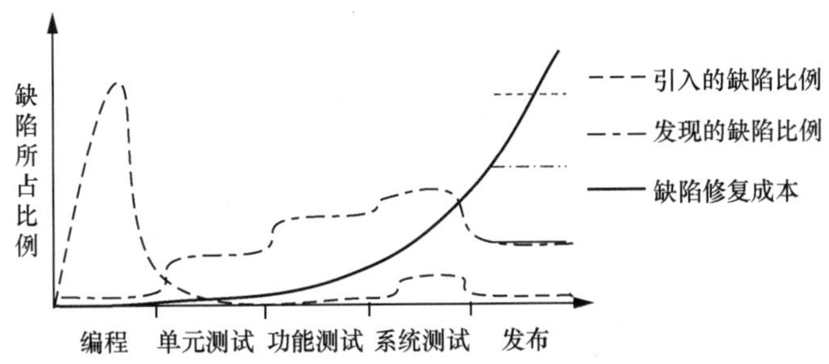

图 1-2-6　缺陷修复成本与缺陷发现时间的关系

通过早期测试，软件测试人员可以检测到缺陷，并帮助开发团队以更少的成本和精力解决问题。如果太晚发现缺陷，有可能需要改变整个系统，导致项目因成本太高而失败。此外，尽早介入测试能够让软件测试人员更全面地了解项目的需求和进度。

（4）二八原则。

缺陷具有集群性，即 80%的缺陷是由 20%的模块引起的，80%的缺陷是 20%的团队成员造成的，因此测试需遵循二八原则。这一原则要求软件测试人员利用自己的知识和经验确定测试的重点模块。软件测试人员可以把大部分的精力放在容易出错的地方，以提高测试效率。

（5）杀虫剂悖论。

在日常生活中，当我们反复使用相同的杀虫剂时，少量害虫会因产生免疫而存活下来，使得杀虫剂失去功效。

通常，软件测试人员总是使用相同的方法或手段去重复测试，这些测试只适用于一些有限的模块，而不是整个系统。这种测试方式可能很难发现新的缺陷，甚至无法发现缺陷。在测试过程中，软件测试人员可以使用以下方法避免这种情况。

① 交叉测试：负责不同模块的软件测试人员互相调换测试，这是比较惯用的方式。

② 间隔测试：实操测试与理论分析相结合，采用间隔测试。

③ 测试用例常更新：在测试过程中根据软件的特性和缺陷库修改测试用例。

④ 尝试新的测试方法：尽量不使用单一的测试方法去测试软件，可以根据软件内容采取不同的测试手段和测试方法。

（6）测试是上下文相关的。

不同的软件包含不同的特性与要求。因此，软件测试人员不能对不同的软件应用相同的测试方法。例如，银行金融类软件应该比游戏软件做更多的安全性测试。

（7）无错误谬论。

软件测试不仅是为了找出缺陷，还需要确认软件是否满足用户的期望和需求。如果软件不能满足用户的需求，即使没有出现任何缺陷，这个软件也是失败的。

1.2.4　软件测试的分类

软件测试有多种分类方式，通常按是否运行被测软件、是否查看代码、是否需要人工干预、测试阶段和测试目的等进行分类。

1. 按是否运行被测软件分类

按照是否需要运行被测软件可将软件测试分为静态测试和动态测试两类。

（1）静态测试。

静态测试（Static Testing，ST）是指不需要运行被测软件，依靠分析或检查源程序的语句、结构、过程等来检查程序是否有错误，即通过对软件的需求规格说明书、设计说明书以及源程序做结构分析和流程图分析等来查找错误。例如，对源代码的规范性和逻辑性等进行检查、对各类文档进行评审等。

（2）动态测试。

动态测试（Dynamic Testing，DT）是指根据测试用例运行被测程序，将运行结果与预期结果进行比较，同时分析运行效率和健壮性等。动态测试是常用且有效的测试方法，它以测试用例为

依据，需搭建特定的测试环境，广泛应用于软件测试的各个阶段。

2. 按是否查看代码分类

按照是否查看代码可将软件测试分为白盒测试、黑盒测试和灰盒测试 3 类。

（1）白盒测试。

白盒测试把被测程序看作一个透明的盒子，从被测程序的内部结构和工作原理出发进行测试。主要检查代码是否规范、逻辑结构是否合理、接口间参数传递是否正确等。常用的白盒测试方法有逻辑覆盖法、控制流分析法、数据流分析法、路径分析法、程序变异法等，其中逻辑覆盖法是主要的测试方法。

（2）黑盒测试。

黑盒测试也叫数据驱动测试，在测试时把被测程序看作一个不能打开的黑盒子，不用考虑被测程序的内部结构和工作原理，测试者只需要输入数据、进行操作、观察结果，检查被测程序是否按照需求规格说明书的规定正常运行，软件是否能适当地接收输入数据而产生正确的输出信息，并保证关联信息的正确处理（如程序运行过程中对数据库数据的更新等）。

（3）灰盒测试。

灰盒测试介于黑盒测试和白盒测试之间。灰盒测试除了重视输出的正确性，也看重被测程序的内部表现。但它不像白盒测试那样详细和完整地测试被测程序的内部结构和工作原理，而是依靠一些现象或标志来判断其内部的运行情况。集成测试阶段常采用灰盒测试方法。

3. 按是否需要人工干预分类

按照测试执行时是否需要人工干预可将软件测试分为人工测试和自动化测试。

（1）人工测试。

人工测试（Manual Testing，MT）是指软件测试人员手动地对被测对象进行验证。软件测试人员根据设计的测试用例执行测试，得出执行结果，并将其与预期结果进行比对，最后形成测试结果报告。

人工测试的优点如下。

① 可用于依赖创造力和经验的探索性测试。

② 在短期项目上应用效率高，节省了建立工具和执行测试所需的时间和精力。

③ 适合单次发布的项目，不需要进行上线后的创建、维护和执行回归测试。

④ 在用户界面测试和可用性测试方面可以发现更多的缺陷。

⑤ 可以在任何时候开始，因为对工具和基础设施没有太多的要求。

人工测试的缺点如下。

① 人工测试通常需要耗费更多的时间，如需进行大量的数据比对等。

② 有些人工测试的执行重复性高、枯燥乏味。

③ 难以执行可靠性方面的测试，如模拟大量数据或大量并发用户长时间执行程序。

④ 与机器相比，人工测试结果中出现错误的概率较高。

（2）自动化测试。

自动化测试（Automatic Testing，AT）是指将由人驱动的测试行为转换为由机器执行，即在预先设定的条件下运行被测程序，以程序测试程序，以程序代替思维，以程序的运行代替人工测试，并能分析运行结果形成测试结果报告。

自动化测试的优点如下。

① 对需要多次执行的回归测试来说更方便、可靠。

② 能完成人工不能或难以完成的测试工作，如多数性能方面的测试。

③ 能更好地利用资源，解放人力，提高效率。

④ 在不同版本的软件之间复用性强。

自动化测试的缺点如下。

① 不可能完全代替人工测试。

② 依赖脚本和工具，无法完全保证测试的正确性。

③ 对软件测试人员的技术和测试工具要求高。

④ 工具投入、人员培训等可能会增加测试成本。

4. 按测试阶段分类

按照测试阶段可将软件测试分为单元测试、集成测试、系统测试和验收测试。

（1）单元测试。

单元测试主要是对该软件的单元模块进行测试，以发现该单元模块的编程错误和与需求功能不符合的问题。由于单元模块的结构相对简单，规模不大，软件测试人员可通过阅读代码清楚地了解其逻辑结构。首先应使用静态测试方法，比如静态结构分析、代码审查等，按照模块的程序流程图对该模块的源程序进行分析，并满足软件逻辑覆盖率的要求。

此外，也可采用黑盒测试提出一组基本的测试用例，再用白盒测试进行验证。若用黑盒测试方法产生的测试用例满足不了软件逻辑覆盖率的要求，可采用白盒测试用例设计方法增补新的测试用例，以满足软件逻辑覆盖率的要求。软件逻辑覆盖率的要求视模块的具体情况而定，对一些质量要求和可靠性要求较高的模块，一般要满足所需条件的组合覆盖或者路径覆盖标准。

（2）集成测试。

单元测试完成后，需要将各单元按照一定的方式组合起来同时进行测试，验证各单元组合后的功能是否达到预期，并发现和接口有关的问题。例如单元接口间传递的数据是否丢失或误传、各个单元之间是否能联动等。

集成测试介于单元测试和系统测试之间，具有承上启下的作用，因此做好集成测试非常重要。在这一阶段，一般采用的是白盒测试和黑盒测试结合的方法进行测试，验证这一阶段设计的合理性以及需求功能的可实现性。

（3）系统测试。

系统测试将被测试的软件作为整个基于计算机系统的一项元素，与计算机硬件、外部设备、支持软件、数据和人员等其他系统元素结合在一起，在软件实际运作的环境下进行测试，全面查找被测系统的缺陷，主要测试内容包括健壮性测试、性能测试、功能测试、安装或反安装测试、用户界面测试、压力测试、可靠性及安全性测试等，该类测试是从客户或最终用户的角度来看系统的。

系统测试一般采用黑盒测试，由于在系统测试阶段可能会出现需求变更或代码更改，因此软件测试人员要进行回归测试。

（4）验收测试。

验收测试是测试的最后一个阶段，是软件正式运行前要进行的验证工作。验收测试主要由市场、销售、技术支持人员和最终用户一起按照规定的需求逐项进行测试，检验软件的功能和性能及其他特性是否与用户需求一致。

验收测试采用黑盒测试，通过了验收测试，该软件就可进行发布。

5. 按测试目的分类

按测试目的可将软件测试分为 UI 测试、功能测试、安全性测试、兼容性测试、易用性测试和性能测试等。

（1）UI 测试：也叫界面测试，测试被测系统界面是否和设计的一致。

（2）功能测试：测试各功能模块是否正常。

（3）安全性测试：测试系统的安全性，如测试是否存在 SQL 注入攻击、非法访问等。

（4）兼容性测试：测试在不同的环境、系统下被测系统是否正常。

（5）易用性测试：测试被测系统的操作是否方便、是否易于理解。

（6）性能测试：测试单位时间内用户量或数据量剧增情况下的系统是否正常，比如负载测试、压力测试都属于性能测试的范畴。

6. 其他测试分类

结合测试需求，还存在如下测试类别。

（1）冒烟测试：测试整个软件的核心功能是否正常。

（2）回归测试：对修改后的软件再次进行测试。在软件测试的各阶段，只要存在对软件的修改就需要进行回归测试。

（3）探索性测试：结合软件测试人员的经验而进行的随机性测试。

任务拓展

关于软件测试基础知识应用的讨论

1. 什么叫软件测试过程模型？学习软件测试过程模型的意义是什么？

2. 绘制思维导图，将各测试类型填写到图 1-2-7 所示的测试阶段中。

拓展资源

资源码 X-1-2

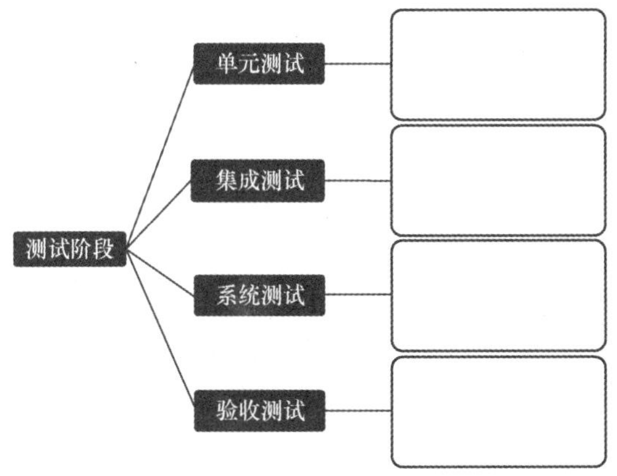

图 1-2-7　各测试阶段采用的测试类型

复习提升

复习资源

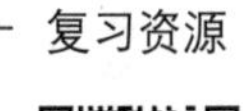

资源码 F-1-2

扫码复习相关内容，完成以下练习。

选择题

1. 软件测试的目的是（　　）。

A. 评价软件的质量　　B. 发现软件的错误

C. 找出软件中所有的错误　　　　　　　　　　D. 证明软件的正确性

2. 为提高测试效率，应该（　　）。

A. 随机地选取测试数据

B. 取一切可能的输入数据作为测试数据

C. 在完成编程后制订软件的测试计划

D. 选择发现错误的可能性大的数据作为测试数据

3. 下列关于测试用例的描述，正确的是（　　）。

A. 在测试过程中，测试用例是一成不变的

B. 测试用例模板是不能改变的

C. 编写测试用例不需要参照需求

D. 测试用例需要不断更新和维护

4. 在软件测试阶段，测试步骤按顺序可以划分为（　　）。

A. 单元测试、集成测试、系统测试、验收测试

B. 验收测试、单元测试、系统测试、集成测试

C. 单元测试、集成测试、验收测试、系统测试

D. 系统测试、单元测试、集成测试、验收测试

5. 下列有关 V 模型的说法中正确的是（　　）。

A. 验收测试应确定程序的执行是否满足软件设计的要求

B. 系统测试应确定系统功能和性能的质量特性是否达到系统要求的指标

C. 单元测试和集成测试应确定软件的实现是否满足用户需要或合同的要求

D. 集成测试在编程结束前就可以开始

6. 以下软件测试原则不正确的是（　　）。

A. 软件测试可以发现软件潜在的缺陷

B. 所有的软件测试都可追溯到用户需求

C. 测试应尽早不断地执行

D. 程序员应避免测试自己的程序

7. 指出软件测试要尽早准备、尽早执行及测试的独立性的模型是（　　）。

A. W 模型　　　　B. V 模型　　　　C. H 模型　　　　D. X 模型

8. 下列关于软件测试过程的几种抽象模型的说法中正确的是（　　）。

A. H 模型指出测试具有独立性，只要某个测试达到测试就绪点，测试执行活动就可以开展

B. W 模型强调在整个项目开发中需要经历的不同测试级别，指明测试的对象是程序

C. X 模型的优点是测试模型比其他模型更低

D. V 模型强调测试的对象不仅是程序，需求、设计等同样需要测试

任务 1-3　分析软件质量

任务引入

我们在超市购买的食品的包装袋上都印有“S”字样的图标，它表示该食品已通过质量检查，

软件与食品等其他产品一样，有自己的质量标准。软件质量关系着软件使用程度与使用寿命，一款高质量的软件更受用户欢迎。而测试的最终目的就是保证软件质量。

想知道如何评价软件的质量，就需要了解什么是软件质量、软件质量模型有哪些和影响软件质量的特性有哪些。

问题导引

预习资源

资源码 Y-1-3

1. ISO 表示什么？
2. 有哪些具有代表性的软件质量模型？

知识准备

1.3.1　软件质量

软件质量是指软件满足基本需求及隐式需求的程度。软件满足基本需求是指其能满足规定需求的特性，这是软件最基本的质量要求。其次是软件满足隐式需求的程度，例如，产品界面更美观、符合用户操作习惯等。

根据软件质量的定义，可将软件的质量分为以下 3 个层次。

（1）满足规定的需求：软件符合软件开发人员明确定义的需求，并且能可靠运行。

（2）满足用户的需求：软件的需求是由用户提出的，软件最终的目标就是满足用户需求，解决用户的实际问题。

（3）满足用户的隐式需求：除了满足用户的显式需求，软件如果能够满足用户的隐式需求，即需求规格说明书中没有显示定义、但可以增强用户体验感或具有较好可扩展性的需求，这将会极大地提升用户满意度。

所谓高质量的软件，不仅需要满足上述需求，对内部人员来说，它还应该易于维护与升级。良好的编程规范、清晰的代码注释、完备的文档等对软件后期的维护与升级都有很大的帮助，这也是软件质量的一个重要体现。

全面、客观地评价软件的质量并不容易，不同的人（如软件开发人员和用户）从不同的角度会对软件质量有不同的评价。我们常常会用好用、功能全、结构合理、层次分明、运行速度快等来评价软件，但这些评价不能算作对软件质量的评价。那么，评价软件质量的标准是什么呢？换句话说，软件满足哪些标准才算是高质量的软件呢？回答这个问题需要借助易于理解的软件质量模型来评估软件的质量和对风险进行识别、管理。

1.3.2　软件质量模型

常见的 3 个软件质量模型是 Boehm 质量模型、McCall 质量模型和 ISO 质量模型，它们的共同特点是分层次定义软件质量特性。软件质量模型普遍为 3 层结构：第一层是按大类划分质量特性，叫作基本质量特性；第二层是每个大类所包含的子质量特性；最后定义各类质量特性对应的度量标准。

1. Boehm 质量模型

勃姆（Boehm）及其同事提出了分层的软件质量模型，如图 1-3-1 所示。Boehm 质量模型通过一系列属性指标来量化软件质量，该模型包含三个层次，共 15 个特性，不仅包含了软件属性，还包括了硬件属性。

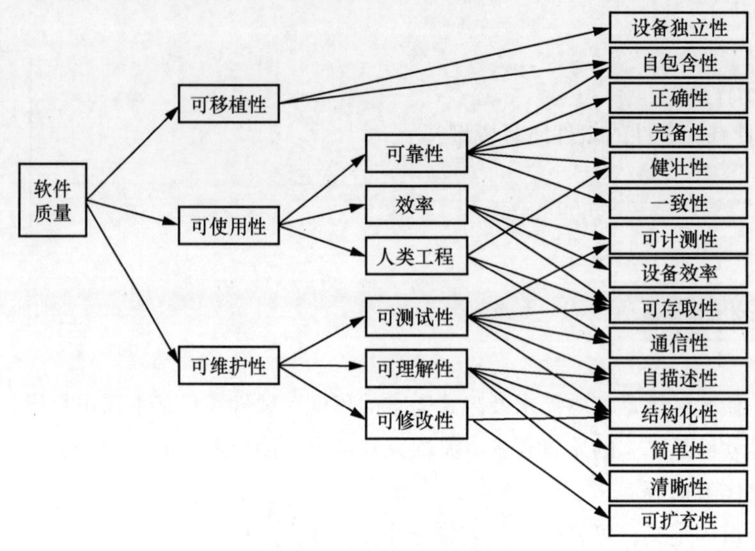

图 1-3-1　Boehm 质量模型

2. McCall 质量模型

麦考尔（McCall）等人提出了 McCall 质量模型，该质量模型从软件开发人员与最终用户的视角出发，从软件的修正、转移和运行 3 个维度对软件的 11 个特性进行评价，如图 1-3-2 所示。产品运行方面包括正确性、可靠性、可使用性、效率、完整性，产品修正方面包括可维护性、可测试性、灵活性，产品转移方面包括可移植性、可复用性、互联性。

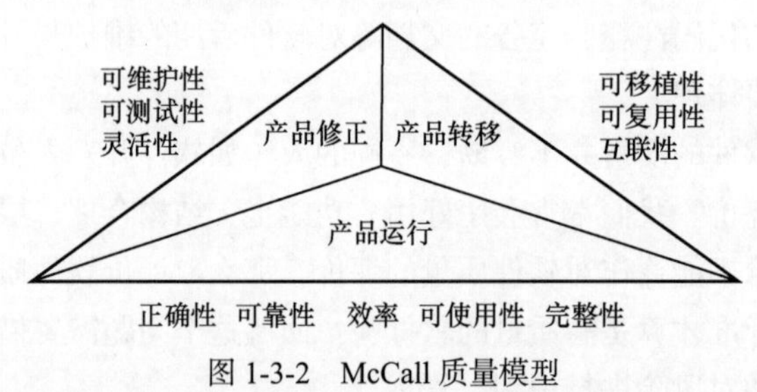

图 1-3-2　McCall 质量模型

3. ISO 质量模型

ISO（International Organization for Standardization，国际标准化组织）是标准化领域中的一个国际组织，现有 165 个成员，包括各会员国的国家标准机构、主要工业企业和服务业企业。中国国家标准化管理委员会于 1978 年加入 ISO，2008 年 10 月我国正式成为 ISO 的常任理事国。

ISO 的任务是推动全球标准化和相关活动的发展，目的在于简化物品和服务的国际交换，进一步加强知识、科学、技术和经济领域的合作。在软件质量标准方面，ISO 从更加普遍的用户角度出发，倡导并推动了统一软件质量特性认识的活动。在 1991 年发布的 ISO/IEC 9126:1991《软

件质量特性与产品评价》中规定的软件质量模型由 3 层组成，第 1 层为质量特性（SQRC），第 2 层为质量子特性（SQDC），第 3 层为度量标准（SQMC），第 1、2 层统一了具体特性，第 3 层没有统一的标准，结合用户需求与实际情况制定，一般以用户的“满意度”进行衡量。

1991 年以后，ISO 对 ISO/IEC 9126:1991 进行了进一步完善，2001 年在新的 ISO/IEC 9126《产品质量-质量模型》中定义的软件质量包括内部质量、外部质量和使用质量 3 部分，如图 1-3-3 所示。

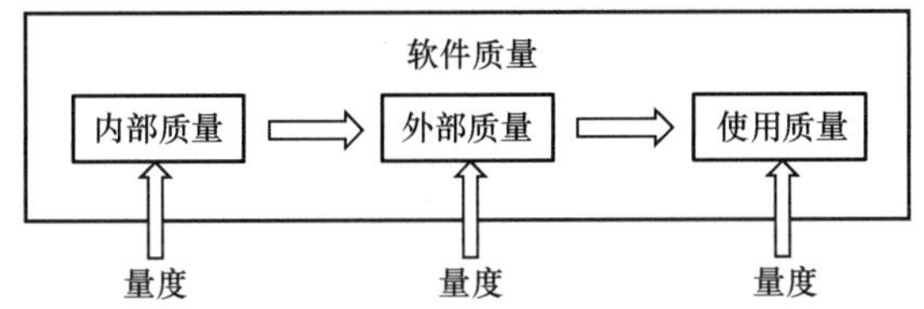

图 1-3-3 新的 ISO/IEC 9126 中定义的软件质量

内部质量是从开发过程的视角出发衡量和评价软件的特性，主要包括以下特性。

（1）可维护性，指软件易分析、易修改、易测试、可重用的能力。

（2）灵活性，指修改软件使其能适应不同的用途或环境的能力。

（3）可移植性，指软件在其他环境下运行的能力。

（4）可重用性，指将软件或其中的一部分用于其他软件的难易程度。

（5）可读性，指软件本身让人读懂或理解的能力。

（6）可测试性，指对软件实施测试的难易程度。

（7）可理解性，指理解和使用软件的难易程度。

外部质量是从外部观点出发衡量和评价软件的特性，指软件在预定系统环境中运行时可能达到的质量水平，主要包括以下特性。

（1）正确性，指软件按照需求正确执行任务的能力。

（2）可用性，指软件的使用是否符合人的直觉反应、是否简单易学。

（3）效率，指软件对系统资源（包括时间和其他相关资源）的最小利用。

（4）可靠性，包括容错能力和健壮性两个方面。

（5）完整性，指软件防止非法访问或不适当访问的能力。

（6）适应性，指软件能够有效地适应不同的硬件、软件或其他运行环境的能力。

（7）精确性，软件不受错误影响的程度，尤其是在数据输出方面。精确性和正确性是不同的，精确性是对软件工作情况的衡量，而不是它设计得是否正确。

（8）坚固性，软件在无效输入或压力环境中继续执行其功能的能力。

使用质量是从用户观点出发衡量和评价软件产品的特性，主要包括有效性、生产率、安全性、满意度等。

对一个实际的软件项目而言，满足所有质量特性是一件很难的事情，任何一个项目都应根据项目的实际特点来平衡好质量、资源和时间三要素，制定切实可行的质量目标。为了提高软件的质量、缩短软件开发进度、节约软件开发成本，必须在软件开发过程的每个阶段都进行管理和控制。

任务拓展

拓展资源

资源码 X-1-3

关于软件质量的讨论

1. 你见过哪些产品或产品包装上有“S”标志？它们是什么样的形状？
2. 如果你要开发一款手游，将从哪些方面制定质量标准？
3. 如果让你评价一个纸水杯的质量，你会从哪些方面来评价？根据什么评价？

复习提升

扫码复习相关内容，完成以下练习。

复习资源

资源码 F-1-3

选择题

1. 以下关于软件质量的说法中，错误的是（　　）。

A. 软件必须提供用户所需要的功能，并能正常工作

B. 软件质量是指软件满足基本需求及隐式需求的程度

C. 程序的正确性足以体现软件的价值

D. 越是关注客户的满意度，软件就越有可能达到质量要求

2. 下列关于 ISO 质量模型的说法中正确的是（　　）。

A. 使用质量指软件在预定系统环境中运行时可能达到的质量水平，是从外部观点出发衡量和评价软件的特性

B. 外部质量是从开发过程的视角出发衡量和评价软件的特性

C. 内部质量是从用户观点出发衡量和评价软件的特性

D. ISO 定义的软件质量包括内部质量、外部质量和使用质量

3. 在软件质量模型中，比较有代表性的有 McCall 模型。在这个质量模型中，软件的质量特性被分成了 3 组，即产品转移、产品修正和（　　）。

A. 产品开发　　　　B. 产品销售

C. 产品升级　　　　D. 产品运行

4. 以下选项中不属于 ISO 质量模型内容的是（　　）。

A. 外部质量　　　　B. 使用质量

C. 维护质量　　　　D. 内部质量

任务 1-4 认知软件测试行业发展

任务引入

软件测试是随着软件的产生而产生的，早期的含义比较窄，等同于“调试”，主要是纠正软件运行中出现的问题，常常由软件开发人员自己完成这部分工作。随着软件复杂度的日益增高，软件测试肩负着贯穿整个软件生命周期的重要职责，软件测试人员紧缺。了解软件测试行业的发展

及软件测试人员的必备素质有助于学生树立学习目标、养成良好的素质，提前做好职业规划。

问题导引

1. 软件测试的工作前景怎么样？
2. 如何成为一名优秀的软件测试人员？

预习资源

资源码 Y-1-4

知识准备

1.4.1　软件测试的发展历程

软件测试是随着软件的产生而产生的。软件测试共经历了 5 个发展阶段。

（1）1957 年之前：调试为主（Debugging Oriented）。

（2）1957—1978 年：证明为主（Demonstration Oriented）。

（3）1979—1982 年：破坏为主（Destruction Oriented）。

（4）1983—1987 年：评估为主（Evaluation Oriented）。

（5）1988 年至今：预防为主（Prevention Oriented）。

1. 以调试为主的软件测试

在 20 世纪 50 年代，随着计算机的诞生，利用计算机完成复杂、快速计算的计算机编程出现。这一时期的软件测试实际上是调试，通常是软件开发人员一边编写代码一边验证代码功能，修正代码中存在的问题。调试基本能保证完成单一计算功能的软件质量。

2. 以证明为主的软件测试

该阶段软件测试的主要目标是证明软件能够按照预期运行，而不是主动寻找缺陷。随着软件的复杂性增加，相关技术人员对调试和测试进行了区分。

调试（Debug）：确保软件做了软件开发人员想让它做的事情。

测试（Testing）：确保软件解决了它该解决的问题。

当时，软件的数量、成本和复杂性都大幅度提升，测试的重要性也凸显出来。

3. 以破坏为主的软件测试

1979 年，格伦福德·J·迈尔斯（Glenford J. Myers）编写的《软件测试的艺术》（*The Art of Software Testing*）问世，他在该书中首次提出“软件测试是为发现错误而执行程序的过程”，明确了软件测试不仅要证明软件做了该做的事情，还要尽量发现软件存在的问题。

4. 以评估为主的软件测试

1983 年，出现了验证和确认理论，软件测试被应用在整个软件生命周期中，而并非编程完成后在软件执行阶段才开始的工作。软件测试的定义随之发生了变化，软件测试不仅是一个发现缺陷的过程，还包括对软件质量的评估。

5. 以预防为主的软件测试

20 世纪 90 年代，测试工具开始流行，随着敏捷开发被提出，以及测试驱动开发、自动化持续集成和测试等技术的应用，软件测试不再是编程后对软件的验证和确认，而是事先就通过对需求、设计的评审来保证软件生产的正确性。

1.4.2 软件测试现状及前景

1. 软件测试的现状

随着大数据、云计算、物联网和人工智能技术的发展和应用，互联网已经进入了一个新的时代，而所有信息技术的应用场景都离不开软件。软件企业要想立足必须以质量取胜，因此，软件测试尤为重要。

软件测试作为这个行业发展的重要支撑，相关要求越来越高。软件测试行业的现状可概括为以下 4 点。

（1）软件测试的重要性和规范性不断提高。

（2）从人工测试向自动化测试方向转变。

（3）软件测试人员需求大，技术要求高。

（4）软件测试服务体系初步形成。

2. 软件测试的前景

未来，在行业发展的大趋势下，软件测试行业将朝着以下方向发展。

（1）接口自动化岗位明显增加。

（2）性能、安全性方面的软件测试工程师薪资越来越高。

（3）软件测试人员需求激增。

（4）企业招聘对综合技能要求越来越高。

（5）软件测试人员的工资差距越来越大。

（6）技术更新迭代迅速，自学测试越来越难。

总之，企业对技术人员的要求只会越来越高，这也是行业的发展趋势。软件测试人员需要不断提高个人的技术能力和综合素质才能不被淘汰。

1.4.3 软件测试人员应具备的基本技能和素质

软件测试人员应具备的基本技能和素质分为以下几个方面。

1. 计算机专业技能

计算机领域的专业技能是软件测试人员必备的，是做好测试工作的前提条件，包括软件编程、软件测试、网络、操作系统、数据库等方面的专业技能。

2. 业务知识的领悟力

业务主要指被测软件涉及的行业领域，例如电信、银行、电子政务、电子商务等。业务知识即行业知识，只有深入地了解了软件的业务流程，才能验证软件开发人员实现的软件功能是否正确。只有把握了相关的行业知识，才能推断用户的业务需求是否得到了满足。

3. 职业素养

作为一名软件测试人员，首先要对测试工作有兴趣。测试工作多数时候都是重复而枯燥的，因此热爱测试工作才能坚持做好测试工作。除了要具有前面的专业技能和业务知识，软件测试人员还应当具有一些基本的职业素养，要具备“五心”，即用心、细心、耐心、责任心和自信心；同时还要有敢于质疑的创新精神、较强的沟通能力和团结协作能力。

任务实训

软件测试基础之功能实现及简单测试

一、实训目的

1. 检验学生学习软件工程相关内容后对软件测试基本技能的掌握程度。

2. 检验学生所具备的软件工程基本素养。

二、实训任务

1. 根据功能说明绘制程序流程图。

2. 选择任意编程语言实现要求的功能。

3. 选择数据进行简单测试。

三、实训步骤

1. 实训报告模板。

（1）扫码下载实训报告模板，按步骤完成指定操作，填写实训报告。

（2）绘制程序流程图。根据图 1-4-1 及功能说明绘制程序流程图。

2. 功能说明。

错误检查要求如下。

（1）值 A 为 9 以上、15 以下的整数。

（2）满足以上条件，输出“正常”信息。

（3）不满足以上条件，输出“异常”信息。

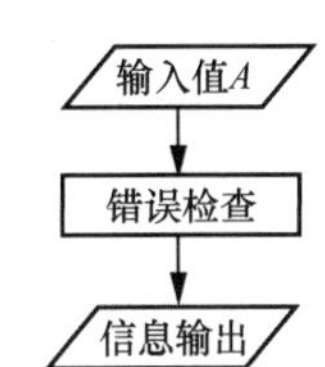

图 1-4-1 功能概要图

3. 功能补充说明。

（1）值 A 最大只能为两位整数（不需要进行数据位数检查）。

（2）不考虑小数输入（不需要进行小数检查）。

（3）不考虑数值外数据输入（不需要进行数值外数据检查）。

4. 编程实现。

选择熟悉的编程语言实现功能，可以是 C 语言、C#、Java、JavaScript 等。

5. 设计测试数据并测试。

根据功能说明及功能补充说明设计测试数据，执行程序并填写表 1-4-1。

表 1-4-1 测试数据及测试结果

编号	测试数据		
	输入值 A	预期输出	测试结果（通过/失败）
1			
2			
3			

复习提升

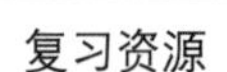

扫码复习相关内容，完成以下练习。

分析题

1. 请下载铁路 12306 购票 App 进行试用，并尽量详细地绘制购票模块的业务流程图，并对该软件质量进行评价。

2. 找出最轻小球：有 12 个外表一模一样的小球，其中有一个小球的重量比其他 11 个轻，用天平最少称几次可以把这个小球找出来？请绘制程序流程图并编程，然后设计测试用例进行测试。

单元小结

本单元介绍了软件及软件工程的概念，使读者了解了软件测试是保证软件质量的重要手段；介绍了软件测试的概念、软件测试过程模型和软件测试的原则；介绍了软件质量模型，使读者了解了评价软件质量的要素；通过分析软件测试的发展历程及发展前景，给读者指出该领域创新的方向。

软件测试过程模型包括 V 模型、W 模型、H 模型、X 模型及前置测试模型等，随着软件行业的发展，不断有新的改进模型诞生。理解软件测试的原则能更好地理解测试用例设计、测试执行、测试管理等后续学习内容。

软件质量模型明确了评价软件质量的要素，使读者能大致了解从哪些方面评判软件的质量，这是后续学习软件测试和软件评价的基础。

单元练习

一、选择题

1. 美国卡内基梅隆大学软件工程研究所的瓦兹·汉弗莱（Watts Humphrey）指出：软件必须首先提供用户所需要的（　　）。

A. 性能　　B. 人机界面　　C. 可靠性　　D. 功能

2. 下列选项中不属于使用质量的属性是（　　）。

A. 有效性　　B. 安全性　　C. 稳定性　　D. 满意度

3. 下列软件属性中，软件首要满足的应该是（　　）。

A. 功能需求　　B. 性能需求

C. 可扩展性和灵活性　　D. 容错、纠错能力

4. 对维护软件的人员来说，使用质量是（　　）的结果。

A. 功能性　　B. 可靠性　　C. 可维护性　　D. 效率

5. 格伦福德·迈尔斯在 1979 年提出了一个重要观点，即软件测试的目的是（　　）。

A. 证明程序正确　　B. 查找程序错误

C. 改正程序错误　　D. 验证程序无错误

6. 坚持在软件测试的各个阶段实施（　　）这种质量保证措施，才能在开发过程中尽早发现和预防错误，把出现的错误在早期修正。

A. 技术评审　　B. 程序测评

C. 文档审查　　D. 管理评审

7. 经验表明，在程序测试中，如果某模块与其他模块相比，发现并改正的错误较多，则该模块中残存的错误数目通常（　　）。

A. 较少　　B. 较多　　C. 相似　　D. 不确定

8. 下面关于测试原则的说法中正确的是（　　）。

A. 测试用例应由测试的输入数据和预期的输出结果两部分组成

B. 测试用例只需要选取合理的输入数据

C. 程序最好由编写程序的程序员来测试

D. 使用测试用例进行测试是为了检查程序是否做了它该做的事

9. 为了提高测试的效率，正确的做法是（　　）。

A. 选择发现错误可能性大的数据作为测试用例

B. 在完成程序的编写后再制订软件的测试计划

C. 随机选取测试用例

D. 取一切可能的输入数据作为测试用例

10. 对程序的测试最好由______来做，对程序的调试最好由______来做。（　　）

A. 程序员　第三方测试机构　　B. 第三方测试机构　程序员

C. 程序开发组织　程序员　　D. 程序开发组织　程序开发组织

11. 下面选项中不属于软件缺陷的是（　　）。

A. 软件没有实现产品规格说明书中所要求的功能

B. 软件实现了产品规格说明书中所要求的功能但因受性能限制而未考虑可移植性问题

C. 软件实现了产品规格说明书中没有提到的功能

D. 软件中出现了产品规格说明书中不应该出现的功能

12. 在软件生命周期中，修改错误代价最大的阶段是（　　）。

A. 需求分析阶段　　B. 设计阶段

C. 编程阶段　　D. 使用与维护阶段

13. 下列能表达程序未按照预期运行，但不会导致整体失效的是（　　）。

A. 故障　　B. 异常

C. 缺点　　D. 失效

14. 软件验证和确认理论是测试过程的理论依据，其中验证是检查我们是否正在正确地建造一个产品，它强调的是（　　）。

A. 过程的正确性　　B. 产品的正确性

C. 测试的正确性　　D. 规格说明的正确性

15. 软件测试的目的是（　　）。

A. 评价软件的质量　　B. 发现软件的错误

C. 找出软件中所有的错误　　D. 证明软件的正确性

16. 下列说法中正确的是（　　）。

A. 我们无法通过测试一个程序确认它没有错误

B. 为保证软件质量，需要进行穷举测试

C. 软件测试可以找出软件中所有的错误

D. 软件测试的目的是证明软件的正确性

17. 下面关于软件质量保证活动目标的说法中不正确的是（　　）。

A. 客观地验证软件和各项任务是否遵循适用的标准、规程和需求

B. 用最少的人力、物力找出软件中潜在的各种错误和缺陷

C. 高层管理人员能够参与，并帮助解决项目中不能解决的不相容问题

D. 制定和规划软件质量保证的任务

18. 计算机软件或程序中存在的某种破坏其正常运行能力的问题、错误，或者隐藏的功能缺陷属于（　　）。

A. 缺陷　　B. 故障

C. 失效　　D. 缺点

19. 软件生命周期中费用消耗最大的环节是（　　）。

A. 软件测试　　B. 软件开发

C. 软件质量保证　　D. 软件文档审查

20. 能证实在一个给定的外部环境中软件的逻辑正确性的是（　　）。

A. 验证　　B. 确认

C. 测试　　D. 调试

21. 对程序中已经发现的错误进行错误定位和性质确定，并改正这些错误，同时修改相关的文档的过程称为（　　）。

A. 测试　　B. 调试

C. 错误分析　　D. 验证

22. 把评审通过的各项需求转换为一个相应的体系结构，包括数据的体系结构、系统和软件的体系结构，这是软件生命周期中（　　）阶段做的事情。

A. 软件设计　　B. 软件编程和测试

C. 需求分析　　D. 软件使用与维护

23. 对交付使用的软件进行维护的原因是（　　）。

① 增强软件的功能，满足功能上的变更。

② 运行中发现软件中的错误需要更正。

③ 适应软件工作环境变化而引起的相应改变。

A. ①　　B. ①③

C. ②③　　D. ①②③

24. 以下可以作为软件测试对象的是（　　）。

A. 需求规格说明书　　B. 软件详细设计规格说明书

C. 源程序　　D. 以上全部

25. 软件设计阶段的测试主要采用的方式是（　　）。

A. 评审　　B. 白盒测试

C. 黑盒测试　　D. 动态测试

26. 在软件生命周期中占据时间最长的是（　　）。

A. 软件使用与维护阶段　　B. 软件开发阶段

C. 需求分析阶段　　D. 软件设计阶段

27. 在理想情况下，只要软件发生了变更，就要对其进行（　　）。

A. 冒烟测试　　B. 回归测试

C. 确认测试　　D. 验收测试

28. McCall 质量模型面向产品运行的质量特性包括（　　）。

A. 可维护性、可测性、可使用性、效率、可维护

B. 正确性、可靠性、可使用性、效率、稳定性

C. 正确性、可靠性、可使用性、效率、完整性

D. 正确性、功能性、可靠性、效率、稳定性、可移植

29. 软件测试中白盒测试是通过分析程序的（　　）来设计测试用例的。

A. 应用范围　　B. 内部逻辑

C. 功能　　D. 输入数据

30. 单元测试主要针对模块的几个基本特征进行测试，该阶段不能完成的是（　　）。

A. 系统功能测试　　B. 局部数据结构测试

C. 重要的执行路径测试　　D. 错误处理

31. 软件测试是保证软件质量的重要措施，它的实施应该在（　　）。

A. 程序编写阶段　　B. 软件开发全过程

C. 软件运行阶段　　D. 软件设计阶段

32. 测试软件是否能达到用户要求的过程称为（　　）。

A. 集成测试　　B. 有效性测试

C. 系统测试　　D. 验收测试

33. 回归测试的目的是（　　）。

A. 验证修改是否成功

B. 预防功能编写得不完善或存在疏漏

C. 确保修正过程中没有引入新的缺陷

D. 帮助程序员更好地进行单元测试

34. 下列不属于兼容性测试的范围的是（　　）。

A. 软件在不同操作系统环境下的运行表现

B. 软件在不同类型的数据库环境下进行数据交换的表现

C. 软件在被不同类型的人员使用时的运行表现

D. 软件在不同类型硬件配置环境下的运行表现

35. 系统测试关注的是（　　）。

A. 某个独立的功能是否实现

B. 组件间接口的一致性

C. 某个单独的模块或类是否满足设计要求

D. 项目或产品范围中定义的整个系统或产品的行为

36.（多选题）某软件公司在招聘测试工程师，应聘者做出如下保证，请判断哪些选项违背了软件测试的原则（　　）。

A. 经过自己测试的软件今后不会出现问题

B. 在工作中对所有程序员一视同仁，不会因为某个程序员编写的程序中问题较多就重点审查该程序，以免破坏团结

C. 承诺不需要其他人员，自己就可以独立进行测试工作

D. 发扬咬定青山不放松的精神，不把所有问题都找出来决不罢休

二、判断题

1. 软件测试就是为了验证软件功能是否准确实现，是否完成既定目标的活动，所以软件测试在软件工程的后期才开始。(　　)

2. 如果模块中发现的错误较多，那么残留在模块中的错误也多。(　　)

3. 软件测试人员在测试过程中发现一处问题，如果问题影响不大，而自己又可以修改，应立即将此问题修改正确，以加快开发的进程。(　　)

4. 功能测试是系统测试的主要内容，检查系统的功能、性能是否与需求规格说明书相同。(　　)

5. 软件测试只能发现错误，但不能保证测试后的软件没有错误。(　　)

6. 测试只要做到语句覆盖和判定覆盖，就可以发现程序中的所有错误。(　　)

7. 进行黑盒测试时，测试用例是根据程序内部逻辑设计的。(　　)

8. 软件测试是为了验证软件满足了用户需求。(　　)

9. 确认软件功能是否满足用户的合理需求，以需求规格说明书为测试依据。(　　)

10. 软件测试时经常要输入无效的、不合理的数据进行测试。(　　)

11. 如果发布的软件有质量问题，那就是软件测试人员的错。(　　)

12. 软件测试是软件开发后期的一个阶段性过程。(　　)

13. “满足需求”是度量软件质量的基础，不符合需求的软件就不具备质量。(　　)

14. 白盒测试可以找出软件功能遗漏和代码错误问题。(　　)

15. 软件的质量由软件测试人员决定。(　　)

16. 在设计测试用例时，应包括合理的输入条件和不合理的输入条件。(　　)

17. 软件缺陷一定是由编程引起的。(　　)

18. 验收测试是软件投入正式运行前进行的验证工作，用于检验软件的功能和性能及其他特性是否与用户需求一致。(　　)

19. 经验表明，测试后程序残存的错误数目与该程序中已发现的错误数目或检错率成正比。(　　)

20. 验收测试比较适合采用软件自动化测试工具。(　　)

单元二

白盒测试

单元导学

白盒测试又称结构测试、逻辑驱动测试或基于代码的测试。白盒测试是一种测试策略，盒子指的是被测试的对象（包含代码、相关文档、相关数据和服务），这里的被测试对象指代码，白盒指盒子是透明的，可以看清盒子内部的内容以及内部是如何运作的。通过白盒测试可以全面审查程序的逻辑结构及代码是否规范，测试程序执行时的代码覆盖情况。

白盒测试包括静态测试和动态测试两种，如图 2-0-1 所示。

静态测试包含代码检查和静态结构分析两种方法，其中，代码检查有桌面检查、代码审查和走查 3 种方式。

动态测试主要包含逻辑覆盖和基本路径测试。其中，逻辑覆盖包括语句覆盖、判定覆盖、条件覆盖、条件/判定覆盖、条件组合覆盖几种，这 5 种逻辑覆盖发现错误的能力由弱到强。

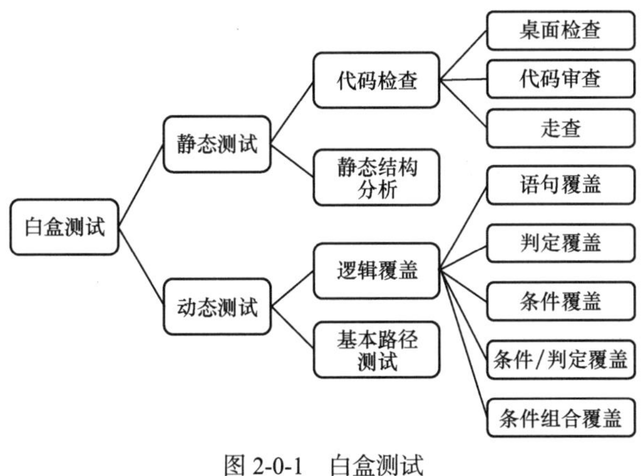

图 2-0-1　白盒测试

本单元的知识和技能对接以下岗位。

- 软件开发工程师岗位。
- 软件评审岗位。
- 测试用例设计岗位。
- 测试实施岗位。

学习目标

素养园地

资源码 S-2-0

- 理解白盒测试的概念和常用方法。
- 掌握各种白盒测试用例设计方法。
- 能选择适当的测试方法进行测试用例设计。
- 传承精益求精的工匠精神。

任务 2-1 实施静态测试

任务引入

1979 年，格伦福德 · J.迈尔斯在《软件测试的艺术》一书中首次提出“软件测试是为了发现错误而执行程序的过程”，推翻了软件测试是为了验证程序正确性的说法。随着软件的复杂度越来越高，人们对软件质量的要求也发生了变化，软件运行无错并不是衡量软件质量的唯一标准。实际上，在不运行程序的状态下对程序规范进行检测、对程序结构进行分析，往往能发现程序潜在的错误。

问题导引

预习资源

资源码 Y-2-1

1. 举例说明什么是静态测试。
2. 静态测试有哪些分类？
3. 举例说明什么是桌面检查、代码审查和走查。

知识准备

通常编译器可以逐行分析代码，找出程序的语法错误并报告。除此之外，还需要找出非语法方面的错误，该过程可通过代码检查工具或代码分析工具辅以人工共同完成。静态测试主要包含代码检查、静态结构分析。

2.1.1 代码检查

代码检查主要是通过桌面检查、代码审查和走查的方式对代码和设计的一致性、代码的可读性、设计标准的遵循情况、代码逻辑表达的正确性、代码结构的合理性、程序中不安全和不明确

部分、编程风格等进行检查。代码检查能够快速找到缺陷，通常可发现30%～70%的逻辑设计缺陷和代码缺陷，但非常耗费时间，知识和经验的积累有助于提高检查效率。

1. 桌面检查

桌面检查（Desk Checking）通常由程序员对代码进行分析、检查，以发现程序中的错误，并补充相关文档。代码检查通常借助一定的技术手段对代码进行以下检查。

（1）检查变量的交叉引用表：检查是否存在未说明的变量、违反类型规定的变量以及变量的引用和使用的正确性。

（2）检查标号的交叉引用表：验证所有标号的正确性以及转向指定位置的标号是否正确。

（3）检查子过程或函数：验证调用是否正确、调用的子过程或函数是否存在以及参数顺序、个数、类型、单位的一致性。

（4）等价性检查：检查全部等价变量的类型和单位的一致性。

（5）常量检查：检查常量引用的取值、数制和类型的一致性。

（6）设计检查：检查程序设计结构是否合理。

（7）风格检查：检查程序编写风格是否合适。

（8）控制流检查：比较设计控制流图和实际程序生成的控制流图的差异。

（9）路径抽查：在设计控制流图中选择某条路径，在程序中激活这条路径，如果不能激活，则程序可能有错。

（10）比对检查：将实际的代码和期望的代码（产品规格说明书中要求的代码）进行比较，从它们的差异中发现程序的问题和错误。

2. 代码审查

代码审查由审核小组通过会议的方式对程序进行阅读、讨论，审核小组成员由程序员和测试人员组成，按以下步骤进行代码审查。

（1）审核准备。

会前，程序员准备一份常见错误清单（见表2-1-1），供与会者对照检查，小组成员提前阅读软件详细设计规格说明书、程序文本等相关文档，以提高审查的效率。在实际工作中，程序员在会前准备审查资料时往往会发现一些错误并进行对应处理，因此，准备过程也是发现错误的重要阶段。

表2-1-1　常见错误清单

错误	不存在	存在（错误描述）
未按本项目编程规范进行类、对象和变量的命名		
注释量未达到要求的百分比		
注释难理解		
错误处理未按约定实现		
……		

（2）会议审核。

会中，程序员逐句讲解程序的逻辑，审核小组提出问题，进行讨论。过程中会暴露一些问题，审核小组将讨论、决定问题的应对策略。

3. 走查

走查是指由程序员和测试人员组成的3～5人的审查小组通过逻辑运行程序发现问题。通常按以下步骤进行走查。

（1）走查准备。

走查前，程序员应准备好需求描述文档、程序设计文档、程序的源代码清单、编程规范和代码缺陷检查表（见表 2-1-2）等，小组成员需提前阅读相关准备材料。

表 2–1–2　代码缺陷检查表

问题	是	否（问题描述）
所有变量的名称是否遵循命名规则？		
循环嵌套是否优化到最少？		
所有代码是否易懂？		
所有设计要求是否实现？		
……		

（2）走查实施。

小组成员利用测试用例使程序逻辑运行，记录程序的逻辑运行走向，发现、讨论、解决问题。在走查过程中，借助测试用例对程序的逻辑和功能提出问题，结合问题开展讨论，以发现存在的问题。

2.1.2　静态结构分析

进行静态结构分析通常需要使用测试工具自动获取代码的系统结构、数据结构、数据接口、内部控制逻辑等信息，生成类图、方法（函数）调用关系图、模块控制流图等各种图形、图表，以清晰地呈现软件的组成结构。测试人员通过分析这些图形、图表检查软件是否存在缺陷。

通常采用以下方法进行静态结构分析。

1. 借助图表进行分析

测试人员通常使用测试工具或通过人工分析程序结构生成各类图表，如函数调用关系图、控制流图、标号交叉引用表（常见于汇编语言中）、变量交叉引用表、子程序调用表、常量表等，这些图表能为代码的静态结构分析提供辅助，从这些图表中能检查出函数调用关系是否正确、是否存在说明与使用的一致性错误等。

2. 静态错误分析

静态错误分析的主要目的是发现代码中是否存在某类错误或存在隐患的结构，如数据类型错误、变量赋值后未使用错误、变量单位不一致错误、表达式错误等。

任务实训

编程实现 Code Review 工具的简单功能

一、实训目的

实训资源

资源码 X-2-1

1. 了解 Code Review 工具的功能及使用方法。

2. 分析 Code Review 工具的实现原理。

3. 结合 Java 编程的语法规则，利用你熟悉的编程语言设计用于 Java 代码的 Code Review 工具的部分功能。

二、实训内容

1. 使用 Code Review 工具对代码进行检查，了解 Code Review 工具的主要功能，分析其实现原理。

2. 利用所学的编程知识，结合 Java 语法规则，设计用于 Java 代码的 Code Review 工具的部分功能，对以下代码进行信息提取。

```
//咖啡甜品抽象类
//咖啡
public abstract class Coffee {
    public abstract String getName();
    //加糖
    public void addsugar(){
        System.out.println("加糖");
    }
    //加奶
    public void addMilke(){
        System.out.println("加奶");
    }
}
//甜品
public abstract class Dessert {
    public abstract void show();
}
//甜品工厂
public interface DessertFactory {
//生产咖啡的功能
     Coffee createCoffee();
    //生产甜品的功能
    Dessert createDessert();
}
//咖啡甜品实体类
//美式咖啡
public class AmericanCoffee extends Coffee {
    @Override
    public String getName() {
        return "美式咖啡";
    }
}
//拿铁咖啡
public class LatterCoffee extends Coffee {
    @Override
    public String getName() {
        return "拿铁咖啡";
    }
}
//抹茶慕斯
public class MatchaMousse extends Dessert{
    @Override
    public void show() {
        System.out.println("抹茶慕斯");
    }
}
```

```
//提拉米苏
public class Tiramisu extends Dessert{
    @Override
    public void show() {
        System.out.println("提拉米苏");
    }
}
//意大利风味工厂
public class ItalyDessertFactory implements DessertFactory{
    @Override
    public Coffee createCoffee() {
        return new LatterCoffe();
    }
    @Override
    public Dessert createDessert() {
        return new Tiramisu();
    }
}
//美式风味工厂
public class AmericanDessertFactory implements DessertFactory{
    @Override
    public Coffee createCoffee() {
        return new AmericanCoffee();
    }
    @Override
    public Dessert createDessert() {
        return new MatchaMousse();
    }
}
```

（1）找出程序中定义的所有接口。

（2）找出程序中定义的所有抽象类和实体类。

（3）其他关注信息的提取（拓展部分）。

3. 下载实训报告，按要求完成报告填写。

复习提升

扫码复习相关内容，完成以下练习。

选择题

1. 在代码检查的准备阶段和会议阶段都有发现产品错误责任的是（　　）。

A. 检查人员　　B. 开发人员

C. 协调人员　　D. 讲解员

2. 下列检查项目中不属于风格检查的是（　　）。

A. 编程标准　　B. 变量命名

C. 结构化程序设计　　D. 命名规则

3. 下列叙述中，说法正确的是（　　）。

A. 桌面检查的文档是最后要公开的文档

B. 桌面检查是一个完全没有约束的过程，所以通常效率比较低

C. 代码检查是程序员自己检查自己的程序

D. 桌面检查最好由程序的编写人员来完成

任务 2-2 采用逻辑覆盖法进行测试用例设计

任务引入

通常在单元测试阶段，完成静态测试后还需要进行动态白盒测试。逻辑覆盖法是动态白盒测试中的主要方法之一，它以程序内部的逻辑结构为基础，通过对程序逻辑结构进行遍历实现程序的覆盖测试。不同的项目或者同一项目的不同单元对逻辑覆盖的要求不尽相同，通常要求测试满足其中一种覆盖即可。逻辑覆盖测试用例设计要求测试人员对程序的逻辑结构有清晰的了解，因此，逻辑覆盖法对测试人员的技术要求较高。

问题导引

1. 什么是逻辑覆盖？
2. 如何采用逻辑覆盖法设计测试用例？
3. 哪种逻辑覆盖的逻辑性最强？

预习资源

资源码 Y-2-2

知识准备

本任务要求采用逻辑覆盖法设计若干测试用例，运行被测程序，使其满足以下几种类型的逻辑覆盖。

- 语句覆盖（Statement Coverage，SC）。
- 判定覆盖（Decision Coverage，DC）。
- 条件覆盖（Condition Coverage，CC）。
- 条件/判定覆盖（Condition/Decision Coverage，C/DC）。
- 条件组合覆盖（Condition Combination Coverage，CCC）。

以上逻辑覆盖发现错误的能力由弱至强。本任务将采用同一个例子分析各类覆盖测试用例的设计方法。

【例 2-2-1】某用 C 语言编写的函数代码如代码 2-2-1 所示。

代码 2-2-1

```
int funCalculate(int x, int y)
{
    int z=0;
    if  ((x>9) && (y>5))
        z=x*x*y;
    else
        if ((x<0) || (y<0))
            z=x-y;
        else
            z=x+y;
    return z;
}
```

其程序流程图如图 2-2-1 所示。

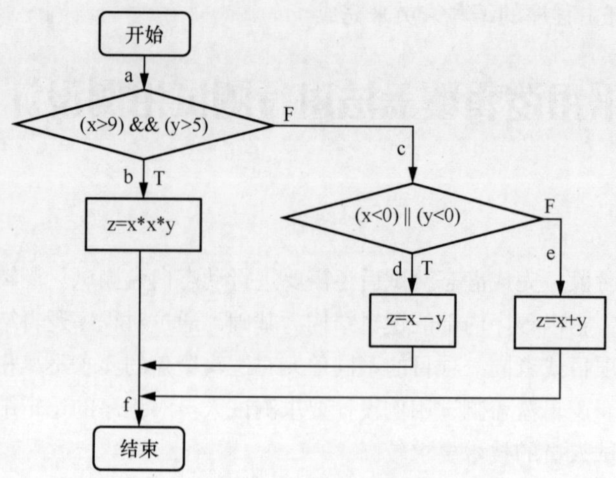

图 2-2-1 【例 2-2-1】的程序流程图

本任务将采用 5 种逻辑覆盖对【例 2-2-1】进行测试用例设计。

2.2.1 语句覆盖

语句覆盖是指设计若干测试用例，然后运行被测程序，使得程序中每一条语句至少执行一次，“若干”实际上是指测试用例越少越好，语句覆盖在测试中主要用于发现缺陷或错误语句。当然，如果被测程序中存在覆盖不到的语句，即冗余语句，也说明被测程序存在隐患。

针对【例 2-2-1】实现语句覆盖需设计表 2-2-1 所示的 3 个测试用例。

表 2-2-1 【例 2-2-1】中的语句覆盖测试用例

测试用例编号	x	y	z	路径
1	10	6	600	a—b—f
2	−1	0	−1	a—c—d—f
3	2	0	2	a—c—e—f

2.2.2 判定覆盖

判定覆盖也被称为分支覆盖，是指设计若干测试用例，然后运行被测程序，使得每个判定的分支至少执行一次。

根据覆盖原则，表 2-2-1 中的 3 个测试用例可满足判定覆盖。

判定覆盖比语句覆盖逻辑性强，因为如果每个分支都执行过了，则每个语句也就执行了，即满足了判定覆盖必然满足语句覆盖。判定覆盖的缺点是，它虽然把程序的所有分支覆盖到了，但由于判断覆盖主要对整个判断表达式最终取值进行度量，如果表达式内部存在问题就不能被发现。例如将【例 2-2-1】中的核心代码段误写为代码 2-2-2，即把判断语句 if ((x<0) || (y<0)) 的第 2 个条件 y<0 错误地写成 y>0，用表 2-2-1 的测试用例进行测试，执行结果与预期值一致，且能满足判定覆盖，但程序中潜在的错误却不能被发现。

代码 2-2-2

```
if  ((x>9) && (y>5))
        z=x*x*y;
    else
        if ((x<0) || (y>0))        //y<0 误写为 y>0
            z=x-y;
        else
            z=x+y;
```

判定覆盖的缺点是，它只关注了判定语句的结果，而未把判断语句中的所有条件都检测到，这样可能导致程序中潜在的错误不能被发现。那么，如果设计测试用例时把判断语句中的所有条件都考虑到，测试是否会更有效呢？

2.2.3　条件覆盖

基于判定覆盖存在的问题提出了条件覆盖，条件覆盖是指设计若干测试用例，使得每个判断语句中每个逻辑条件可能的取值至少满足一次。

针对【例 2-2-1】，表 2-2-2 中的测试用例能满足条件覆盖。仅两个测试用例就能保证判断语句中每个条件表达式取真和取假都至少满足一次。由此可见，从测试用例设计来看，条件覆盖似乎逻辑性更强，但实际上，满足了条件覆盖未必能满足判定覆盖和语句覆盖。因此在测试用例有限的情况下，条件覆盖并不能很好地发现程序中存在的问题。

表 2-2-2　【例 2-2-1】中的条件覆盖测试用例

测试用例编号	(x>9) && (y>5)				(x<0) || (y<0)				预期值	路径
	x>9		y>5		x<0		y<0		z	
1	T	10	T	6	F	9	F	6	600	a—b—f
2	F	−1	F	−9	T	−1	T	−9	8	a—c—d—f

那么将条件覆盖与判定覆盖结合起来，效果如何呢？

2.2.4　条件/判定覆盖

为弥补条件覆盖存在逻辑性不够强的问题，将条件覆盖和判定覆盖结合起来，以实现较好的逻辑覆盖。条件/判定覆盖是指设计若干测试用例，使得判定中的每个条件取真和假的值至少出现一次，并且每个判定的分支至少执行一次，即既要满足条件覆盖，还要满足判定覆盖。

针对【例 2-2-1】，在表 2-2-2 中测试用例的基础上再设计一组能覆盖路径 a—c—e—f 的测试用例，便能满足条件/判定覆盖，表 2-2-3 中的测试用例就同时满足了条件覆盖和判定覆盖。

表 2-2-3　【例 2-2-1】中的条件/判定覆盖测试用例

测试用例编号	(x>9) && (y>5)				(x<0) || (y<0)				预期值	路径
	x>9		y>5		x<0		y<0		z	
1	T	10	T	6	F	9	F	6	600	a—b—f
2	F	−1	F	−9	T	−1	T	−9	8	a—c—d—f
3	F	0	F	2	F	0	F	2	2	a—c—e—f

假设在编写代码时，误将代码写为代码 2-2-3。

代码 2-2-3

```
if  ((x>9) && (y>5))
        z=x*x*y;
    else
        if ((x<0) && (y<0))        //或运算符（||）误写为与运算符（&&）
            z=x-y;
        else
            z=x+y;
```

采用表 2-2-3 设计的数据同样满足条件/判定覆盖，但却不能发现逻辑运算符的错误，原因是条件/判定覆盖只要求每个条件取真和假的测试用例都至少出现一次，但却没考虑同一判定中各条件取真和取假的组合。如果设计表 2-2-3 所示的测试用例，将同一判定中所有条件取真的情况设计为一个测试用例，所有条件取假的情况设计为一个测试用例，那么便不能发现逻辑运算符方面的错误。

与语句覆盖、判定覆盖相比，虽然条件/判定覆盖增强了测试用例设计的逻辑性，但满足该覆盖要求的测试用例却并不一定能检查出程序逻辑方面的错误。如果设计测试用例时能考虑判断语句中各条件的组合，定能增强测试的逻辑性。

2.2.5 条件组合覆盖

条件组合覆盖是指设计若干测试用例，使得每个判定中各条件可能的组合都至少出现一次。显然，满足条件组合覆盖的测试用例一定满足判定覆盖、条件覆盖、条件/判定覆盖，因此，条件组合覆盖是逻辑覆盖中逻辑性最强的测试用例设计方法。

【例 2-2-1】共包含两个判断语句，每个判断语句包含两个条件。根据条件组合覆盖的要求，针对判断语句 if ((x>9) && (y>5)) 需要设计 2^2=4 个测试用例，同样，针对判断语句 if ((x<0) || (y<0)) 需要设计 2^2=4 个测试用例。

表 2-2-4 用最少的测试用例满足了条件组合覆盖，采用以上 4 个测试用例进行测试，将同时满足语句覆盖、判定覆盖、条件覆盖和条件/判定覆盖，对代码 2-2-2、代码 2-2-3 中的错误都能进行较好的捕获。

表 2-2-4　【例 2-2-1】中的条件组合覆盖测试用例

测试用例编号	(x>9) && (y>5)				(x<0) || (y<0)				预期值	路径
	x>9		y>5		x<0		y<0		z	
1	T	10	T	6	F	10	F	6	600	a—b—f
2	T	11	F	−2	F	11	T	−2	13	a—c—d—f
3	F	−1	T	6	T	−1	F	6	−7	a—c—d—f
4	F	−2	F	−3	T	−2	T	−3	4	a—c—d—f

当然，条件组合覆盖未必能发现代码逻辑上的所有错误，比如当我们误写【例 2-2-1】中的比较运算符（如将“>”误写为“>=”），表 2-2-4 中的测试用例依然不能捕获程序的错误。

任务实训

使用逻辑覆盖法设计测试用例

一、实训目的

1. 掌握逻辑覆盖测试用例的设计方法。
2. 能灵活应用逻辑覆盖法进行测试用例设计。
3. 掌握单元测试工具 JUnit 的使用。

实训资源

资源码 X-2-2

二、实训内容

1. 理解工资问题的需求。

某企业的员工工资计算标准如下。

25 岁以上（不含 25 岁）的男性员工的工资在基本工资的基础上加 1500 元，如此计算之后，如果员工工资超过 8000 元（不包括 8000 元）或者年龄满 50 岁（包括 50 岁），将工资减去 1000 元。其程序流程图如图 2-2-2 所示。

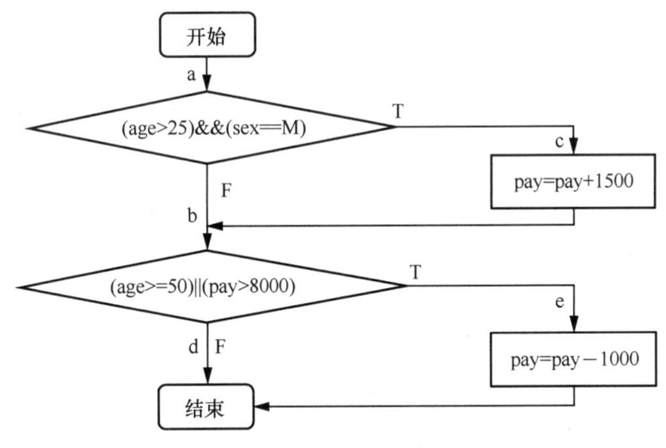

图 2-2-2　工资问题的程序流程图

2. 采用 Java 编程技术实现工资问题编程（其中基本工资用方法参数传入）。
3. 按照各种逻辑覆盖的要求，使用实训报告模板设计测试数据。
4. 采用 JUnit 对编写的程序进行测试，并完成实训报告。

复习提升

扫码复习相关内容，完成以下练习。

复习资源

资源码 F-2-2

选择题

1. 关于以下判断语句，为实现判定/条件覆盖，需要设计的测试用例个数至少应为（　　）。

A. 1　　B. 2

C. 3　　D. 4

```
if(!(ch>='0' && ch<='9'))
    printf("This is not a digit!\\n");
else
    printf("This is  a digit!\\n");
```

2. 语句覆盖、判定覆盖、条件覆盖和路径覆盖都采用白盒测试设计测试用例，在这些逻辑覆盖中逻辑性最弱的是（　　）。

A. 语句覆盖　　B. 条件覆盖

C. 路径覆盖　　D. 判定覆盖

任务 2-3　采用基本路径测试法进行测试用例设计

任务引入

逻辑覆盖法能较好地对程序的逻辑结构进行测试，前面的例子如果满足判定覆盖、条件/判定覆盖和条件组合覆盖也就满足了路径覆盖，但实际上满足逻辑覆盖并不一定能满足路径覆盖，而程序的每一条路径往往是程序重要功能的体现，因此在很多软件测试项目中，往往会采用路径覆盖的方法进行测试。

问题导引

预习资源

资源码 Y-2-3

1. 什么是路径覆盖？
2. 什么是基本路径覆盖？
3. 如何采用基本路径测试法设计测试用例？

知识准备

路径覆盖是指选取若干测试数据，使程序中每条可能的路径都至少执行一次，如果程序流程图中有环路，则要求每个环路至少经过一次。

对较简单的程序来说，实现路径覆盖并不困难，但如果程序中出现了多个判断分支组合的情况，路径组合的数量将非常庞大，导致实现路径覆盖需花费较多的人力、物力。因此，实际测试中通常采用基本路径覆盖，而无须实现全路径覆盖，以提高软件测试的效率和有效性。

2.3.1　控制流图

基本路径测试法是指在程序控制流图的基础上，通过分析控制结构的环路复杂性，导出基本可执行路径集合，从而设计出测试用例的方法，该方法把覆盖的路径降低到合理的限度内。采用基本路径测试法设计测试用例要求在满足一定路径覆盖的同时，程序的每一条可执行语句至少执行一次。

采用基本路径测试法设计测试用例时，首先需要绘制被测程序的控制流图。控制流图是描述程序控制流的一种方式，由图 2-3-1 所示的 5 种基本图形组成，分别对应程序的顺序结构、二分

支结构、while 循环结构、until 循环结构和多分支结构。图中的圆圈叫作节点，表示程序中一个或多个无分支的语句；将含判定语句的节点叫判定节点，箭头表示控制流的方向，叫作边，将节点和边围成的一个封闭范围作为 1 个区域，将控制流图未包围的整个范围也算作 1 个区域。

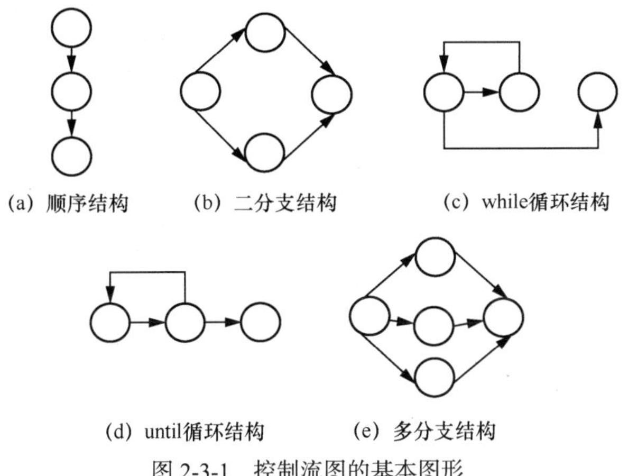

图 2-3-1　控制流图的基本图形

2.3.2　控制流图的绘制方法

控制流图可根据程序流程图绘制，也可根据程序结构绘制。

1. 依据程序流程图绘制控制流图

程序流程图用于描述程序的控制结构，常常用在程序设计中以清晰呈现程序的逻辑结构，因此，可依据程序流程图绘制相应的控制流图，绘制规则如下。

（1）将程序流程图中顺序执行的一条或多条语句映射为控制流图的一个节点。

（2）将程序流程图中的判断语句框映射为控制流图的一个节点。

（3）若程序流程图分支结构的汇聚处没有语句，应添加一个节点（称为汇聚节点）。

按规则，可将图 2-3-2（a）所示的程序流程图转化为图 2-3-2（b）所示的控制流图。其中图 2-3-2（b）中的节点 8 由图 2-3-2（a）中的节点 6 和结点 7 的汇聚节点转化而来。

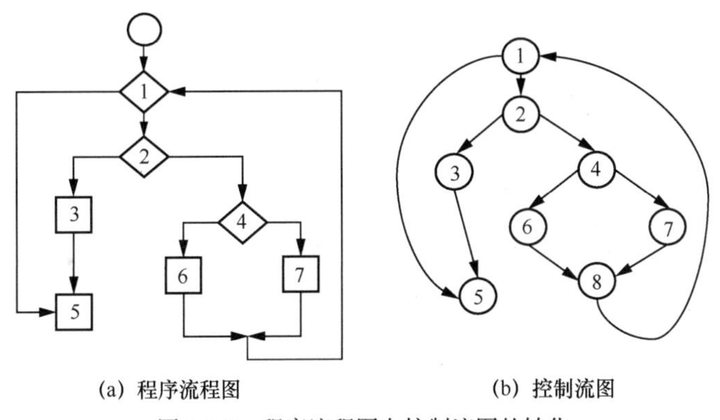

图 2-3-2　程序流程图向控制流图的转化

2. 依据程序结构绘制控制流图

如果软件未采用程序流程图进行设计，代码编写完成后可根据程序片段绘制控制流图，其规则如下。

（1）将被测程序顺序执行的一条或多条语句映射为控制流图的一个节点。

（2）将被测程序的判断语句映射为控制流图的一个节点。

（3）若被测程序分支结构的汇聚处没有处理代码，应添加一个汇聚节点。

按照规则可将代码 2-3-1 转化为图 2-3-3 所示的控制流图。在此采用代码行号作为节点编号。

代码 2-3-1

```
1    int GetMaxnum(int a,int b,int c)
2    {
3        if(a>=b)
4        {
5            if(a>=c)
6                return a;
7            else
8                return c;
9        }
10       else
11       {
12           if(b>=c)
13               return b;
14           else
15               return c;
16       }
17   }
```

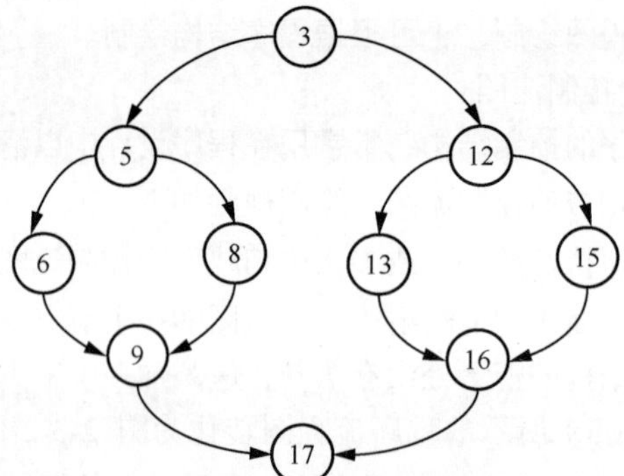

图 2-3-3　代码向控制流图的转化

根据控制流图便可以设计出基本路径，设计多少条路径取决于控制流图的环路复杂度，即程序的环路复杂度决定了程序基本路径的条数，这是确保程序中每条语句至少执行一次所必需的测试用例数的上界。

2.3.3　控制流图环路复杂度的计算

在基本路径测试法的测试用例设计中，可以依据控制流图的环路复杂度来确定基本路径的最小路径数，计算环路复杂度有 3 种方法。

（1）环路复杂度为控制流图中的区域数。

（2）设 E 为控制流图的边数，N 为控制流图的节点数，则环路复杂度 $V(G)=E-N+2$。

（3）若 P 为控制流图中的判定节点数，则环路复杂度 $V(G)=P+1$。

采用上述方法对图 2-3-2（b）的环路复杂度进行计算，由方法（1）可知图 2-3-2（b）的区域

数为 4，由方法（2）可知 $V(G)=E-N+2=10-8+2=4$，由方法（3）可知 $V(G)=P+1=3+1=4$。因此，图 2-3-2（b）的环路复杂度 $V(G)=4$。

2.3.4　基本路径测试用例的设计步骤

基本路径测试用例的设计方法包含以下 4 个步骤。

（1）画出控制流图：根据程序流程图或被测代码绘制出控制流图。

代码 2-3-1 的控制流图如图 2-3-3 所示。

（2）计算控制流图的环路复杂度：从控制流图的环路复杂度可推导出程序基本路径条数，是确定程序中每条可执行语句至少执行一次所必需的测试用例数的上界。

代码 2-3-1 的环路复杂度为 4。

（3）导出基本路径集合：根据环路复杂度和控制流图获得基本路径集合。

代码 2-3-1 的基本路径集合如下。

路径 1：3-5-6-9-17。

路径 2：3-5-8-9-17。

路径 3：3-12-13-16-17。

路径 4：3-12-15-16-17。

（4）准备测试用例：确定输入，预计输出，确保基本路径集合中每条路径都被执行。

代码 2-3-1 的测试用例如下。

路径 1：3-5-6-9-17。

输入：a=7,b=5,c=3。输出：a=7。

路径 2：3-5-8-9-17。

输入：a=5,b=3,c=9。输出：c=9。

路径 3：3-12-13-16-17。

输入：a=3,b=7,c=5。输出：b=7。

路径 4：3-12-15-16-17。

输入：a=5,b=6,c=7。输出：c=7。

任务实训

使用基本路径测试法设计测试用例

一、实训目的

1. 掌握控制流图的画法。
2. 掌握环路复杂度的计算方法。
3. 掌握利用基本路径测试法进行白盒测试的方法。

实训资源

资源码 X-2-3

二、实训内容

1. 理解三角形问题的命题。

三角形问题是软件测试技术介绍中广泛使用的一个案例。

三角形问题描述如下。

输入 3 个整数 a、b 和 c，它们分别作为三角形的 3 条边，通过程序判断由这 3 条边构成的三角形的类型，其结果可能是等边三角形、等腰三角形、普通三角形或非三角形。

其伪代码如下。

```
if (inta >= intb + intc)
    or (intb >= inta + intc)
    or (intc >= intb + inta)  then
        strMsg = "非三角形"
else
    if (inta = intb)
    and (intb = intc)  then
        strMsg = "等边三角形"
    else
       if (inta = intb)
       or (inta = intc)
       or (intc = intb)  then
           strMsg = "等腰三角形"
       else
           strMsg = "普通三角形"
       end if
     end if
 end if
MsgBox(strMsg, MsgBoxStyle.Information, "三角形问题")        //测试输出判断结果
```

2. 利用基本路径测试法对三角形问题进行测试用例设计。
3. 下载实训报告，按操作步骤完成测试用例设计。

复习提升

扫码复习相关内容，完成以下练习。

选择题

下面有关路径测试的叙述中错误的是（　　）。

A. 路径覆盖是逻辑性最强的逻辑覆盖，它不但能发现其他逻辑覆盖能发现的问题，还能发现其他逻辑覆盖不能发现的问题

B. 测试人员不可能对任何一个程序都完成 100%的路径测试

C. 不提倡用不同的数据重复测试同一条路径

D. 即使每条路径都执行一次，程序还是可能存在缺陷

单元小结

由于不同类型的软件有各自不同的特点，在进行测试用例设计时，选择合理的白盒测试方法非常重要。本单元介绍的各种白盒测试方法各有所长，在实际工作中，根据不同的测试阶段、不同的测试目标，针对性地选择适当的白盒测试方法，能有效发现更多的软件缺陷、提高测试效率和测试覆盖率。

在白盒测试中，通常采用以下综合策略进行测试用例设计。

（1）尽量先使用工具进行静态结构分析。

（2）可采用先静态后动态的组合方式。先进行静态结构分析、代码检查，再进行动态测试。

（3）为使测试工作更有效，可利用静态结构分析的结果作为引导，通过代码检查和动态测试的方式对静态结构分析结果做进一步的确认。

（4）使用基本路径测试法达到语句覆盖标准；对于重点模块，应使用多种覆盖标准进行覆盖测试。

（5）不同的测试阶段，测试的侧重点不同。单元测试阶段以代码检查、逻辑覆盖为主，集成测试阶段需要增加静态结构分析等。

单元练习

一、选择题

1. 下列不属于人工测试方法的是（　　）。

A. 单元测试　　B. 桌面检查

C. 同行评审　　D. 走查

2. 下列属于变量异常的是（　　）。

A. 变量被定义，但没有被使用　　B. 所使用的变量未被定义

C. 变量在使用前被重复定义　　D. 以上全部

3. 下面不属于白盒测试能保证的是（　　）。

A. 模块中所有独立路径至少测试一次

B. 测试所有逻辑决策真和假两个方面

C. 在所有循环的边界内部和边界上执行循环体

D. 没有不正确或漏掉的功能

4. 使用白盒测试时，确定测试数据应根据（　　）和指定的覆盖标准。

A. 程序的内部逻辑　　B. 程序的复杂程度

C. 使用说明书　　D. 程序的功能

5. 软件测试中常用的静态结构分析方法是（　　）和接口分析。

A. 引用分析　　B. 算法分析

C. 可靠性分析　　D. 效率分析

6. 白盒测试中常用的方法是（　　）。

A. 基本路径测试法　　B. 等价类划分法

C. 因果图法　　D. 边界值分析法

7. 在软件工程中，白盒测试可用于测试程序的内部结构。该测试是把程序看作（　　）。

A. 路径的集合　　B. 循环的集合

C. 目标的集合　　D. 地址的集合

8.（多选题）白盒测试是对软件的结构进行测试，（　　）是其应包括的内容。

A. 边界值分析法　　B. 语句覆盖

C. 判定覆盖　　D. 路径覆盖

9. 如果一个判定中的复合条件表达式为(A>1) or (B<=3)，则为了达到100%的条件覆盖率，至少需要设计（　　）个测试用例。

A. 1　　B. 2　　C. 3　　D. 4

10. 如果程序中有两个判定条件，其复合条件表达式分别为(a>=3) and (b<=6)和(a>0) or (c<2)，则为了达到100%的判定覆盖率，至少需要设计的测试用例数为（　　）。

A. 1　　B. 2　　C. 3　　D. 4

11. 阅读下列程序。

```
int func(int a,b,c)
{
    int k_1;
    if (a>0 || b<0 || a+c>0) k=k+a
    else k=k+b;
    if (c>0) k=k+c;
return k;
}
```

采用逻辑覆盖法进行测试，下列测试用例(a,b,c)的输入值，可以达到条件覆盖的是（　　）。

A. (a,b,c)=(1,1,1)、(−1,1,1)　　B. (a,b,c)=(1,1,1)、(−1,−1,−1)

C. (a,b,c)=(1,1,−1)、(1,1,1)　　D. (a,b,c)=(1,1,−1)、(−1,1,1)

12. 在11题的程序测试中，若测试只采用这样的测试用例：(a,b,c)=(1,1,−1)、(1,−1,1)、(−1,1,1)、(0,1,1)那么，可以实现的逻辑覆盖是（　　）。

A. 条件覆盖　　B. 判定覆盖

C. 路径覆盖　　D. 条件组合覆盖

13. 检查是否存在“已定义但未使用”的变量引用异常应属于（　　）。

A. 静态测试　　B. 动态测试

C. 代码执行　　D. 调试

14. 覆盖率对软件测试有非常重要的作用，下列关于覆盖率说法正确的是（　　）。

A. 覆盖率是用于度量测试完整性的一个手段，可分为逻辑覆盖和功能覆盖

B. 为了保证测试的完整性，在测试时通常要针对所有的覆盖率指标进行测试

C. 路径覆盖是逻辑性最强的逻辑覆盖，故达到路径覆盖的测试用例一定满足条件/判定覆盖

D. 为了使测试更充分，通常要求测试用例达到100%的覆盖率

二、测试用例设计

为以下程序段设计一组测试用例，要求分别满足语句覆盖、判定覆盖、条件覆盖。

```
int test(int A,int B)
{
    int x=0;
    if((A>1) && (B<10)){
    x=A-B;
}
    if((A=2) || (B>20)){
    x=A+B;
}
      return x;
}
```

单元三 黑盒测试

单元导学

黑盒测试也叫数据驱动测试，在进行黑盒测试时可以把程序看作一个不能打开的黑盒子，不考虑程序内部结构和内部特性，测试人员只需要通过输入数据、进行操作、观察结果，检查被测程序是否按照需求规格说明书的规定正常运行，软件是否能适当地接收输入数据而产生正确的输出信息，以及关联信息是否正确处理（如程序运行过程中对数据库数据的更新等）。

黑盒测试一般可分为功能测试和非功能测试两大类。

功能测试依据需求规格说明书中的功能需求设计测试用例，对软件运行的正确性进行测试。非功能测试依据需求规格说明书中的性能需求设计测试用例，对软件的可靠性、效率、灵活性、兼容性、安全性等进行测试。非功能测试通常在系统测试阶段进行，其测试方法将在系统测试部分做详细介绍。

本单元重点学习功能测试的常用方法，包括等价类划分法、边界值分析法、决策表法、因果图法、正交试验法、场景法等。功能测试不用考虑程序的内部结构，只跟程序的需求规格说明书有关。测试人员必须仔细分析和推敲需求规格说明书中的各项内容，特别是功能需求，选择适当的方法进行测试用例设计。本单元的知识和技能对接以下岗位。

- 测试用例设计岗位。
- 功能测试实施岗位。

素养园地

资源码 S-3-0

学习目标

- 理解黑盒测试的概念和常用方法。
- 掌握各种功能测试用例设计方法。

- 能选择适当的方法进行测试用例设计。
- 培养自主学习、分析问题、解决问题的能力。
- 具备敢于质疑的创新精神。

任务 3-1 采用等价类划分法进行测试用例设计

任务引入

等价类划分法是一种典型的黑盒测试方法，该方法把可能的输入数据作为测试用例，由于测试时不可能穷举所有可能的数据，而只能从全部可供输入的数据中选取具有代表性的数据，每一类具有代表性的数据在测试中的作用等价于这一类的其他值。如果某一类中的一个测试用例发现了错误，那么这一类中的其他测试用例也能发现同样的错误；要是某一类中的一个测试用例没有发现错误，那么这一类中的其他测试用例也不会发现错误。因此，可以把全部输入数据合理划分为若干等价类，在每一个等价类中取具有代表性的数据作为测试的输入条件，就可以用少量具有代表性的测试数据获取较好的测试效果。

问题导引

1. 黑盒测试与白盒测试的主要区别是什么？
2. 举例说明何为有效等价类和无效等价类。
3. 举例说明如何划分有效等价类和无效等价类。
4. 按区间划分，可划分多少个有效等价类和无效等价类？
5. 按规则划分，可划分多少个有效等价类和无效等价类？
6. 仅采用等价类划分法对日期问题进行测试是否合理？举例说明。

预习资源

资源码 Y-3-1

知识准备

使用等价类划分法设计测试用例时，必须在需求规格说明书的基础上划分出若干等价类，列出等价类表。等价类包括有效等价类和无效等价类两种。

有效等价类：对需求规格说明书来说，它是由合理的、有意义的输入数据构成的集合，利用它可以检验程序是否实现了规格说明书预先规定的功能和性能。

无效等价类：对需求规格说明书来说，它是由不合理的、无意义的输入数据构成的集合。利用它可以检查程序中功能和性能的实现是否有不符合需求规格说明书要求的地方。

依据需求规格说明书，等价类划分有多种类型。

3.1.1 等价类划分的常见类型

下面以资产管理系统中“部门管理”模块的“新增部门”对话框为例来说明等价类划分的几种类型。

【例 3-1-1】资产管理系统的“部门管理”模块允许管理员对部门信息进行新增、修改操作。

“部门管理”模块的“新增部门”对话框（见图 3-1-1）的需求规格说明如下。

新增部门 ×

* 部门名称

* 部门编码

部门简介

保存　取消

图 3-1-1　“新增部门”对话框

（1）在“部门管理”页面单击“新增”按钮，弹出“新增部门”对话框，标题显示为“新增部门”。

（2）“部门名称”文本框必填，默认为空，不能与系统内的部门名称重复，允许使用汉字、英文字母、数字和空格，可输入 3～20 个字符。

（3）“部门编码”文本框必填，默认为空，不能与系统内的部门编码重复，允许使用英文字母、数字，不能以 0 开头，长度必须为 10 个字符。

（4）“部门简介”文本框非必填，默认为空，最多可输入 500 个字符。

（5）单击“保存”按钮，部门名称未填写时提示“部门名称必填，请重新输入。”，部门名称重复时提示“部门名称不唯一，请重新输入。”，部门名称输入格式或长度不正确时提示“部门名称输入有误，请重新输入。”。关闭错误提示信息，仍停留在当前对话框。

（6）单击“保存”按钮，部门编码未填写时提示“部门编码必填，请重新输入。”，部门编码重复时提示“部门编码不唯一，请重新输入。”，部门编码输入格式或长度不正确时提示“部门编码输入有误，请重新输入。”。关闭错误提示信息，仍停留在当前对话框。

（7）单击“保存”按钮，部门简介输入长度不正确时提示“部门简介输入有误，请重新输入。”。关闭错误提示信息，仍停留在当前对话框。

（8）单击“保存”按钮，部门名称、部门编码、部门简介输入正确时保存当前新增内容，关闭当前对话框，回到“部门管理”页面，该页面新增一条记录，创建日期显示为当前日期。

（9）单击“取消”按钮或页面右上角的关闭按钮 ×，不保存当前新增内容，关闭当前页面，回到“部门管理”页面。

以上需求对该对话框的 3 个输入项规定了输入规则等，对这些限制进行测试用例设计便会用到等价类划分法。

常用的等价类划分有以下几种类型。

1. 按区间划分

如果输入条件规定了取值范围或个数，就可确定一个有效等价类和两个无效等价类。

以【例 3-1-1】中的需求规格说明（2）为例，针对“可输入 3～20 个字符”，可将输入长度划分为一个有效等价类和两个无效等价类。

一个有效等价类如下。

输入长度在 3～20 个字符之间，如在“部门名称”文本框中输入“人力资源部”5 个字符。

两个无效等价类如下。

（1）输入长度小于 3 个字符，如在“部门名称”文本框中输入“财务”两个字符。

（2）输入长度大于 20 个字符，如在“部门名称”文本框中输入“123456789012345678901” 21 个字符。（通常在单元测试阶段，做软件输入长度控制测试时，可以用伪数据进行测试。）

2. 按取值及处理方法划分

如果规定了输入数据的一组值，而且程序要对输入值分别进行处理，则可为每个输入值确立一个有效等价类，此外针对这组值确立一个无效等价类，它是所有不允许输入值的集合。

【例 3-1-2】 工资计算的测试用例设计

已知某岗位的工资计算公式如下。

税前工资=基础工资+工龄×150+职称工资。

其中，基础工资=3000 元。

“职称”的值是{初级,中级,高级}中的任意一个，其中，初级职称的工资是 2000 元，中级职称的工资是 3500 元，高级职称的工资是 5000 元。按照计算公式，工龄为 10 年，职称为初级、中级、高级的员工的税前工资分别为 6500 元、8000 元、9500 元。

针对“职称”可确立初级、中级、高级 3 个有效等价类，确立以上 3 个职称以外的一个无效等价类，如“处级”，在这种情况下会弹出提示信息“职称输入有误，请重新输入。”。

等价类划分法包含一个特例，如果输入条件是一个布尔值，可确定一个有效等价类和一个无效等价类，有效等价类的一组值中只有“真”一个值，则可确立一个有效等价类（取“真”）和一个无效等价类（取“假”）。

以【例 3-1-1】中的需求规格说明（2）为例，针对部门名称“必填”，可划分一个有效等价类“非空部门名称”和一个无效等价类“空部门名称”。

3. 按限制条件划分

以【例 3-1-1】中的需求规格说明（2）为例，针对部门名称“不能与系统内的部门名称重复”的需求规格说明，可确定一个有效等价类（即非空且与系统内的部门名称不重复的部门名称）和一个无效等价类（即与系统内的部门名称重复的部门名称）。例如测试时系统内已录入部门名称：组织部、招就处、宣传部、学工部、教务处。可选择“保卫处”作为有效等价类的输入，“招就处”作为无效等价类的输入。

4. 按限制规则划分

如果规定了输入数据必须遵守的规则，则可以划分一个符合规则的有效等价类和若干个从不同角度违反规则的无效等价类。

以【例 3-1-1】中的需求规格说明（2）为例，针对部门名称，其规则包含（1）必填；（2）不能与系统中存在的部门名称重复；（3）允许使用汉字、英文字母、数字和空格；（4）可输入大于等于 3 个字符；（5）可输入小于等于 20 个字符。规则共 5 条，那么可以划分一个符合规则的有效等价类，5 个违反以上 5 个规则的无效等价类。测试时系统内录入部门名称：组织部、招就处、宣传部、学工部、教务处。可设计如下测试数据。

一个有效等价类如下。

如“人事处”“Dept of Personnel”“人事 0001”　“DeptofPersonnel01”，任意一条数据均满足

有效等价类的条件。

5 个无效等价类如下。

（1）输入为空　违反规则（1）必填。

（2）输入“组织部”，违反规则（2）不能与系统中存在的部门名称重复。

（3）输入“#外事处#”，违反规则（3）允许使用汉字、英文字母、数字和空格，即不允许汉字、英文字母、数字和空格以外的字符输入。

（4）输入“人事”，违反规则（4）可输入大于等于 3 个字符。

（5）输入“Department of Personnel”违反规则（5）可输入小于等于 20 个字符。

3.1.2　采用等价类划分法进行测试用例设计的步骤

划分好等价类后，就可以设计测试用例了。用等价类划分法设计测试用例的步骤可以归纳为 3 步。

（1）对每个输入和外部条件进行等价类划分，绘制等价类表，并为每个等价类编号。

（2）设计一个测试用例，使其尽可能多地覆盖有效等价类；重复这一步，直到所有的有效等价类被覆盖。

（3）设计一个测试用例，使其仅覆盖一个无效等价类；重复这一步，直到所有的无效等价类被覆盖。

下面以【例 3-1-1】中“部门名称”文本框的输入控制为例，按照以上 3 步进行测试用例设计。

第一步：对“部门名称”输入进行等价类划分，绘制等价类表，并为每个等价类编号，如表 3-1-1 所示。

表 3-1-1　“部门名称”等价类表

条件（部门名称）	有效等价类	等价类编号	无效等价类	等价类编号
必填	输入非空	1	空（默认值）	2
重复限制	非已存在的部门名称	3	已存在的部门名称	4
输入限制	非汉字、英文字母、数字以外的字符	5	汉字、英文字母、数字以外的字符	6
长度限制	3～20 个字符	7	小于 3 个字符	8
			大于 20 个字符	9

第二步：设计一个测试用例，使其尽可能多地覆盖有效等价类；重复这一步，直到所有的有效等价类被覆盖，如表 3-1-2 所示。

表 3-1-2　“部门名称”有效等价类测试用例

测试用例编号	前提条件	输入	操作	预期结果	覆盖的等价类（编号）
1	系统内已录入部门名称：组织部、招就处、宣传部。“部门编码”“部门简介”输入无误	学工部 A2	单击“保存”按钮	关闭当前对话框，回到“部门管理”页面，在该页面新增一条“学工部 A2”记录，创建日期显示为当前日期；把“学工部 A2”记录保存到数据库	1、3、5、7

以上一个测试用例同时覆盖了 1、3、5、7 这 4 个有效等价类，原则上也是满足设计要求的，

但结合工程经验（错误分析法），针对有效等价类 5，通常会设计 4 个测试用例，目的是测试编程者是否惯性地认为必须汉字、英文字母、数字混合输入，故可对有效等价类测试用例进行优化，如表 3-1-3 所示。

表 3-1-3　“部门名称”有效等价类测试用例（优化）

测试用例编号	前提条件	输入	操作	预期结果	覆盖的等价类（编号）
1	系统内已录入部门名称：组织部、招就处、宣传部。“部门编码”“部门简介”输入无误	Dept of Student	单击“保存”按钮	关闭当前对话框，回到“部门管理”页面，在该页面新增一条“Dept of Student”记录，创建日期显示为当前日期；把“Dept of Student”记录保存到数据库	1、3、5、7
2	系统内已录入部门名称：组织部、招就处、宣传部。“部门编码”“部门简介”输入无误	学工部	单击“保存”按钮	关闭当前对话框，回到“部门管理”页面，在该页面新增一条“学工部”记录，创建日期显示为当前日期；把“学工部”记录保存到数据库	1、3、5、7
3	系统内已录入部门名称：组织部、招就处、宣传部。“部门编码”“部门简介”输入无误	1234567	单击“保存”按钮	关闭当前对话框，回到“部门管理”页面，在该页面新增一条“1234567”记录，创建日期显示为当前日期；把“1234567”记录保存到数据库	1、3、5、7
4	系统内已录入部门名称：组织部、招就处、宣传部。“部门编码”“部门简介”输入无误	学工部A1	单击“保存”按钮	关闭当前对话框，回到“部门管理”页面，在该页面新增一条“学工部A1”记录，创建日期显示为当前日期；把“学工部A1”记录保存到数据库	1、3、5、7

虽然在现实业务处理中测试用例 3 的输入数据几乎不可能存在，但根据测试用例设计依据需求规格说明书的原则，设计该测试数据依然是合理的，尤其是在单元测试阶段，用与实际不相符合的伪数据进行测试是可行的。

第三步：设计一个测试用例，使其仅覆盖一个无效等价类；重复这一步，直到所有的无效等价类被覆盖，如表 3-1-4 所示。

表 3-1-4　“部门名称”无效等价类测试用例

测试用例编号	前提条件	输入	操作	预期结果	覆盖的等价类（编号）
5	系统内已录入部门名称：组织部、招就处、宣传部。“部门编码”“部门简介”输入无误	默认值：空	单击“保存”按钮	提示“部门名称必填，请重新输入。”，关闭错误提示信息，仍停留在当前对话框	2
6	系统内已录入部门名称：组织部、招就处、宣传部。“部门编码”“部门简介”输入无误	宣传部	单击“保存”按钮	提示“部门名称不唯一，请重新输入。”，关闭错误提示信息，仍停留在当前对话框	4
7	系统内已录入部门名称：组织部、招就处、宣传部。“部门编码”“部门简介”输入无误	外联部*	单击“保存”按钮	提示“部门名称输入有误，请重新输入。”，关闭错误提示信息，仍停留在当前对话框	6
8	系统内已录入部门名称：组织部、招就处、宣传部。“部门编码”“部门简介”输入无误	团委	单击“保存”按钮	提示“部门名称输入有误，请重新输入。”，关闭错误提示信息，仍停留在当前对话框	8
9	系统内已录入部门名称：组织部、招就处、宣传部。“部门编码”“部门简介”输入无误	Department of Student	单击“保存”按钮	提示“部门名称输入有误，请重新输入。”，关闭错误提示信息，仍停留在当前对话框	9

以上是以“部门名称”为例设计的测试用例，在实际工作中对 “新增部门”对话框进行测试，输入内容应包括“部门名称”“部门编码”“部门简介”3 个项目，设计测试用例时，1 个测试用例可尽可能多地覆盖 3 个项目的有效等价类，但只能覆盖一个无效等价类。“新增部门”对话框的测试用例设计模板如表 3-1-5 所示。

表 3-1-5　“新增部门”对话框的测试用例设计模板

测试用例编号	前提条件	输入			操作	预期结果
		部门名称	部门编码	部门简介		

不同开发团队所采用的测试用例设计模板会有一定的差异，但必须达到以下要求：测试人员依据设计的测试用例，能明确测试用例执行的前提条件、如何操作及如何判断实际结果与预期结果是否一致等。

下面用软件测试中的经典案例——日期问题，说明等价类划分法的应用。

【例 3-1-3】采用等价类划分法对日期问题进行测试用例设计，需求规格说明：输入任意有效日期的年、月、日，可求出下一天的日期，要求年的取值范围为 1829—2030 年，如果输入的日期有误，则提示“输入无效”；假设限制年、月、日只能输入数字，该功能通过 UI 测试完成。

采用等价类划分法进行分析设计：对于日期问题，采用等价类划分法设计测试用例，若不考虑 2 月、小月、大月的特殊性，可设计表 3-1-6 所示的等价类。

表 3-1-6　等价类划分

输入	有效等价类	等价类编号	无效等价类	等价类编号
年	1829～2030	1	年小于 1829	2
			年大于 2030	3
月	1～12	4	月小于 1	5
			月大于 12	6
日	1～31	7	日小于 1	8
			日大于 31	9

可依据有效等价类设计表 3-1-7 所示的测试用例。

表 3-1-7　有效等价类的测试用例

测试用例编号	输入			预期结果			覆盖范围（等价类编号）
	年	月	日	年	月	日	
1	1996	6	15	1996	6	16	1、4、7

可依据无效等价类设计表 3-1-8 所示的测试用例。

表 3-1-8　无效等价类的测试用例

测试用例编号	输入			预期结果			覆盖范围（等价类编号）
	年	月	日	年	月	日	
1	1820	2	10	输入无效			2
2	2033	3	20	输入无效			3
3	1990	0	5	输入无效			5

续表

测试用例编号	输入			预期结果			覆盖范围（等价类编号）
	年	月	日	年	月	日	
4	2000	15	9		输入无效		6
5	2021	5	0		输入无效		8
6	2030	10	35		输入无效		9

任务实训

测试用例设计之等价类划分法

一、实训目的

1. 掌握采用等价类划分法设计测试用例的步骤。

2. 能灵活应用等价类划分法进行测试用例设计。

二、实训内容

实训资源

资源码 X-3-1

1. 研读【例 3-1-1】“新增部门”对话框的需求规格说明。

2. 依据“新增部门”对话框的需求规格说明，选择等价类划分法进行测试用例设计。

3. 下载实训报告，按操作步骤完成“新增部门”对话框的测试用例设计。

（1）利用等价类划分法，填写等价类表，为每个等价类编号。

设计提示：表 3-1-9 中的“部门名称”等价类划分在前面已学习并完成，可直接使用，模仿“部门名称”等价类划分的方法划分“部门编码”“部门简介”的等价类。

表 3-1-9　“新增部门”对话框的等价类划分

测试项	条件	有效等价类	等价类编号	无效等价类	等价类编号
部门名称	必填	输入非空	1	空（默认值）	2
	重复限制	非已存在的部门名称	3	已存在的部门名称	4
	输入限制	非汉字、英文字母、数字以外的字符	5	汉字、英文字母、数字以外的字符	6
	长度限制	3～20 个字符	7	小于 3 个字符	8
				大于 20 个字符	9
部门编码	……	……	……	……	……
部门简介	……	……	……	……	……

（2）依据等价类表进行有效等价类设计。

设计提示：模仿表 3-1-7 进行测试用例设计，“部门名称”的测试用例可沿用前面的数据，按照有效等价类的设计方法，使每个测试用例尽可能覆盖更多的有效等价类，即一个测试用例尽可能覆盖更多的等价类编号，模板如表 3-1-10 所示。

表 3-1-10　　　　“新增部门”对话框的测试用例（有效等价类）

测试用例编号	前提条件	输入			操作	预期结果	覆盖编号
		部门名称	部门编码	部门简介			

（3）依据等价类表进行无效等价类设计。

设计提示：模仿表 3-1-8 进行测试用例设计，“部门名称”的测试用例可沿用前面的数据，逐一设计测试用例，使每个测试用例仅覆盖一个无效等价类，即一个测试用例只能覆盖一个等价类编号，模板如表 3-1-11 所示。

表 3-1-11　　　　“新增部门”对话框的测试用例（无效等价类）

测试用例编号	前提条件	输入			操作	预期结果	覆盖编号
		部门名称	部门编码	部门简介			

（4）完成设计后检查无误，按要求提交实训报告。

复习提升

扫码复习相关内容，完成以下练习。

复习资源

资源码 F-3-1

选择题

1. 关于采用等价类划分法测试用例设计，下列描述错误的是（　　）。

A. 如果等价类中的一个测试用例能够捕获一个缺陷，那么选择该等价类中的其他测试用例也能捕获该缺陷

B. 正确地划分等价类可以大大减少测试用例的数量，测试会更加准确有效

C. 若某个输入条件是一个布尔值，则无法确定有效等价类和无效等价类

D. 等价类划分法常常需要和边界值分析方法结合使用

2. 下列属于黑盒测试方法的是（　　）。

A. 基本路径覆盖法　　B. 桌面检查

C. 逻辑覆盖法　　D. 等价类划分法

3. 关于白盒测试与黑盒测试的最主要区别，下列描述正确的是（　　）。

A. 白盒测试侧重于程序结构，黑盒测试侧重于功能

B. 白盒测试可以使用测试工具，黑盒测试不能使用测试工具

C. 白盒测试需要程序参与，黑盒测试不需要

D. 黑盒测试比白盒测试应用更广泛

4. 不属于功能测试的方法是（　　）。

A. 等价类划分法　　B. 边界值分析法

C. 决策表法　　D. 基本路径测试法

5. 以下测试方法中，（　　）是最常用的黑盒测试方法之一。

A. 等价类划分法　　B. 决策表法

C. 因果图法　　D. 功能图法

任务 3-2 采用边界值分析法进行测试用例设计

任务引入

边界值分析法是一种补充等价类划分法的黑盒测试方法，它不仅可以选择等价类中的任意数据作为测试用例，还可以选择等价类的边界值作为测试用例。从测试经验得知，采用边界值分析法设计测试用例往往能发现软件缺陷，达到较好的测试效果。

问题导引

预习资源

资源码 Y-3-2

1. 举例说明什么叫边界值分析法。
2. 边界值分析法与等价类划分法有何关联？
3. 如何在边界点上选择边界值设计测试用例？请举例说明。
4. 什么叫隐含边界？

知识准备

任务 3-1 采用等价类划分法对资产管理系统的“部门管理”模块进行了测试用例设计，选用了等价类中的代表数据作为测试数据，该方法既能有效减少测试用例数量，又具有一定针对性，因此被广泛应用于测试用例设计中。

在实际工作中，多数程序员在编写代码时有先寻找相似代码复制粘贴再做针对性修改的习惯，而这一习惯常常会因漏改或改错某些细节（如漏改或改错关系、逻辑运算符等）而导致软件缺陷。

例如输入项“姓名”要求字符长度为 5～10 个字符，对“姓名”进行字符长度检查可以使用代码 3-2-1。

代码 3-2-1

```
string strName;
…
int len=strName.length();
if(len>4 && len<11 )
    system.out.println("姓名满足字符长度要求。");
else
    system.out.println("姓名不满足字符长度要求。");
```

【例 3-1-1】中的需求规格说明要求“部门名称”中可输入长度大于等于 3 且小于等于 20 的字符串，程序员编写“部门名称”的长度检查代码时可以直接复制代码 3-2-1 进行改写，如代码 3-2-2 所示。

代码 3-2-2

```
int len=strBumen.length();
if(len>3 && len<20 )
     {…}
else
     system.out.println("部门名称输入有误，请重新输入。");
```

针对“部门名称”的长度检查代码，采用等价类划分法设计测试用例，如表 3-2-1 所示。

表 3-2-1 “新增部门”对话框的测试用例

测试用例编号	前提条件	输入			操作	预期结果	覆盖编号
		部门名称	部门编码	部门简介			
1	系统内已录入部门名称：组织部、招就处、宣传部	学生工作部	b000000005	举办各类学生活动，负责迎新、军训、毕业、生活等方面的工作	单击“保存”按钮	保存当前新增内容，关闭当前对话框，回到“部门管理”页面，在该页面新增一条记录，创建日期显示为当前日期	1、3、5、7
2		校办	a000000001	统筹学校各类事务，安排校领导出行及各类接待工作	单击“保存”按钮	提示“部门名称输入有误，请重新输入。”，关闭错误提示信息，仍停留在当前对话框	8
3		Department of Person1	c000000001	负责教职工招聘、培训及考勤管理等工作	单击“保存”按钮	提示“部门名称输入有误，请重新输入。”，关闭错误提示信息，仍停留在当前对话框	9
……	……	……	……	……	……	……	……

采用以上测试用例对代码 3-2-2 进行测试，结果是正确的，但却不能发现代码的问题。因为代码 3-2-2 的缺陷在等价类的边界上，采用边界值分析法便能抓住代码的缺陷。

3.2.1 边界值分析法

边界值分析法不仅重视输入范围边界，还从输出范围边界出发设计测试用例。边界条件的类型与具体的业务类型相关，通常包含以下情况。

数值——最小/最大。

字符——首位/末位。

速度——最慢/最快。

质量——最小/最大。

大小——最小/最大。

位置——最下/最上（最左/最右、最里/最外）。

高度——最低/最高。

尺寸——最短/最长。

3.2.2 边界值的分析方法

多数软件的边界是比较明晰的，要实现用最少的测试用例达到最佳测试效果，需要利用一定的方法和原则。掌握边界值分析法首先要正确选择测试用例的边界值，然后要综合输入或外部条件来设计测试用例。

1. 边界值的选择

为便于后续说明，这里对边界点和边界值做如下定义。

边界点是指需求规格说明中明确描述的边界取值，而边界值是指根据边界点选择的测试用例条件值。

例如，需求规格说明规定“部门名称”中可输入 3～20 个字符，其中明示的数值“3”和“20”就是边界点。根据 3 和 20 两个边界点，采用边界值分析法设计测试用例，确定输入字符的长度值，如 2、3、4 和 19、20、21。

下面以仅含一个输入变量的例子来说明边界值的选择方法。

【例 3-2-1】 某计算函数为 $y=f(x)=3x+1$，其中 x 为 a～b 的正整数。若 x 的输入值在区间范围内，则计算并输出 y；若 x 输入在区间范围外，则输出提示信息“x 值超出输入范围”。

采用边界值分析法进行分析设计。

由说明可知，边界点为 a 和 b。

边界值的选择取决于输入条件的区间类型（闭区间/开区间）和边界类型（下边界/上边界），以图 3-2-1 为例说明边界值的选择。

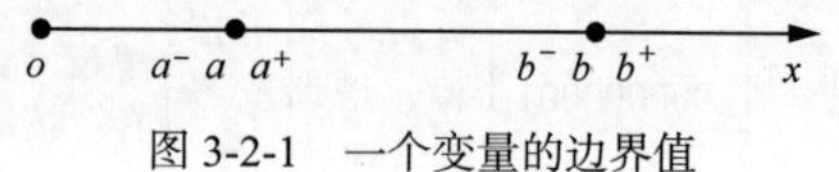

图 3-2-1　一个变量的边界值

（1）闭区间的情况。

闭区间是指 $x\in[a,b]$，即 $a\leqslant x\leqslant b$。下边界值、上边界值的选择如下。

x 的下边界值选 $a-1$ 和 a。

x 的上边界值选 b 和 $b+1$。

此外，还需选择 a 与 b 的中间点 $(a+b)/2$ 作为等价类中的典型值设计测试用例。

假如 $a=5$、$b=10$，则应设计 5 个测试用例。

测试用例 1：输入 $x=4$，输出“x 值超出输入范围”。

测试用例 2：输入 $x=5$，输出“y=16”。

测试用例 3：输入 $x=8$，输出“y=25”。

测试用例 4：输入 $x=10$，输出“y=31”。

测试用例 5：输入 $x=11$，输出“x 值超出输入范围”。

（2）开区间的情况。

开区间是指 $x\in(a,b)$，即 $a<x<b$。下边界值、上边界值的选择如下。

x 的下边界值选 a 和 $a+1$。

x 的上边界值选 $b-1$ 和 b。

此外，还需选择 a 与 b 的中间点 $(a+b)/2$ 作为等价类中的典型值设计测试用例。

假如 $a=5$、$b=10$，则应设计 5 个测试用例。

测试用例 1：输入 $x=5$，输出“x 值超出输入范围”。

测试用例 2：输入 $x=6$，输出“y=19”。

测试用例 3：输入 $x=8$，输出“y=25”。

测试用例 4：输入 $x=9$，输出“y=28”。

测试用例 5：输入 $x=10$，输出“x 值超出输入范围”。

从以上分析可知，针对某一边界点，有 3 个值可作为边界值。例如某边界点 a，可选的 3 个边界值分别是 a、比 a 小一点的 a^-、比 a 大一点的 a^+。a^- 和 a^+ 的取值取决于边界点变量的数据类

型，若 a 为整型变量，则 $a^-=a-1$、$a^+=a+1$；若 a 为小数点后 1 位的浮点型，则 $a^-=a-0.1$、$a^+=a+0.1$。

在设计测试用例时，为了用尽可能少的测试用例抓住软件缺陷，通常不需要选择边界点上的 3 个边界值，选择其中两个边界值便能抓住边界上的缺陷。

假设 x 的边界点为 a，边界值的选择规则如下。

（1）如果 a 是闭区间下边界点（$a \leqslant x$）。

边界值应选择 a^- 和 a；a^- 属于无效等价类，a 属于有效等价类。

（2）如果 a 是闭区间上边界点（$x \leqslant a$）。

边界值应选择 a 和 a^+；a^+ 属于无效等价类，a 属于有效等价类。

（3）如果 a 是开区间下边界点（$a<x$）。

边界值应选择 a 和 a^+；a 属于无效等价类，a^+ 属于有效等价类。

（4）如果 a 是开区间上边界点（$x<a$）。

边界值应选择 a^- 和 a；a 属于无效等价类，a^- 属于有效等价类。

由此可见，一个边界点上的边界值最少有两个，其中一个属于有效等价类，一个属于无效等价类。

例如，在【例 3-2-1】中，输入变量 x 有 a、b 两个边界点，一个点选两个边界值，则 x 最少选 4 个边界值，再加上一个等价类的典型值（中间点），则需设计 5 个测试用例，其中 3 个属于有效等价类，两个属于无效等价类。

2. 测试用例设计方法

边界值分析法是在等价类划分法的基础上进行测试用例设计的方法，因此可在等价类划分法基础上总结出边界值分析法的测试用例设计方法。

（1）对于每个输入和外部条件，确定其边界值和中间值。

（2）设计一个测试用例，使其尽可能多地覆盖中间值；重复这一步，直到所有中间值被覆盖。

（3）设计一个测试用例，使其仅覆盖一个边界值，其他输入和外部条件采用中间值或等价类中的非边界值；重复这一步，直到所有的边界值被覆盖。

与等价类划分法的测试用例选择相比，边界值分析法将等价类划分法中的要求“设计一个测试用例，使其仅覆盖一个无效等价类”改为了“设计一个测试用例，使其仅覆盖一个边界值”。虽然边界值并非都属于无效等价类，但由于边界值分析法是为了捕获边界上的缺陷，因此每一个测试用例只能含一个边界值，这样才能实现针对性的测试。

【例 3-2-2】 假设有函数 $z=f(x,y)$，要求 $a \leqslant x \leqslant b$、$c \leqslant y \leqslant d$，如图 3-2-2 所示。要求采用边界值分析法对该函数设计测试用例。

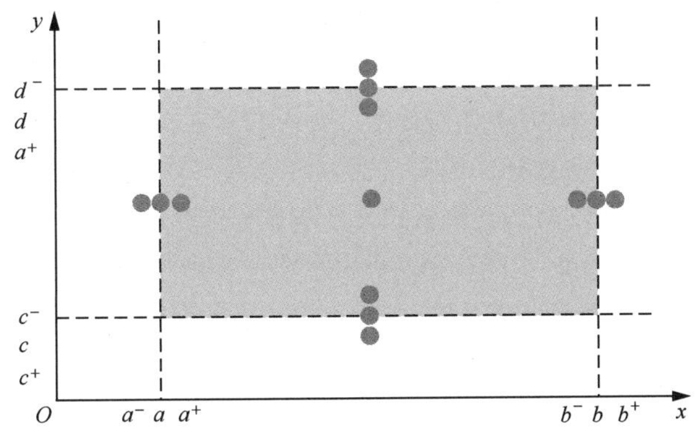

图 3-2-2　两个变量的边界值

采用边界值分析法进行分析设计。

（1）确定 x, y 的边界值和中间值。

条件：$a \leqslant x \leqslant b$。

边界值：a^-，a，b，b^+。中间值：$(a+b)/2$。

条件：$c \leqslant y \leqslant d$。

边界值：c^-, c, d, d^+。中间值：$(c+d)/2$。

（2）中间值用例设计。

可设计一个测试用例（$[(a+b)/2]$，$[(c+d)/2]$），覆盖 x, y 的中间值。

（3）边界值用例设计。

对 x, y 的每一个边界值各设计一个测试用例，另外一个条件选中间值。

对条件 x 的 4 个边界值设计 4 个测试用例，y 使用中间值。

（a^-,$[(c+d)/2]$）、（a,$[(c+d)/2]$）、（b,$[(c+d)/2]$）、（b^+,$[(c+d)/2]$）。

对条件 y 的 4 个边界值设计 4 个测试用例，x 使用中间值。

（$[(a+b)/2]$,c^-）、（$[(a+b)/2]$,c）、（$[(a+b)/2]$,d）、（$[(a+b)/2]$,d^+）。

按照以上 3 步，共设计 9 个测试用例便可较完善地进行边界覆盖。如果输入条件之间无约束关系，输入变量的个数为 n，可得出最少测试用例数 $S=4n+1$。

3.2.3 边界的类型

在前面的例子中，需求规格说明规定了输入条件的取值范围，这类边界非常明确，在实际应用中边界不局限于取值范围这一类型。不同的边界类型，其测试用例设计的方法也略有不同。

（1）如果需求规格说明规定输入条件/输出结果是取值范围，则应选取规定范围的最小值和最大值作为边界点设计测试用例。

【例 3-2-1】和【例 3-2-2】便属于此类型的边界。

（2）如果需求规格说明规定了输入或输出的值的个数，则应选取最小个数和最大个数作为边界点设计测试用例。

【例 3-2-3】资产管理系统的“部门管理”模块中有“部门管理”页面，页面中会显示部门列表，其需求规格说明如下。

要求每页都显示 30 条部门信息。系统中尚未录入部门信息时，“部门管理”页面无部门信息显示，列表下方显示“共 0 条数据”，不显示分页操作信息；部门数（n）小于等于 30 时，“部门管理”页面显示所有部门信息，列表下方显示“共 n 条数据”，不显示分页信息；部门数（n）超过 30 时，“部门管理”页面显示 30 条部门信息，列表下方显示“共 n 条数据”，显示分页信息。

采用边界值分析法进行分析设计。

该需求规定了“部门管理”页面的输出结果显示部门的个数，则应选取最小记录个数和最大记录个数作为边界点，即选择 0 和 30 作为边界点，边界值为 0, 1, 30, 31。测试用例数 $S=4n+1=4\times1+1=5$，共含以下 5 个测试用例。

测试用例 1

输入：系统中尚未录入部门信息。

输出：无部门信息显示，列表下方显示“共 0 条数据”，不显示分页操作信息。

测试用例 2

输入：1 个部门。

输出：列表中显示 1 条部门信息，列表下方显示“共 1 条数据”，不显示分页操作信息。

测试用例 3（典型值）

输入：12 个部门。

输出：列表中显示 12 条部门信息，列表下方显示“共 12 条数据”，不显示分页操作信息。

测试用例 4

输入：30 个部门。

输出：列表中显示 30 条部门信息，列表下方显示“共 30 条数据”，不显示分页操作信息。

测试用例 5

输入：31 个部门。

输出：第 1 页列表中显示 30 条部门信息，列表下方显示“共 31 条数据”，显示分页操作信息；第 2 页列表中显示 1 条部门信息，列表下方显示“共 31 条数据”，显示分页操作信息。

（3）如果需求规格说明规定输入条件/输出结果是有序集合（如有序表或顺序文件），则应选取有序集合的第一个元素和最后一个元素作为边界点设计测试用例。

【例 3-2-4】假设有一个 Excel 学生信息表，学生信息含学号、姓名、性别、生日、电话、家庭住址。需求规格说明要求读取该文件，获取学生姓名、电话、家庭住址。若文件为空或文件有错误，则提示“输入文件有错。”；否则提取姓名、电话、家庭住址信息。

采用边界值分析法进行分析设计。

需求规格说明中并无明显的数值边界点，输入为 Excel 文件，选取 Excel 文件的第一条数据和最后一条数据作为边界点设计测试用例。按照边界值分析法，需要两个 Excel 文件作为输入进行用例设计，一个含 0 条数据或文件有误，一个含 m 条数据。对含 m 条数据的文件，测试其第 1 条、第 $(1+m)/2$ 条、第 m 条数据读取是否正确。测试用例数 $S=4n+1$ 的计算公式不适合本例，因为上边界选取第 $m-1$ 条记录和选 $m+1$ 条记录对测试无意义。故设计以下 4 个测试用例。

测试用例 1

输入：含 0 条数据的 Excel 文件。

输出：提示“输入文件有错。”。

测试用例 2

输入：含 m 条数据的 Excel 文件。

输出：第 1 条记录的学生姓名、电话、家庭住址信息正确读取。

测试用例 3（典型值）

输入：含 m 条数据的 Excel 文件。

输出：第 $(1+m)/2$ 条记录的学生姓名、电话、家庭住址信息正确读取。

测试用例 4

输入：含 m 条数据的 Excel 文件。

输出：第 m 条记录的学生姓名、电话、家庭住址信息正确读取。

实际上，测试用例 2～测试用例 4 可在一次测试执行中完成，不同的是输出的记录不一样。

前面例子中的边界在需求规格说明书中有明确的定义，在实际应用中有些边界在软件内部，最终用户几乎看不到，但是在进行软件测试时仍有必要检查，这样的边界称为隐含边界或次边界。

3.2.4 隐含边界

所谓隐含边界，是指在需求规格说明书中没有明确说明，但又需要进行测试的边界，寻找这样的边界需要测试人员了解软件大概的工作方式，同时也需要具备业务领域和专业领域的知识。常见的隐含边界如下。

1. 2 的幂次方涉及的边界

表 3-2-2 中列出了 2 的幂次方表示的边界范围。

表 3-2-2　　2 的幂次方表示的边界范围

术语	边界范围
位	0 或 1
半字节	0～15
字节	0～255
字	0～65535 或 0～4294967295
千	0～1024
兆	0～1048576
亿	0～1073741824

例如，假设某种通信协议为一个字节，支持 256 条命令，为了提高数据传输效率，通信软件总是将常用的信息压缩到半个字节内，必要时再扩展为一个字节。比如将常用的 16 条命令压缩为一个半字节数据，在遇到 0～15 条命令时，软件发送半个字节的命令；在遇到 16～255 条命令时，软件转而发送一个字节的命令。用户只知道可以执行 256 条命令，并不知道软件根据半字节/字节边界执行了不同的计算和操作。

为了覆盖所有可能的 2 的幂次方边界，本例还要考虑临近半字节边界的 14、15 和 16，以及临近字节边界的 254、255 和 256。

2. ASCII 涉及的边界

表 3-2-3 中，0～9 的 ASCII 值是 48～57。斜杠字符（/）在数字 0 的前面，而冒号字符（:）在数字 9 的后面。大写字母 A～Z 对应 65～90。小写字母 a～z 对应 97～122。这些情况中都存在隐含边界。

表 3-2-3　　ASCII 涉及的边界

字符	ASCII 值	字符	ASCII 值
Null	0	B	66
Space（空格）	32	Y	89
/	47	Z	90
0	48	[	91
1	49	‘	96
2	50	a	97
9	57	b	98
:	58	y	121
@	64	z	122
A	65	{	123

如果对文本输入或文本转换软件进行测试，在考虑数据区间包含哪些值时，参考 ASCII 表是相当明智的。

例如，如果测试的文本框只接受用户输入字符 A～Z 和 a～z，就应该在非法区间中检测 ASCII 表中位于字符 A～Z 和 a～z 区间前后的字符——@、[、‘和{。

3. 结合需求规格说明的其他边界

结合测试人员的软件项目经验和业务知识挖掘隐含边界是一项具有挑战性和技术含量的工作。例如，报表输出的需求规格说明要求：每页输出 30 条数据。那么边界应考虑 0 条数据、29 条数据、30 条数据、31 条数据，需测试输出是否正常换页。

3.2.5　采用边界值分析法进行测试用例设计的步骤

采用边界值分析法进行测试用例设计的基本步骤如下。

（1）如果规定了数值范围，则以该范围的边界及刚刚超出范围边界的值作为测试用例。

（2）如果规定了值的个数，则以最大个数、最小个数、稍小于最小个数的个数和稍大于最大个数的个数作为测试用例。

（3）如果输入或输出范围是有序的集合，如顺序文件、表格等，则选取有序集合的第一个元素和最后一个元素作为测试用例。

（4）分析程序规格说明书，找出其他可能的边界条件（隐含边界）。

（5）针对每个输入条件，使用上面的原则。

（6）针对每个输出条件，使用上面的原则。

【例 3-2-5】 针对【例 3-1-3】在等价类划分法的基础上结合边界值分析法，对日期问题进行测试用例设计。

采用边界值分析法进行分析设计。

本例含 3 个输入条件，3 个条件都规定了数值范围，故测试用例数 S=4×3+1=13。共 12 个边界值用例和 1 个典型值用例。测试用例如表 3-2-4 所示。

表 3-2-4　日期问题的测试用例（边界值分析法）

测试用例编号	输入			预期结果			说明
	年	月	日	年	月	日	
1	1996	6	15	1996	6	16	典型值
2	1828	6	15	年越界			年的下边界
3	1829	6	15	1829	6	16	
4	2030	6	15	2030	6	16	年的上边界
5	2031	6	15	年越界			
6	1930	0	15	月越界			月的下边界
7	1930	1	15	1930	1	16	
8	1930	12	15	1930	12	16	月的上边界
9	1930	13	15	月越界			

续表

测试用例编号	输入			预期结果			说明
	年	月	日	年	月	日	
10	1930	6	0	日越界			日的下边界
11	1930	6	1	1930	6	2	
12	1930	6	30	1930	7	1	日的上边界
13	1930	6	31	日越界			

表 3-2-4 严格按照边界值测试用例的设计方法进行设计，但通常情况下测试用例设计应尽量避免重复值，因此对于每个测试用例中的典型值，可选择非边界的有效值来替代重复的典型值。对表 3-2-4 中的测试用例进行优化，结果如表 3-2-5 所示。

表 3-2-5　　优化后日期问题的测试用例（边界值分析法）

测试用例编号	输入			预期结果			说明
	年	月	日	年	月	日	
1	1996	6	15	1996	6	16	典型值
2	1828	2	3	年越界			年的下边界
3	1829	3	6	1829	3	7	
4	2030	4	9	2030	4	10	年的上边界
5	2031	5	11	年越界			
6	1930	0	14	月越界			月的下边界
7	1930	1	17	1930	1	18	
8	1930	12	20	1930	12	21	月的上边界
9	1930	13	23	月越界			
10	1930	7	0	日越界			日的下边界
11	1930	8	1	1930	8	2	
12	1930	9	30	1930	10	1	日的上边界
13	1930	9	31	日越界			

相较于表 3-2-4，表 3-2-5 中的重复数据大大减少，这样，测试可覆盖更多的数据和代码段。避免重复的有效数据是推荐的测试用例设计方法。

优化后的测试用例，不仅满足等价类划分法的设计要求，而且也满足边界值分析法的设计要求，更科学合理。当然，优化后的测试用例也并非完美无缺，在后续的学习中，我们将继续进行测试用例的优化。

任务实训

实训资源

资源码 X-3-2

测试用例设计之边界值分析法

一、实训目的

1. 掌握边界值分析法。
2. 能灵活应用边界值分析法进行测试用例设计。

二、实训内容

1. 下载实训报告，采用边界值分析法完善任务 3-1 中“任务实训”的测试用例。

（1）研读【例 3-1-1】中“新增部门”对话框的需求规格说明。

（2）在任务 3-1 中“任务实训”的测试用例设计的基础上找出需求规格说明中的边界，补充测试用例。

2. 对“部门管理”模块中的“部门管理”页面，针对需求规格说明（5）～（8），请采用边界值分析法进行测试用例设计，注意与【例 3-2-3】的需求规格说明的差异。

资产管理系统的“部门管理”页面设计如图 3-2-3 所示。

首页 > 部门管理

新增

序号	部门编码	部门名称	创建日期	部门简介	操作
1	BMBM000001	党政办	2019-01-03		修改
2	BMBM000002	后勤处	2019-01-03		修改
3	BMBM000003	设备科	2019-01-03		修改

图 3-2-3　“部门管理”页面

“部门管理”页面的需求规格说明如下。

（1）单击左侧导航栏中的“部门管理”模块，可进入“部门管理”页面，页面默认显示全部部门信息。

（2）面包屑导航显示“首页>部门管理”，单击列表下方的“首页”（见图 3-2-4）跳转至首页。

（3）列表字段显示序号、部门编码、部门名称、创建日期、部门简介、操作。创建日期显示创建部门的日期，格式为 yyyy-mm-dd。操作为修改。

（4）列表按照部门名称升序排列。

（5）列表记录小于等于 15 条时，列表下方只显示总条数统计信息不显示分页操作信息。列表记录超过 15 条时，列表下方显示分页信息，每页显示 15 条部门信息。

（6）列表记录超过 15 条，列表下方既显示总条数统计信息，也显示分页信息，如图 3-2-4 所示。

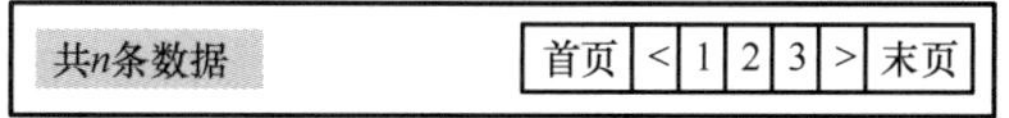

图 3-2-4　列表下方的显示设计

列表下方信息的显示规则如下。

总条数统计显示：共 *n* 条数据（*n* 为部门总数）。

分页操作显示：首页、上一页、页码、下一页、末页；页码显示 3 页页码数字，当前页码选中状态。

（7）当前页为第一页时，“首页”按钮、“上一页”按钮不可单击；当前页为最后一页时，“下一页”按钮、“末页”按钮不可单击。

（8）当前页不为第一页和最后一页时，单击“首页”按钮跳转到第一页，单击“末页”按钮跳转到最后一页，单击“上一页”按钮跳转到当前页面前一页，单击“下一页”按钮跳转到当前页面下一页。

3. 完善实训报告并按要求提交。

复习提升

扫码复习相关内容，完成以下练习。

选择题

1. 下面为C语言程序，边界值可以定位在（　　）。

```
int data(3);
int i;
for(i=1; i<=3; i++)  data(i)=5;
```

A. data（0）　　B. data（1）

C. data（2）　　D. data（3）

2. 用边界值分析法，假定 X 为整数，$10 \leqslant X \leqslant 100$，那么 X 在测试中应该取边界值（　　）。

A. X=10、X=100

B. X=9、X=10、X=100、X=101

C. X=10、X=11、X=99、X=100

D. X=9、X=10、X=50、X=100

任务 3-3　采用决策表法进行测试用例设计

任务引入

等价类划分法和边界值分析法是测试用例设计中最常用的方法，这两种方法对单个输入或输出的限制条件进行测试非常有效。但在实际应用中，输入条件之间、输出结果之间、输入条件与输出结果之间往往存在一定的依赖、约束或因果关系，此时仅采用等价类划分法和边界值分析法是不充分的，决策表法能较好地对此类情况进行测试。

问题导引

1. 采用等价类划分法和边界值分析法对日期问题进行测试用例设计为什么是不充分的？
2. 举例说明决策表法适合于哪类问题的测试用例设计？
3. 举例说明什么是条件桩、条件项，什么是动作桩、动作项。

知识准备

在前面的学习中，针对软件测试中的经典问题——日期问题，我们采用等价类划分法进行了测试用例设计，并进一步用边界值分析法对测试用例进行了优化，优化后的测试用例是否理想？显然回答是否定的。如果测试仅考虑年、月、日的取值范围，而忽略了年、月、日之间的依赖关系，那么测试就留下了隐患。众所周知，日期问题涉及闰年2月与非闰年2月的特殊性，同时还涉及小月、平月、大月最大日期的特殊性，即作为输入的年、月、日之间存在一定的依赖和约束关系，仅采用等价类划分法和边界值分析法对日期问题进行测试是不充分的。

决策表是把所有输入条件的组合及其对应的输出值都列出而形成的表格。该表格将复杂问题中各种可能的条件组合情况全部列举出来，清晰呈现并能避免遗漏。因此，利用决策表法能够设计出较完整的测试用例集合。

3.3.1　决策表的构成

决策表由条件桩、条件项、动作桩和动作项 4 部分构成。

（1）条件桩：所有可能的输入条件，各输入条件的先后顺序不影响输出结果。

（2）条件项：各条件桩可能的取值（输入值）。

（3）动作桩：所有可能的动作（输出）类别，各类动作间没有相互约束。

（4）动作项：各动作桩可能的动作（输出值）。

任何一个条件组合及其相应的动作称为一条规则。

下面以【例 3-3-1】为例来说明决策表的条件桩、条件项、动作桩、动作项和规则所代表的含义。

【例 3-3-1】 某软件的需求规格说明：在打开文件前弹出图 3-3-1 所示的打开文件对话框，提示输入两位约定的暗号，假设已限定只能输入两位暗号字符；第 1 位字符必须是 A 或 B，第 2 位字符必须是 1 个数字，在此情况下，单击“确认”按钮可打开文件并对文件进行修改，但如果第 1 位字符不正确，则输出信息“暗号首位错，请重新输入。”；如果第 2 位字符不是数字，则输出信息“暗号末位错，请重新输入。”。

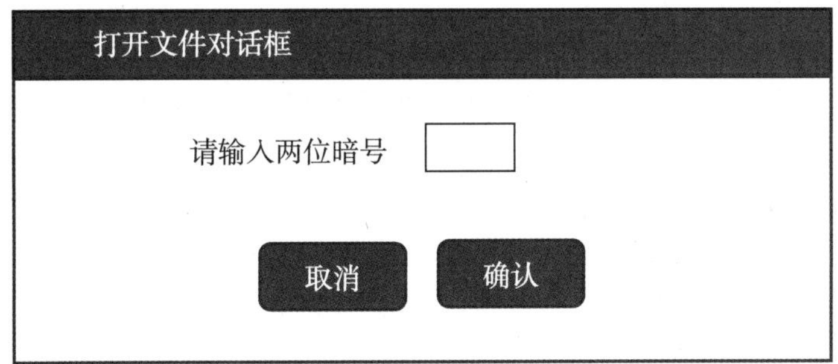

图 3-3-1　打开文件对话框

采用决策表法进行分析设计。

针对单击“确认”按钮的处理，可确定条件桩、条件项、动作桩、动作项如下。

条件

条件桩 1：第一位是 A。条件项：真（1）、假（0）。

条件桩 2：第一位是 B。条件项：真（1）、假（0）。

条件桩 3：第二位是数字。条件项：真（1）、假（0）。

动作

动作桩 1：打开文件。动作项：是（1）、否（0）。

动作桩 2：输出信息“暗号首位错，请重新输入。”。动作项：是（1）、否（0）。

动作桩 3：输出信息“暗号末位错，请重新输入。”。动作项：是（1）、否（0）。

每个条件桩分别有 2 个条件项，因此，有 2^3 个组合，每个组合即一条规则，对应相应的动作项，故可绘制表 3-3-1 所示的决策表。表中出现了“不可能”规则，其原因在于，条件桩 1 和条件桩 2 不可能同时为真（1），在决策表法中这种“不可能”规则是正常的。

表 3-3-1　　　　暗号处理程序的决策表

规则		1	2	3	4	5	6	7	8
条件桩	1（第一位是 A）	0	0	0	0	1	1	1	1
	2（第一位是 B）	0	0	1	1	0	0	1	1
	3（第二位是数字）	0	1	0	1	0	1	0	1
动作桩	1（打开文件）	0	0	0	1	0	1	不可能	
	2（输出首位错信息）	1	1	0	0	0	0	不可能	
	3（输出末尾错信息）	0	0	1	0	1	0	不可能	

表 3-3-1 包含 3 个条件所有可能值的组合及对应的动作，对照决策表，一条规则设计一个测试用例便能对暗号处理程序进行全面测试。

条件桩的条件项包含“真”和“假”两个取值，如果被测试的程序包含 n 个条件桩，就有 2^n 个规则，需要设计 2^n 个测试用例。当 n 较大时，测试用例的数量也将非常庞大。在实际测试中，我们可以进一步简化决策表来精简规则数，从而减少测试用例数。

3.3.2　决策表的简化

决策表简化的实质是合并相似规则，即若表中有两条或两条以上的规则具有相同的动作，并且在条件项之间存在相似的依赖关系，便可以合并。决策表简化的基本规则如下。

若被测试的程序有 n 个条件桩，对动作相同的若干规则，如果 n−1 个条件桩的条件项均相同，剩下那个条件桩覆盖了其所有条件项，说明该条件不是动作的决定项，可将这些规则合并为一条规则。设计测试用例时，该条件桩可设置为该条件桩的任意条件项。

假设 3 个条件桩均有“Y”和“N”两个取值，动作桩含两个，用动作值 X 表示发生相应动作，空表示无对应动作，图 3-3-2（a）、（b）是常见的合并简化模式。图 3-3-2（a）所示的简化规则表示，当规则 1 和规则 2 动作相同，条件桩 1 和条件桩 2 的条件值一致，条件桩 3 覆盖了 Y 和 N 两个条件项时，这两条规则可合并为一条规则，此时条件桩 3 的条件值设为“—”，表示可以取任意条件值。图 3-3-2（b）所示的简化规则表示合并后的规则可进一步参加合并，当规则 1 与合并后的规则 2 动作相同，条件桩 1 的条件值一致，条件桩 2 覆盖了 Y 和 N 两个条件项，条件桩 3 覆盖了 Y 或 N 和任意值时，这两条规则则可合并为一条规则，此时条件桩 2、3 的条件值均设为“—”，表示该规则的动作只与条件桩 1 的取值有关，即只要条件桩 1 为 Y，便会有动作 1 的执行。

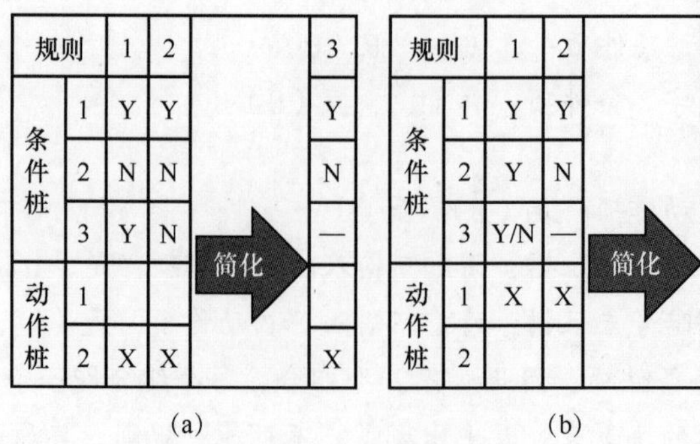

图 3-3-2　决策表简化

按照简化规则，表 3-3-1 的规则 1 和规则 2 可合并为一条规则，如表 3-3-2 所示，“不可能”规则可删除。

表 3-3-2 暗号处理程序的决策表（简化）

规则		1	2	3	4	5
条件桩	1（第一位是 A）	0	0	0	1	1
	2（第一位是 B）	0	1	1	0	0
	3（第二位是数字）	–	0	1	0	1
动作桩	1（打开文件）	0	0	1	0	1
	2（输出首位错信息）	1	0	0	0	0
	3（输出末尾错信息）	0	1	0	1	0

3.3.3 采用决策表法进行测试用例设计的步骤

采用决策表法测试用例设计的步骤如下。

（1）找出需求规格说明中的条件桩和动作桩，并确定每个条件桩和动作桩的条件项和动作项。

（2）采用条件组合法确定规则的个数，绘制决策表，填写所有条件项的组合值。

（3）根据需求规格说明填写各规则的动作项，得到初始决策表。

（4）简化相似规则（相同动作）得到简化后的决策表。

（5）为决策表的每一条规则设计一个测试用例。

3.3.4 决策表的扩展

前面的例子中的每个条件桩都只有两个值，在实际应用中，条件桩有可能存在多个取值。假设有 n 个条件桩，每个条件桩的值分别有 $x_1,x_2,\cdots,x_n$ 个，那么其规则为各条件的组合，规则数为 $x_1 \times x_2 \times \cdots \times x_n$。同样也可形成决策表，可称之为扩展条目决策表。

可采用扩展条目决策表的思路对【例 3-3-1】进行测试用例设计。

条件

条件桩 1：第一位的输入。条件项：输入 A、输入 B、输入其他值。

条件桩 2：第二位的输入。条件项：输入数字、输入非数字。

动作

动作桩 1：打开文件。动作项：是（1）、否（0）。

动作桩 2：输出信息“暗号首位错，请重新输入。”。动作项：是（1）、否（0）。

动作桩 3：输出信息“暗号末位错，请重新输入。”。动作项：是（1）、否（0）。

规则数为 3×2=6。

由此绘制扩展条目决策表，如表 3-3-3 所示。

表 3-3-3　　暗号处理程序的扩展条目决策表

规则		1	2	3	4	5	6
条件桩	第一位	A	A	B	B	其他	其他
	第二位	数字	其他	数字	其他	数字	其他
动作桩	1（打开文件）	1	0	1	0	0	0
	2（输出首位错信息）	0	0	0	0	1	1
	3（输出末尾错信息）	0	1	0	1	0	0

合并规则 5 和规则 6，可得到表 3-3-4 所示的简化后的决策表。

表 3-3-4　　暗号处理程序的扩展条目决策表（简化）

规则		1	2	3	4	5
条件桩	第一位	A	A	B	B	其他
	第二位	数字	其他	数字	其他	—
动作桩	1（打开文件）	1	0	1	0	0
	2（输出首位错信息）	0	0	0	0	1
	3（输出末尾错信息）	0	1	0	1	0

由此可见，采用普通决策表和扩展决策表简化后的规则数是一致的，即设计的测试用例是一致的，但相对于普通决策表法更加简洁。

3.3.5　决策表法的适用范围

适合采用决策表法设计测试用例的情况如下。

（1）需求规格说明书以决策表形式给出，或很容易转换成决策表。

（2）条件的排列顺序不会影响要执行的操作。

（3）规则的排列顺序不会影响要执行的操作。

（4）每当某一规则的条件已经满足，并确定要执行的操作后，不必检验别的规则。

（5）如果某一规则得到满足后要执行多个操作，这些操作的执行顺序无关紧要。

从以上 5 种情况可看出，适合采用决策表法的问题其操作的执行完全依赖于条件的组合。对于某些不满足这种情况的决策表，同样可以用它来设计测试用例，但通常需要补充其他的测试用例来完善测试用例的设计。

【例 3-3-2】采用决策表法对日期问题进行测试用例设计。

采用决策表法进行分析设计。

本单元任务 3-2 中的日期问题采用等价类划分法和边界值分析法设计测试用例，没有考虑年、月、日之间的依赖关系，因此所涉及的测试用例不够合理，采用决策表法可较好地应对该问题。对日期问题进行分析，可得出如下条件桩及条件项、动作桩及动作项。

条件

（1）年。

Y1：{闰年}。

Y2：{非闰年}。

（2）月。

M1：{30 天的月。4 月，6 月，9 月，11 月}。

M2：{31 天的月，12 月除外。1 月，3 月，5 月，7 月，8 月，10 月}。

M3：{12 月}。

M4：{2 月}。

（3）日。

D1：{1 日～27 日}。

D2：{28 日}。

D3：{29 日}。

D4：{30 日}。

D5：{31 日}。

动作

（1）年+1：Yes、No

（2）月复位（1 月）：Yes、No

（3）月+1：Yes、No

（4）日＋1：Yes、No

（5）日复位（1 日）：Yes、No

年、月、日的组合共有 2×4×5=40 个，可设计初始决策表含 40 条规则，如表 3-3-5 所示。

表 3-3-5　　日期问题的决策表

决策表（上）

规则	1	2	3	4	5	6	7	8	9	10	11	12	13	14	15	16	17	18	19	20
月	M1	M1	M1	M1	M1	M1	M1	M1	M1	M1	M2	M2	M2	M2	M2	M2	M2	M2	M2	M2
日	D1	D1	D2	D2	D3	D3	D4	D4	D5	D5	D1	D1	D2	D2	D3	D3	D4	D4	D5	D5
年	Y1	Y2	Y1	Y2	Y1	Y2	Y1	Y2	Y1	Y2	Y1	Y2	Y1	Y2	Y1	Y2	Y1	Y2	Y1	Y2
D+1	√	√	√	√	√	√					√	√	√	√	√	√	√	√		
D=1							√	√											√	√
M+1							√	√											√	√
M=1																				
Y+1																				
不可能									√	√										

决策表（下）

规则	21	22	23	24	25	26	27	28	29	30	31	32	33	34	35	36	37	38	39	40
月	M3	M3	M3	M3	M3	M3	M3	M3	M3	M3	M4	M4	M4	M4	M4	M4	M4	M4	M4	M4
日	D1	D1	D2	D2	D3	D3	D4	D4	D5	D5	D1	D1	D2	D2	D3	D3	D4	D4	D5	D5
年	Y1	Y2	Y1	Y2	Y1	Y2	Y1	Y2	Y1	Y2	Y1	Y2	Y1	Y2	Y1	Y2	Y1	Y2	Y1	Y2
D+1	√	√	√	√	√	√	√	√			√	√	√							
D=1									√	√				√	√					
M+1														√	√					
M=1									√	√										
Y+1									√	√										
不可能																√	√	√	√	√

按照合并简化原则，对表 3-3-5 进行简化，结果如表 3-3-6 所示。

表 3-3-6　日期问题的决策表（合并）

决策表（上）																				
规则	1	2	3	4	5	6	7	8	9	10	11	12	13	14	15	16	17	18	19	20
月	M1	M1	M1	M1	M1	M1	M1	M1	M1	M1	M2	M2	M2	M2	M2	M2	M2	M2	M2	M2
日	D1	D1	D2	D2	D3	D3	D4	D4	D5	D5	D1	D1	D2	D2	D3	D3	D4	D4	D5	D5
年	—	Y2	—	Y2	—	Y2	—	Y2	Y1	Y2	—	Y2	—	Y2	—	Y2	—	Y2	—	Y2
D+1	√	√	√	√	√	√					√	√	√	√	√	√	√	√		
D=1							√	√											√	√
M+1							√	√											√	√
M=1																				
Y+1																				
不可能									√	√										
决策表（下）																				
规则	21	22	23	24	25	26	27	28	29	30	31	32	33	34	35	36	37	38	39	40
月	M3	M3	M3	M3	M3	M3	M3	M3	M3	M3	M4	M4	M4	M4	M4	M4	M4	M4	M4	M4
日	D1	D1	D2	D2	D3	D3	D4	D4	D5	D5	D1	D1	D2	D2	D3	D3	D4	D4	D5	D5
年	—	Y2	—	Y2	—	Y2	—	Y2	—	Y2	—	Y2	Y1	Y2	Y1	Y2	Y1	Y2	Y1	Y2
D+1	√	√	√	√	√	√	√	√			√	√	√							
D=1									√	√				√	√					
M+1														√	√					
M=1									√	√										
Y+1									√	√										
不可能																√	√	√	√	√

表 3-3-6 中带灰底色的规则为“被合并”或“不可能”规则，合并后的决策表和测试用例如表 3-3-7 所示。

表 3-3-7　日期问题简化后的决策表及测试用例

决策表及测试用例（上）									
规则	1	2	3	4	5	6	7	8	9
月	M1	M1	M1	M1	M2	M2	M2	M2	M2
日	D1	D2	D3	D4	D1	D2	D3	D4	D5
年	—	—	—	—	—	—	—	—	—
D+1	√	√	√		√	√	√	√	
D=1				√					√
M+1				√					√
M=1									
Y+1									
输入	1996/6/27	2000/4/28	2021/9/29	1978/11/30	1997/1/27	2000/3/28	2021/5/29	1978/7/30	2003/8/31
输出	1996/6/28	2000/4/29	2021/9/30	1978/12/1	1997/1/28	2000/3/29	2021/5/30	1978/7/31	2003/9/1

续表

决策表及测试用例（下）									
规则	10	11	12	13	14	15	16	17	18
月	M3	M3	M3	M3	M3	M4	M4	M4	M4
日	D1	D2	D3	D4	D5	D1	D2	D2	D3
年	—	—	—	—	—	—	Y1	Y2	Y1
D+1	√	√	√	√		√	√		
D=1					√			√	√
M+1								√	√
M=1					√				
Y+1					√				
输入	1997/12/27	2000/12/28	2021/12/29	1978/12/30	1996/12/31	2001/2/27	2000/2/28	2001/2/28	2000/2/29
输出	1997/12/28	2000/12/29	2021/12/30	1978/12/31	1997/1/1	2001/2/28	2000/2/29	2001/3/1	2000/3/1

当然简化后的测试用例并不一定就是最佳的，如果为了月份全覆盖，也可以增加一个 10 月份的测试用例。如果不考虑月份覆盖，还可以进一步简化，即将规则 1、2、3 合并，选取其中任意月份的非月末日作为测试用例；将规则 5、6、7、8 合并，选取其中任意月份的非月末日作为测试用例；将规则 10、11、12、13 合并，选取其中任意月份的非月末日作为测试用例。这样就简化为 10 个测试用例。

在实际运用中，可结合经验适当增减测试用例，以满足一定的覆盖要求。

决策表的优点是能把复杂问题的各种可能的情况一一列举出来，避免遗漏。其缺点是不能表达重复执行的动作，例如循环结构，或者是条件桩输入的先后顺序对结果有影响的情况。

任务实训

测试用例设计之决策表法

一、实训目的

1. 掌握决策表法。

2. 能灵活应用决策表法进行测试用例设计。

二、实训内容

1. 阅读理解中国象棋中走马的需求。

针对中国象棋中马的走法，有如下需求规格说明。

（1）如果落点在棋盘外，则不移动棋子。

（2）如果落点与起点不构成日字形，则不移动棋子。

（3）如果落点处有己方棋子，则不移动棋子。

（4）如果在落点方向的邻近交叉点有棋子（绊马腿），则不移动棋子。

（5）如果不属于（1）～（4）条，且落点处无棋子，则移动棋子。

（6）如果不属于（1）～（4）条，且落点处为对方棋子（非老将），则移动棋子并除去对方棋子。

资源码 X-3-3

（7）如果不属于（1）～（4）条，且落点处为对方老将，则移动棋子，并提示战胜对方，游戏结束。

2. 下载实训报告，按要求分步完成以下操作。

（1）分析以上需求规格说明，列出条件桩、条件项，动作桩、动作项。

（2）设计决策表。

（3）简化决策表。

（4）设计测试用例。

3. 完善实训报告并按要求提交。

复习提升

资源码 F-3-3

扫码复习相关内容，完成以下练习。

设计题

某企业管理信息系统有“订货单检查”功能，需求规格说明如下。

当订单金额超过 5000 元时，若订购方有欠款超过 60 天的订单，则不发批准书；若订购方无欠款超过 60 天的订单，则发批准书、发货单。

当订单金额不超过 5000 元时，若订购方有欠款超过 60 天的订单，则发批准书、发货单及催款通知单；若订购方无欠款超过 60 天的订单，则发批准书、发货单。

请采用决策表法对“订货单检查”功能进行测试用例设计。

任务 3-4 采用因果图法进行测试用例设计

任务引入

决策表法对解决条件之间存在依赖关系的问题提供了测试用例的设计方法，能较好地对多条件组合问题进行测试。但当条件桩、条件项较多时，条件组合形成的规则数是一个庞大的数字。简化过程较为烦琐。因果图法可以帮助我们明确条件与结果之间的因果关系及条件之间的依赖关系，快速生成和简化决策表，提高测试用例设计效率。

问题导引

资源码 Y-3-4

1. 举例说明因果图法适用于哪类问题的测试用例设计。
2. 因果图有哪些图形符号？
3. 因果图包含哪些因果关系？
4. 因果图包含哪些约束关系？

知识准备

因果图法是一种利用图解法分析输入的各种组合情况，从而设计测试用例的方法。该方法适用于输入条件之间存在依赖关系的情况。如果想用因果图法解决问题，先要了解因果图的构成及表达的含义。

因果图包含两种符号，一种是基本符号，另一种是约束符号。

3.4.1　因果图的基本符号

在因果图中，C 表示原因（Ci 表示第 i 个原因），E 表示结果（Ei 表示第 i 个结果），直线用于连接有因果关系的原因和结果，如图 3-4-1（a）～（d）所示，4 种符号表示恒等、非、或、与 4 种因果关系。

（1）恒等（无符号）：若原因出现，则结果出现；若原因不出现，则结果也不出现，如图 3-4-1（a）所示。

（2）非（～）：若原因出现，则结果不出现；若原因不出现，则结果出现，如图 3-4-1（b）所示。

（3）或（V）：若几个原因中有一个出现，则结果出现；若几个原因都不出现，则结果不出现，如图 3-4-1（c）所示。

（4）与（Λ）：只有几个原因都出现，结果才出现；若其中一个原因不出现，则结果不出现，如图 3-4-1（d）所示。

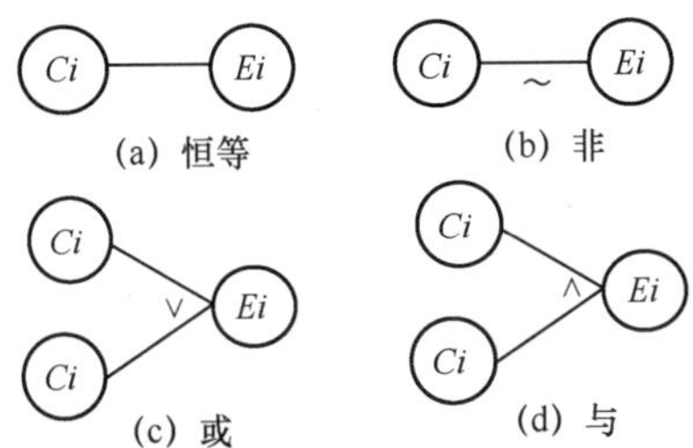

图 3-4-1　因果图的基本符号

3.4.2　因果图的约束符号

原因或结果之间还可能存在依赖关系，这些依赖关系称为约束。在因果图中，用特定的符号标明这些约束。其中原因之间有 4 种约束，如图 3-4-2（a）～（d）所示，结果之间有 1 种约束，如图 3-4-2（e）所示。

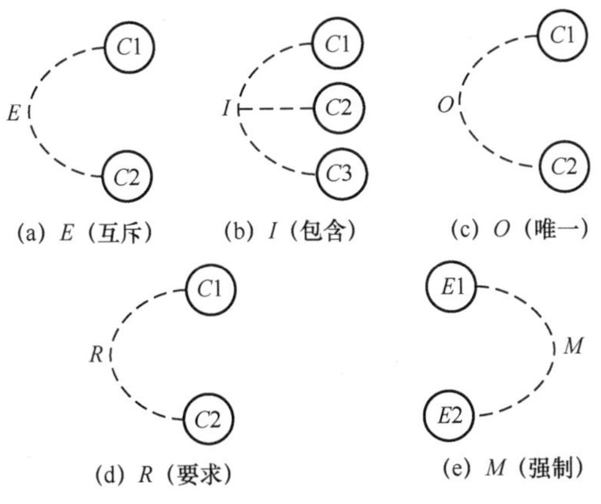

图 3-4-2　因果图的约束符号

（1）E（互斥）：表示 $C1$、$C2$ 这 2 个原因不会同时成立，最多有 1 个成立。

（2）I（包含）：表示 $C1$、$C2$、$C3$ 这 3 个原因中至少有 1 个成立。

（3）O（唯一）：表示 $C1$ 和 $C2$ 当中有 1 个且仅有 1 个成立。

（4）R（要求）：表示当 $C1$ 出现时，$C2$ 也出现，也就是说 $C1$ 出现时不可能 $C2$ 不出现。

（5）M（强制）：表示当 $E1$ 是 1 时，$E2$ 必须是 0；而当 $E1$ 为 0 时，$E2$ 的值不定。

3.4.3 采用因果图法进行测试用例设计的步骤

（1）分析软件需求规格说明书，找出哪些是原因，哪些是结果。原因是输入值或输入值的等价类，结果是输出值或输出值的等价类。

（2）分析软件需求规格说明书，找出原因与结果之间的因果关系、原因与原因之间或结果与结果之间的约束关系。

（3）画出因果图，在因果图上标明因果和约束关系。

（4）根据因果图绘制决策表，并进行简化。

（5）为决策表中的每一条规则设计一个测试用例。

任务拓展

关于自动售货机问题的测试用例设计的讨论

通常以自动售货机问题为例来帮助大家学习和理解因果图法，自动售货机问题的需求规格说明如下。

拓展资源

资源码 X-3-4

若投入 5 角或 1 元硬币，按下“橙汁”“可乐”或“红茶”按钮，则相应的饮料送出。若售货机没有零钱找，则“零钱找完”红灯亮，这时投入 1 元硬币并按下按钮后，1 元硬币退出且不送出饮料；若有零钱找，则“零钱找完”红灯灭，投入 1 元硬币并按下按钮后，饮料送出的同时找零 5 角硬币。

经典的测试用例设计方法如下。

（1）找出被测软件的原因和结果。

原因

1：售货机有零钱。

2：投入 1 元硬币。

3：投入 5 角硬币。

4：按下“橙汁”按钮。

5：按下“可乐”按钮。

6：按下“红茶”按钮。

结果

21：“零钱找完”红灯亮。

22：退回 1 元硬币。

23：找零 5 角硬币。

24：送出橙汁。

25：送出可乐。

26：送出红茶。

（2）找出因果关系和约束关系，绘制因果图。

在原因和结果之间有如下中间状态。

11：需找零。

12：按下“橙汁”“可乐”“红茶”按钮之一。

13：可找零。

14：已付钱。

绘制因果图，如图 3-4-3 所示。

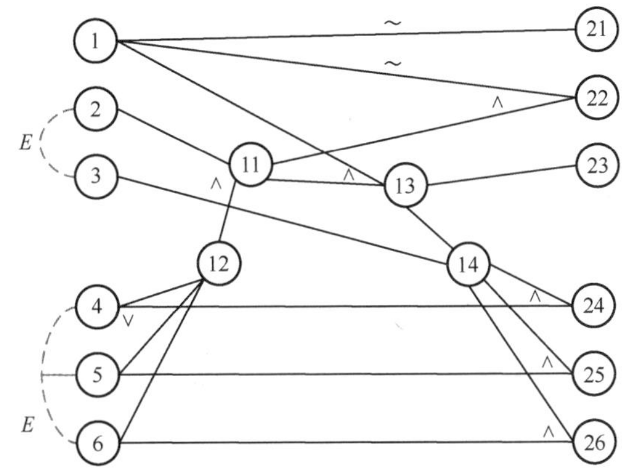

图 3-4-3　自动售货机问题的因果图

（3）绘制并简化决策表。

自动售货机问题共有 6 个原因，其决策表包含 2^6（即 64）条组合规则，如表 3-4-1 所示。原因 2 和原因 3 不可能同时为 1（真），而同时为 0（假）也无意义，将满足以上条件的规则标深灰色；原因 4、原因 5 和原因 6 不可能有两个或 3 个同时为 1（真），而同时为 0（假）也无意义，将满足以上条件且尚未标深灰色的规则标灰色。因此 64 条规则可根据因果图的原因约束排除标有颜色的 52 条规则，剩下 12 条规则为有效规则，如表 3-4-2 所示。

表 3-4-1　自动售货机问题的组合规则

组合规则（上）																																
规则	1	2	3	4	5	6	7	8	9	10	11	12	13	14	15	16	17	18	19	20	21	22	23	24	25	26	27	28	29	30	31	32
售货机有零钱	0	0	0	0	0	0	0	0	0	0	0	0	0	0	0	0	0	0	0	0	0	0	0	0	0	0	0	0	0	0	0	0
投入 1 元硬币	0	0	0	0	0	0	0	0	0	0	0	0	0	0	0	0	1	1	1	1	1	1	1	1	1	1	1	1	1	1	1	1
投入 5 角硬币	0	0	0	0	0	0	0	0	1	1	1	1	1	1	1	1	0	0	0	0	0	0	0	0	1	1	1	1	1	1	1	1
按下“橙汁”按钮	0	0	0	0	1	1	1	1	0	0	0	0	1	1	1	1	0	0	0	0	1	1	1	1	0	0	0	0	1	1	1	1
按下“可乐”按钮	0	0	1	1	0	0	1	1	0	0	1	1	0	0	1	1	0	0	1	1	0	0	1	1	0	0	1	1	0	0	1	1
按下“红茶”按钮	0	1	0	1	0	1	0	1	0	1	0	1	0	1	0	1	0	1	0	1	0	1	0	1	0	1	0	1	0	1	0	1

续表

组合规则（下）																																
规则	33	34	35	36	37	38	39	40	41	42	43	44	45	46	47	48	49	50	51	52	53	54	55	56	57	58	59	60	61	62	63	64
售货机有零钱	1	1	1	1	1	1	1	1	1	1	1	1	1	1	1	1	1	1	1	1	1	1	1	1	1	1	1	1	1	1	1	1
投入 1 元硬币	0	0	0	0	0	0	0	0	0	0	0	0	0	0	0	0	1	1	1	1	1	1	1	1	1	1	1	1	1	1	1	1
投入 5 角硬币	0	0	0	0	0	0	0	0	1	1	1	1	1	1	1	1	0	0	0	0	0	0	0	0	1	1	1	1	1	1	1	1
按下“橙汁”按钮	0	0	0	0	1	1	1	1	0	0	0	0	1	1	1	1	0	0	0	0	1	1	1	1	0	0	0	0	1	1	1	1
按下“可乐”按钮	0	0	1	1	0	0	1	1	0	0	1	1	0	0	1	1	0	0	1	1	0	0	1	1	0	0	1	1	0	0	1	1
按下“红茶”按钮	0	1	0	1	0	1	0	1	0	1	0	1	0	1	0	1	0	1	0	1	0	1	0	1	0	1	0	1	0	1	0	1

表 3-4-2　自动售货机问题的有效规则决策表

规则	10	11	13	18	19	21	42	43	45	50	51	53
售货机有零钱	0	0	0	0	0	0	1	1	1	1	1	1
投入 1 元硬币	0	0	0	1	1	1	0	0	0	1	1	1
投入 5 角硬币	1	1	1	0	0	0	1	1	1	0	0	0
按下“橙汁”按钮	0	0	1	0	0	1	0	0	1	0	0	1
按下“可乐”按钮	0	1	0	0	1	0	0	1	0	0	1	0
按下“红茶”按钮	1	0	0	1	0	0	1	0	0	1	0	0
“零钱找完”红灯亮	1	1	1	1	1	1	0	0	0	0	0	0
退回 1 元硬币	0	0	0	1	1	1	0	0	0	0	0	0
找零 5 角硬币	0	0	0	0	0	0	0	0	0	1	1	1
送出橙汁	0	0	0	0	0	0	0	0	1	0	0	1
送出可乐	0	0	0	0	0	0	0	1	0	0	1	0
送出红茶	0	0	0	0	0	0	1	0	0	1	0	0

（4）为表 3-4-2 中的每一列规则设计一个测试用例，测试用例模板如表 3-4-3 所示。

表 3-4-3　自动售货机问题的测试用例模板

测试用例编号	VM-ST-FUNCTION-001
测试项目	自动售货机售货功能测试
测试标题	投入 5 角硬币购买红茶
重要级别	中
预置条件	售货机打开，饮料放置齐全，清空找零货币
输入	投入 5 角硬币、按下“红茶”按钮
操作步骤	1. 投入 5 角硬币 2. 按下“红茶”按钮
预期输出	送出“红茶”
测试结果	结果描述示例： 通过 未通过：进行缺陷描述

以上是规则 10 对应的测试用例，其余测试用例的设计过程省略。

软件测试人员需具备敢于质疑的创新精神，对经典的自动售货机问题进行测试用例设计时能否打破传统思维，创新测试用例的设计方法？

在任务 3-3 中我们学习了决策表的扩展，自动售货机问题是否可以采用扩展决策表的思路进行设计？与因果图法相比，你认为采用哪种方法更好？为什么？

复习提升

复习资源

资源码 F-3-4

扫码复习相关内容，完成以下练习。

一、选择题

由因果图转换出来的（　　）是确定测试用例的基础。

A. 决策表　　B. 约束条件表　　C. 输入状态表　　D. 输出状态表

二、设计题

某电力公司有 A、B、C、D 4 类收费标准，关于收费标准判定的需求规格说明如下。

居民用电：

小于 100kW·h/月，按 A 类收费。

大于等于 100kW·h/月，按 B 类收费。

动力用电：

小于 10000kW·h/月，非高峰，按 B 类收费。

大于等于 10000kW·h/月，非高峰，按 C 类收费。

小于 10000kW·h/月，高峰，按 C 类收费。

大于等于 10000kW·h/月，高峰，按 D 类收费。

请用因果图法设计测试用例。

任务 3-5　采用正交试验法进行测试用例设计

任务引入

采用决策表和因果图法对多条件组合问题进行测试用例设计，能较全面地覆盖条件组合，但在条件桩和条件项较多、因果关系较复杂的情况下，绘制因果图和简化决策表较为烦琐，测试用例设计较为耗时。为了有效、合理地降低测试成本，可采用正交试验法对多条件组合问题进行测试用例设计。

问题导引

预习资源

资源码 Y-3-5

1. 什么是正交试验法？
2. 举例说明正交表“$L_9(3^4)$”代表的意思是什么？
3. 常用的正交表有哪些？
4. 举例说明正交表有哪些性质。

知识准备

有一个 Web 系统的兼容性测试，该系统要求兼容不同操作系统、数据库和应用服务器，此外，客户端需兼容多个浏览器。其需求规格说明如下。

数据库：MySQL、Oracle、SQL Server。

应用服务器：Apache、Tomcat。

操作系统：Windows Server、UNIX、Linux。

浏览器：Firefox、Edge、Google Chrome、Safari。

以上 4 个条件将有 4×3×2×3=72 个组合，按照决策表法需设计 72 个测试用例，但如果采用正交试验法将会减少一半以上的测试工作量，并能达到较好的测试效果。

3.5.1 正交试验法及其特性

正交试验法是依据近代代数中的伽罗瓦（Galois）理论，从大量的实验数据中挑选适量的、有代表性的点，合理安排试验的一种科学试验方法。

正交试验法有以下两个常用术语。

（1）因子：影响试验指标的条件，也被称为因素。

（2）因子的状态：因子可能的取值，也被称为水平。

1. 正交表及其类型

日本著名统计学家田口玄一将正交试验选择的水平组合列成表格，这个表格称为正交表，表示形式为 $L_{行数}(水平数^{因素数})$。其中，行数表示正交表的行数，即通过正交试验法设计的试验次数（测试用例的个数）；因素数是正交表的列数，即参与试验（测试）的条件数量；水平数是因素（条件）取值的个数［对单一水平正交表，水平数是任何单个因素（条件）取值个数最大的值］。正交表中包含的值为 0 到“水平数-1”或 1 到“水平数”，每一个值对应了参与测试的输入水平（条件值）。

例如，某软件有 3 个输入条件，每个条件有 3 个取值，设计测试用例时，按决策表法将有 3×3×3=27 条规则，即 27 个测试用例，但如果采用 $L_9(3^3)$正交表，只需要 9 个测试用例便可进行较科学的测试。

不同的被测软件，各因素的水平数不一定都相等，因此，正交表也分为两种类型，即单一水平正交表和混合水平正交表。

（1）单一水平正交表。

各因素的水平数相同的正交表称为单一水平正交表。例如，$L_4(2^3)$、$L_8(2^7)$、$L_{12}(2^{11})$等各列水平数为 2，称为 2 水平正交表；$L_9(3^4)$、$L_{27}(3^{13})$等各列水平数为 3，称为 3 水平正交表。

（2）混合水平正交表。

各列水平数不完全相同的正交表称为混合水平正交表。例如，$L_8(4^1 2^4)$表中有一个因素的水平数为 4，有 4 个因素的水平数为 2，$L_{16}(4^4 2^3)$、$L_{16}(4^1 2^{12})$等都是混合水平正交表。

2. 正交表的特性

正交表具有“整齐可比性”和“均匀分散性”，即正交表的两大优越性。

（1）整齐可比性。

整齐可比性指正交表的每一列中不同数字出现的次数相等。例如，对于水平数为 2 的正交表，

表中任何一列都有数码 1 与数码 2，且在任何一列中数码 1 和数码 2 出现的次数都是相等的。

（2）均匀分散性。

指正交表任意两列数字的排列方式齐全且均衡，即任意两列数字的组合形式和数量都是一致的。例如，在 3 水平正交表中，任何两列包含的有序对有：（1,1）、（1,2）、（1,3）、（2,1）、（2,2）、（2,3）、（3,1）、（3,2）、（3,3）9 种，每对的出现次数都是相等的。正交表 $L_9(3^4)$任何两列都有以上 9 种有序对，每对均出现 1 次。正交表 $L_{27}(3^{13})$任何两列都有以上 9 种有序对，每对均出现 3 次。

以上两大特性保证了每个因素的每个水平与另一个因素的每个水平组合次数完全一致，这就是正交性。

3.5.2　采用正交试验法进行测试用例设计的步骤

采用正交试验法时通常不需要自行设计正交表，测试用例设计者可套用现存的正交表来进行测试用例设计。采用正交试验法进行测试用例设计的步骤如下。

1. 确定因素数和水平数

分析被测软件的需求规格说明，确定因素数和水平数，即独立条件数和条件取值的个数。

2. 选择合适的正交表

从现存的正交表中选择正交表，要求所选正交表的因素数和水平数能覆盖被测软件所有的水平数和因素数，在满足以上条件的正交表中选择行数最小、因素数最接近被测软件输入条件数的正交表。

3. 设计测试用例

把条件的值映射到正交表中，为正交表的每一行设计一个测试用例。

【例 3-5-1】采用正交试验法对演示文稿打印软件进行测试用例设计，演示文稿打印软件的需求规格说明如下。

输入

条件 1：打印范围。取值：全部、当前幻灯片、给定范围。

条件 2：打印内容。取值：幻灯片、讲义、备注页、大纲视图。

条件 3：打印颜色。取值：颜色、灰度、黑白。

条件 4：打印效果。取值：幻灯片加框、幻灯片不加框。

输出

打印出满足不同组合的内容。

采用正交试验法进行分析设计。

（1）确定因素数和水平数

分析需求可知含打印范围、打印内容、打印颜色、打印效果 4 个因素，对应的水平数分别为 3、4、3、2。因素及水平如表 3-5-1 所示。

表 3–5–1　　因素及水平表

因素	水平			
	打印范围（A）	打印内容（B）	打印颜色（C）	打印效果（D）
1	全部（A1）	幻灯片（B1）	颜色（C1）	幻灯片加框（D1）
2	当前幻灯片（A2）	讲义（B2）	灰度（C2）	幻灯片不加框（D2）

续表

因素	水平			
	打印范围（A）	打印内容（B）	打印颜色（C）	打印效果（D）
3	给定范围（A3）	备注页（B3）	黑白（C3）	—
4	—	大纲视图（B4）	—	—

（2）选择合适的正交表

通过网络可查找到如下常用的正交表。

$L_4(2^3)$、$L_8(2^7)$、$L_{12}(2^{11})$、$L_9(3^4)$、$L_{16}(4^5)$、$L_{25}(5^6)$、$L_8(4^1\times2^3)$、$L_{12}(3^1\times2^4)$、$L_{16}(4^4\times2^3)$。

要求所选正交表的因素数和水平数能覆盖被测软件所有的水平数和因素数，演示文稿打印软件的因素组合为 $4^1\times3^2\times2^1$，因此所选正交表需满足条件：总因素数大于等于 4(1+2+1)，其中至少有 1 个因素的水平数大于等于 2(2^1)、至少有 2 个因素的水平数大于等于 3(3^2)、至少有个 1 个因素的水平数大于等于 4(4^1)。对照查找到的正交表，找出满足条件的正交表。

因素数大于等于 4 的有 $L_8(2^7)$、$L_{12}(2^{11})$、$L_9(3^4)$、$L_{16}(4^5)$、$L_{25}(5^6)$、$L_8(4^1\times2^3)$、$L_{12}(3^1\times2^4)$、$L_{16}(4^4\times2^3)$。

其中，$L_8(2^7)$、$L_{12}(2^{11})$、$L_9(3^4)$、$L_{12}(3^1\times2^4)$不满足“至少有个 1 个因素的水平数大于等于 4”的条件。

$L_8(4^1\times2^3)$不满足“至少有 2 个因素的水平数大于等于 3”的条件。

剩下的 $L_{16}(4^5)$、$L_{25}(5^6)$、$L_{16}(4^4\times2^3)$满足因素数和水平数的条件，选行数少的正交表 $L_{16}(4^5)$、$L_{16}(4^4\times2^3)$，二者之中选择因素数较小（最接近被测软件）的正交表 $L_{16}(4^5)$。

$L_{16}(4^5)$的正交表如表 3-5-2 所示。

表 3-5-2 $L_{16}(4^5)$的正交表

因素	试验编号				
	1	2	3	4	5
1	1	1	1	1	1
2	1	2	2	2	2
3	1	3	3	3	3
4	1	4	4	4	4
5	2	1	2	3	4
6	2	2	1	4	3
7	2	3	4	1	2
8	2	4	3	2	1
9	3	1	3	4	2
10	3	2	4	3	1
11	3	3	1	2	4
12	3	4	2	1	3
13	4	1	4	2	3
14	4	2	3	1	4
15	4	3	2	4	1
16	4	4	1	3	2

（3）设计测试用例

把实例值（条件值）映射到正交表中，为每一行设计一个测试用例，如表 3-5-3 所示。

表 3-5-3　　测试用例设计

条件	测试用例编号				
	打印范围（A）	打印内容（B）	打印颜色（C）	打印效果（D）	
1	全部（A1）	幻灯片（B1）	颜色（C1）	幻灯片加框（D1）	1
2	全部（A1）	讲义（B2）	灰度（C2）	幻灯片不加框（D2）	2
3	全部（A1）	备注页（B3）	黑白（C3）	3（—）	3
4	全部（A1）	大纲视图（B4）	4（—）	4（—）	4
5	当前幻灯片（A2）	幻灯片（B1）	灰度（C2）	3（—）	4
6	当前幻灯片（A2）	讲义（B2）	颜色（C1）	4（—）	3
7	当前幻灯片（A2）	备注页（B3）	4（—）	幻灯片加框（D1）	2
8	当前幻灯片（A2）	大纲视图（B4）	黑白（C3）	幻灯片不加框（D2）	1
9	给定范围（A3）	幻灯片（B1）	黑白（C3）	4（—）	2
10	给定范围（A3）	讲义（B2）	4（—）	3（—）	1
11	给定范围（A3）	备注页（B3）	颜色（C1）	幻灯片不加框（D2）	4
12	给定范围（A3）	大纲视图（B4）	灰度（C2）	幻灯片加框（D1）	3
13	4（—）	幻灯片（B1）	4（—）	幻灯片不加框（D2）	3
14	4（—）	讲义（B2）	黑白（C3）	幻灯片加框（D1）	4
15	4（—）	备注页（B3）	灰度（C2）	4（—）	1
16	4（—）	大纲视图（B4）	颜色（C1）	3（—）	2

依据表 3-5-3，按照指定的测试用例设计模板，为每一行设计一个测试用例，表中（—）表示可取对应条件的任意有效值。

任务实训

采用正交试验法对 WPS 幻灯片打印功能进行测试

一、实训目的

1. 学会采用正交试验法进行测试用例设计。
2. 能结合被测软件合理选择正交试验法进行测试用例设计。

实训资源

资源码 X-3-5

二、实训内容

WPS 的打印需求规格说明如下。

输入

条件 1：反面打印。取值：是、否。

条件 2：打印到文件。取值：是、否。

条件 3：双面打印。取值：是、否。

条件 4：打印范围。取值：全部、当前幻灯片、选定幻灯片、指定幻灯片。

条件 5：打印内容。取值：幻灯片、讲义、备注页、大纲视图。

条件 6：打印色彩。取值：颜色、黑白。

条件 7：份数。取值：一份、一份以上。

条件 8：逐份。取值：是、否。

条件 9：幻灯片加框。取值：是、否。

打印设置页面如图 3-5-1 所示。

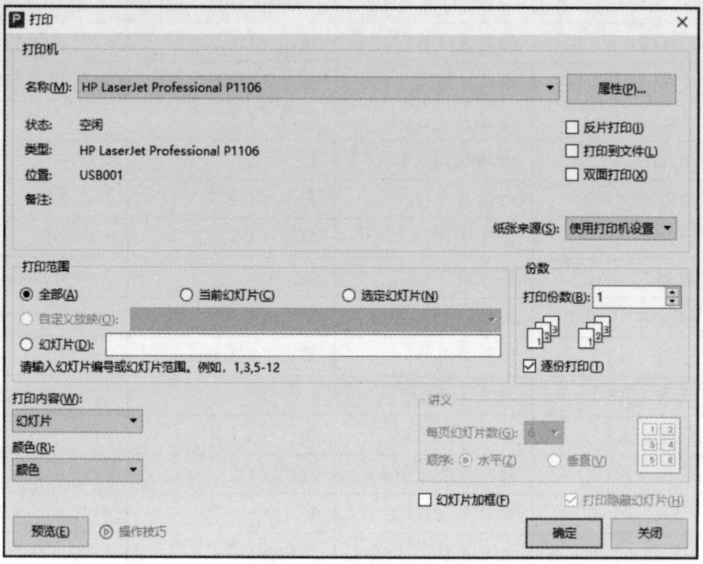

图 3-5-1　打印设置页面

在对 WPS 的演示文稿进行 Windows 下的单元测试时，为节省打印耗材，允许将结果输出为 PDF 电子文档。因此，条件 2、条件 3、条件 7 和条件 8 在单元测试阶段可以忽略，延迟到系统测试时进行测试。

结合以上打印软件需求和测试需求，采用正交试验法进行测试用例设计，并进行测试。请扫码下载实训报告模板，按照实训报告模板完成试验。

复习提升

扫码复习相关内容，完成以下练习。

设计题

使用正交试验法对某高校教务管理系统的登录页面（见图 3-5-2）进行测试。

在该页面中可以对用户名、密码、验证码和用户类型进行检查，只有所有输入项都非空且输入正确才能进入教务管理系统进行相关操作。各输入项的输入要求如下。

（1）用户名：非空且为系统合法用户。

（2）密码：非空且为该用户设置的正确密码。

（3）验证码：非空且为页面随机产生的验证码。

（4）用户类型：与该用户对应的用户类型（部门、教师、学生或访客）。

请采用正交试验法进行测试用例设计，对用户登录功能进行测试。

图 3-5-2　某高校教务管理系统的登录页面

任务 3-6　采用场景法进行测试用例设计

任务引入

前面学习的各种测试用例设计方法重点关注被测软件单个输入条件限制的测试、条件之间约束及条件和结果之间因果关系的测试。在实际工作中，很多软件系统几乎都是用事件触发来控制流程的。如图 3-6-1 所示，在某某网中通过手机注册用户的页面，首先审核手机号码是否正确或已经注册，再审核密码是否符合要求，最后核验短信验证码，只有每一步都正常通过才能进入下一步，任何一步出现错误流程都不能结束。这样的问题输入条件之间并没有很强的约束，需求强调的是业务流程的走向。对于这样的软件，适合用场景法进行测试用例设计。

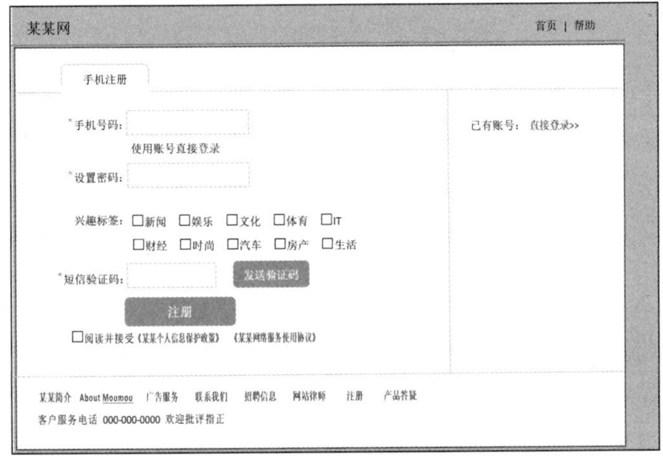

图 3-6-1　用户注册页面

问题导引

1. 以用户注册为例，说明什么是基本流和备选流。
2. 用户注册例子中有哪些基本流和备选流？

预习资源

资源码 Y-3-6

知识准备

3.6.1　基本流和备选流

在进行软件设计时，常常采用场景法对事件触发的软件进行设计，通过绘制图 3-6-2 所示的事件流图来描绘事件触发时的各种场景。同一事件不同的触发顺序和处理结果形成事件流，事件流由基本流和备选流构成。

1. 基本流

基本流采用直黑线表示，是从开始到结束最简单的路径（无任何差错，程序从开始正常执行到结束），如图 3-6-2 所示。

2. 备选流

备选流采用不同的颜色表示。备选流可能从基本流开始，在某个特定条件下执行，然后重新加入基本流中，如图 3-6-2 中的备选流 1 和备选流 3；也可能起源于另一个备选流然后结束，不再加入基本流中（各种错误情况），如图 3-6-2 中的备选流 2；还可能从基本流开始，结束于某种错误，如图 3-6-2 中的备选流 4。

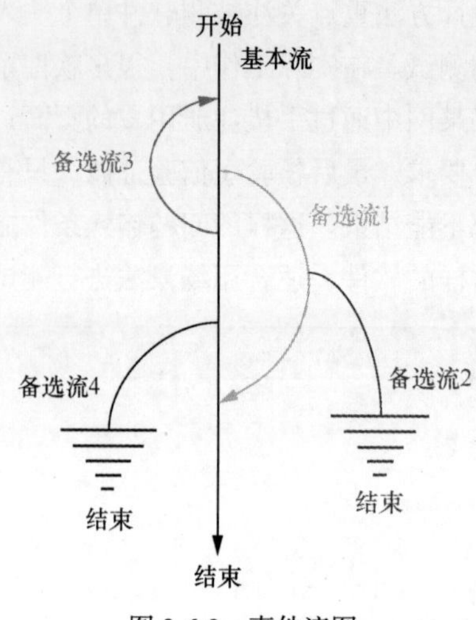

图 3-6-2　事件流图

3.6.2　采用场景法进行测试用例设计的步骤

采用场景法进行测试用例设计的步骤如下。

（1）分析需求规格说明，找出被测软件的基本流及各项备选流。

（2）绘制事件流图。

（3）找出事件流图中从开始到结束的所有场景，要求覆盖基本流和所有的备选流。

（4）精简场景，若存在重复场景，即有场景包含在其他场景中，则可去掉被包含的多余场景。

（5）为精简后的每个场景设计一个测试用例。

【例 3-6-1】某银行中 ATM（Automated Teller Machine，自动取款机）取款处理的需求规格说明如下。

（1）初始时，ATM 显示“请插入银行卡”。

（2）当插入的银行卡不能被正确读取时，ATM 显示“请插入正确的银行卡”；若能正确读取银行卡，ATM 显示“请输入密码”。

（3）ATM 检查输入的密码与数据库中保存的密码是否一致。

若输入的密码与数据库中保存的密码不一致，ATM 检查是否已 3 次错误输入密码，若是，则 ATM 显示“停止处理”，消去记录，重新显示“请插入卡片”；若错误输入密码次数未达 3 次，则显示“请输入密码”。

若输入的密码与数据库中保存的密码一致，则 ATM 显示“请输入金额”。

（4）输入取款金额后，ATM 检查它是否小于等于余额。若是，否则 ATM 发放要求的现金，取款结束；否则，ATM 显示“余额不足，请重新输入金额”，等待再次输入金额。

（5）退回银行卡，ATM 回到初始状态。

采用场景法进行分析设计。

（1）分析需求，被测软件有银行卡错、密码错、密码 3 次错、金额错 4 个备选流。

（2）绘制图 3-6-3 所示的事件流图。

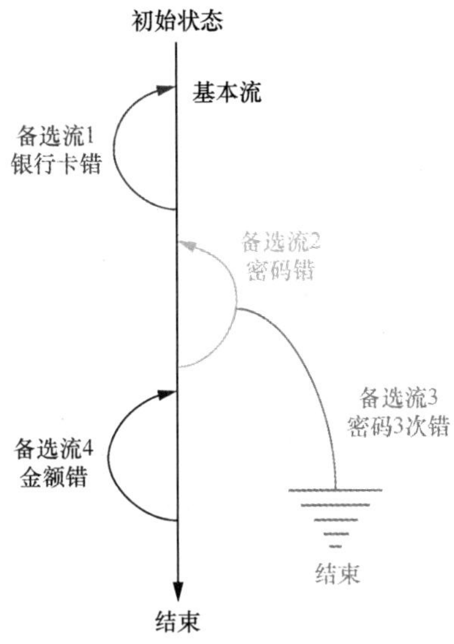

图 3-6-3　ATM 取款处理事件流图

（3）找出所有场景。

场景 1：基本流。

场景 2：基本流、备选流 1。

场景 3：基本流、备选流 1、备选流 2。

场景 4：基本流、备选流 1、备选流 2、备选流 3。

场景 5：基本流、备选流 1、备选流 2、备选流 4。

场景 6：基本流、备选流 2。

场景 7：基本流、备选流 2、备选流 3。

场景 8：基本流、备选流 2、备选流 4。

场景 9：基本流、备选流 4。

注：以上场景设计中，备选流 1、备选流 4 均只考虑了循环一次的情况。而在场景 5 和场景 8 中，备选流 2 会循环 3 次。

（4）精简场景。

如果人力、物力有限，可考虑精简场景。

分析场景 1～场景 9，可只保留场景 1～场景 5、省略场景 6～场景 9，这样基本流和所有的备选流都能覆盖。

（5）为每一个场景设计一个测试用例。

测试说明如下。

（1）单元测试在计算机上模拟进行，银行卡读取采用手动输入银行卡号的方式。

（2）取出金额确认：数据库中余额=原总额−取出金额。

采用表 3-6-1 所示模板设计测试用例，在此仅以场景 1 为例进行设计，场景 2～场景 9 可按此模板进行测试用例设计。

表 3–6–1　　测试用例设计模板

测试用例编号	ATM-UT-FUNCTION-WithDraw-001
测试项目	测试 ATM 取款功能
测试标题	正常取款
重要级别	高
预置条件	取款画面打开，数据库中用户卡号及该卡相关存款数据正常 银行卡号：6228480052736418733 密码：684852 余额：30000.00
输入	银行卡号：6228480052736418733 密码：684852 金额：5000
操作步骤	① 输入银行卡号，按【确认】键 ② 输入密码，按【确认】键 ③ 输入取款金额，按【确认】键
预期输出	数据库中余额：25000.00
测试结果	结果描述示例： 通过 未通过：进行缺陷描述

任务实训

采用功能图法对 ATM 取款流程进行测试用例设计

一、实训目的

1. 掌握功能图法。
2. 培养学生的自学能力。
3. 培养学生灵活应用所学知识的能力。

实训资源

资源码 X-3-6

二、实训内容

1. 查找采用功能图法进行测试用例设计的相关学习资源，自主学习。
2. 下载实训报告，按要求分步完成以下操作。

（1）结合【例 3-6-1】的需求规格说明绘制功能图。

（2）根据功能图找出所有路径。

（3）按照测试路径设计测试用例。

3. 整理实训报告并按要求提交。

复习提升

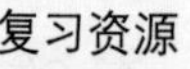

复习资源

资源码 F-3-6

扫码复习相关内容，完成以下练习。

设计题

某游戏商城售卖各种道具、皮肤等，玩家可通过商城选择需要购买的物

品进行在线购买。在进行支付时，如果玩家的游戏货币不足，会弹出充值页面，若玩家取消充值，购买不能继续；若玩家充值成功且兑换的游戏货币足够完成本次购买，则可完成支付。交易成功后，扣除玩家游戏货币，完成交易。

根据上述需求规格说明，结合自身购物体验，采用场景法进行软件设计并完成测试用例设计。

单元小结

本单元介绍了黑盒测试的基本方法。不同类型的软件有各自的特点，各种测试用例设计的方法也有各自的优势和不足。在实际测试工作中，每个测试项目往往需要综合使用各种方法才能有效地提高测试效率和测试覆盖率，因此需要掌握这些方法的原理，积累更多的测试经验，有效地提高测试用例设计水平。

下面是黑盒测试方法的综合选择策略，可在实际项目测试中综合考虑，灵活运用。

（1）进行等价类划分，包括输入条件和输出条件的等价类划分，将无限测试变成有限测试，这是减少工作量和提高测试效率最有效的方法。

（2）在任何情况下都必须使用边界值分析法。经验表明，用这种方法设计出的测试用例往往能抓出软件缺陷。

（3）如果需求规格说明中含有输入条件的组合，则一开始就可选用因果图法和决策表法。

（4）对于参数配置类的软件，要用正交试验法选择较少的组合方式以达到最佳效果。

（5）对于业务流清晰的系统，可以利用场景法贯穿整个测试项目，在项目中综合使用各种测试方法。

（6）功能图法也是很好的测试用例设计方法，可以通过不同时期条件的有效性设计不同的测试数据。

（7）错误推测法适用于各种形式的软件，可以采用该方法对以上方法进行测试用例的补充。错误推测法没有固定的规则和步骤，需要长期测试经验的积累才能将该方法科学地应用于测试用例设计中。

单元练习

一、选择题

1. 测试程序时不可能遍历所有可能的输入数据，而只能选择一个子集进行测试，那么最好的测试方法是（　　）。

A. 随机选择　　B. 等价类划分
C. 根据接口进行选择　　D. 根据数据大小进行选择

2. 根据等价类划分的原则，若规定了输入数据必须遵守的规则，则要确立的有效等价类个数为______个，无效等价类个数为______个。（　　）

A. 1　1　　B. 1　0
C. 1　若干　　D. 1　2

3. 在边界值分析法中，下列数据通常不用作测试数据的是（　　）。

A. 正好等于边界的值　　B. 等价类中的典型值

C. 刚刚大于边界的值　　D. 刚刚小于边界的值

4. 下列测试方法中，不属于黑盒测试方法的是（　　）。

A. 基本路径测试法　　B. 等价类划分法

C. 边界值分析法　　D. 场景法

5. 在决策表中，列出各种可能的单个条件的部分是（　　）。

A. 动作桩　　B. 条件桩

C. 条件项　　D. 动作项

6. 所有条件都是二元条件（真/假、是/否、0/1）的决策表称为（　　）。

A. 二元条目决策表　　B. 有限条目决策表

C. 扩展条目决策表　　D. 无限条目决策表

7. 因果图法最终生成的是（　　）。

A. 输入和输出的关系　　B. 测试用例

C. 因果图　　D. 决策表

8. 一个多用户的系统通常有用户管理功能，允许增加新的用户。用户信息一般包括用户名，假设规定用户名必须是以字母开头、不超过 8 个字符的字母数字串，那么，下列均属于用户名的有效等价类的是（　　）。

A. a111111、L、Lin-Yie、Lin-Fang

B. L1、a111111、glenford、123B123

C. Linyifei、a111111、glenford、Myers

D. Linyifei、a111111、glenford、G.Myers

9. 关于测试技术，下列说法正确的是（　　）。

A. 在单元测试中不使用黑盒测试

B. 满足判定覆盖就一定满足条件覆盖和语句覆盖

C. 覆盖所有的独立路径就能覆盖所有的分支

D. 白盒测试不同于黑盒测试的地方是它可以减少测试用例数

10. 在测试一个办公信息系统时，需要输入邮政编码。请问相比之下，下列测试数据中，（　　）是测试邮政编码的最佳选择。

A. 100080、10000、abc、410006、空白

B. 410006、空白、空值、41006、abc

C. 100080、100000、abc、空白、IOOOOO

D. 410006、100000、abc、空值、IOOOOO

11. 场景法的出发点是（　　）。

A. 测试用例　　B. 源程序

C. 规格说明　　D. 场景

二、应用题

1. 采用等价类划分法为某保险公司计算保险费率的程序设计测试用例。

某保险公司的人寿保险的保费计算方式为“保费=投保额×保险费率”。其中，保险费率依点数不同而有所差异，10 点及 10 点以上保险费率为 0.6%，10 点以下保险费率为 0.1%；而点数又是由被保人的年龄、性别、婚姻状况和抚养人数决定的，具体规则如表 3-7-1 所示（假定下表以

外的值不可能出现）。

表 3-7-1　　保险费率依点数计算的规则

年龄			性别		婚姻状况		抚养人数
20～39 岁	40～59 岁	其他	男	女	已婚	未婚	1 人扣 0.5 点，最多扣 3 点（四舍五入）
6 点	4 点	2 点	5 点	3 点	3 点	5 点	

2. 采用功能图法为下列案例设计测试用例。

某 ATM 的功能如图 3-7-1 所示。

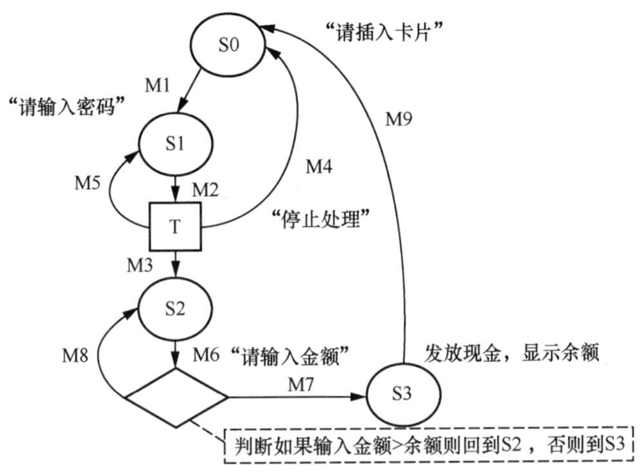

图 3-7-1　ATM 的功能

（1）初始时，ATM 显示“请插入卡片”。

（2）插入卡片后，ATM 显示“请输入密码”。

（3）ATM 检查输入密码与文件中保存的密码记录是否一致。

若一致，则 ATM 显示“请输入金额”。

若不一致，ATM 检查是否已输错 3 次，若是，ATM 显示“停止处理”，消去记录，重新显示“请插入卡片”；若未满 3 次，则显示“请输入密码”。

（4）输入取款金额后，ATM 检查它是否小于等于余额。若大于余额，ATM 显示“请输入金额”，等待再次输入金额；否则 ATM 发放现金，显示余额，然后显示“请插入卡片”。

单元四

软件测试过程

单元导学

随着软件规模的不断扩大，软件本身的复杂程度在不断提高，用户对软件的质量要求也与日俱增。如何保证软件的质量符合用户的需要是软件开发中一个非常重要的课题。高质量的软件一定要经过严格的软件测试，本单元将聚焦软件测试过程，介绍软件测试过程中各阶段的环境搭建、主要技术、测试数据和测试人员等，让读者对软件测试过程有一个完整的认识和了解，并能运用各任务中介绍的技术与方法开展相关软件测试工作。本单元的知识和技能对接以下软件测试岗位。

- 测试用例设计岗位。
- 测试环境部署岗位。
- 测试实施岗位。
- 测试管理岗位。

学习目标

- 了解软件测试过程中各阶段的任务、目的、内容和方法。
- 能完成软件测试过程中的主要测试任务，具备独立分析和解决问题的能力等。
- 树立崇尚劳动、热爱劳动、辛勤劳动和诚实劳动的精神。

素养园地

资源码 S-4-0

任务 4-1　实施单元测试

任务引入

单元测试是软件开发人员通过编写代码检验被测代码的某单元功能是否正确而进行的测试。单元测试中单元的含义一般要根据实际情况判定，如 C 语言中的单元指一个函数、Java 中的单元指一个类、图形化软件中的单元可以指一个界面或一个菜单等。单元就是人为规定的最小的被测功能模块。本任务以函数为单元讨论单元测试方法。例如，将一个很大的值放入一个有序表中，然后确认该值是否出现在表的尾部，或者从字符串中删除匹配某种模式的字符，然后确认字符串确实不再包含这些字符。

单元测试又称模块测试，主要用来检验软件设计中最小的功能模块。一般来说，模块的内聚程度高，每个模块只能完成一种功能，因此单元测试的程序规模小，易检查出错误。可以通过单元测试进行程序语法检查和程序逻辑检查，发现程序中的语法和逻辑错误。

问题导引

1. 单元测试的目的是什么？
2. 单元测试包含哪些主要内容？

预习资源

资源码 Y-4-1

知识准备

4.1.1　单元测试的重要性及原则

1. 单元测试的重要性

单元测试是编程完成后的第一次测试，统计数据表明单元测试阶段能发现 80%的软件缺陷。由于缺陷具有放大效应，因此，单元测试阶段能有效发现并应对缺陷，这将大幅度降低软件开发成本。

一般情况下，测试人员针对代码的测试不是很充分，代码覆盖率要超过 70%都很困难，未覆盖的代码可能遗留大量细小的错误，而且这些错误还会相互影响。当 Bug 暴露出来的时候难以调试，会大幅度提高后期测试和维护成本，因此进行充分的单元测试是提高软件质量、降低开发成本的必由之路。

2. 单元测试的原则

在单元测试活动中，应该遵守以下原则。

（1）单元测试进行得越早越好，甚至可以选择“测试驱动开发”。

（2）单元测试应该依据需求规格说明书进行。

（3）单元测试应该按照单元测试计划和方案进行，排除测试随意性。

（4）单元测试用例应该经过审核。

（5）对全新的代码和修改过的代码都应该进行单元测试。

（6）应当合理选择被测模块的大小。

（7）被测模块应达到一定的覆盖率要求。

（8）测试应当包括正面测试和负面测试。

（9）当测试结果与软件概要设计规格说明书不同时，测试人员应当如实记录测试结果。

（10）尽量使用单元测试工具。

4.1.2 单元测试的主要任务

单元测试侧重于模块的内部处理逻辑和数据结构，利用构件级设计描述作为指南，测试重要的控制路径以发现模块内的错误。测试的相对复杂度和测试发现的错误受单元测试约束范围的限制，测试可以对多个模块并行执行。

单元测试与其他测试不同，可以将其看作编程工作的一部分，由程序员自己完成。程序员有责任编写功能代码，同时有责任对自己的代码进行单元测试。执行单元测试是为了证明本模块的行为与期望一致。经过了单元测试的代码才算是已完成的代码，提交产品代码时要同时提交测试代码。

单元测试的内容主要涉及模块接口、局部数据结构、独立路径、错误处理和边界条件 5 个方面。测试模块的接口是为了保证被测模块的信息能够正常地流入和流出；检查局部数据结构是为了确保临时存储的数据在算法的整个执行过程中能够维持其完整性；执行控制结构中的所有独立路径（基本路径），以确保模块中的每条语句至少执行一次；测试错误处理确保被测模块在工作中发生了错误能够采取有效的错误处理措施；测试边界条件确保模块在到达边界值的极限或受限处理的情形下仍能正确执行。

1. 模块接口

对模块接口的测试要检查进出模块的数据流是否正确，这是单元测试的基础，应在其他测试之前进行。测试模块接口主要考虑以下内容。

（1）模块接收的实际参数个数与模块的形式参数个数是否一致。

（2）输入的实际参数的类型与形式参数是否一致。

（3）输入的实际参数的使用单位与形式参数是否一致。

（4）调用其他模块时，所传送的实际参数个数与被调用模块的形式参数个数是否一致。

（5）调用其他模块时，所传送的实际参数的类型与被调用模块的形式参数是否一致。

（6）调用其他模块时，所传送的实际参数的使用单位与被调用模块的形式参数是否一致。

（7）调用内部函数时，参数的个数、属性和次序是否正确。

（8）是否会修改只读型参数。

（9）出现全局变量时，是否在所有引用它们的模块中都有相同的定义。

如果模块包含外部的输入输出，还应该考虑以下几点。

（1）文件属性是否正确。

（2）文件打开语句的格式是否正确。

（3）格式说明与输入输出语句给出的信息是否一致。

（4）是否所有文件在使用前均已打开。

（5）是否处理了文件结束。

（6）对文件结束的条件判断和处理是否正确。

（7）输出信息是否存在文字性错误。

2. 局部数据结构

在单元测试中，需要检测模块局部数据结构的完整性、正确性和相互之间的关系，具体应考虑是否存在以下类型的错误。

（1）不正确的或不一致的类型说明。

（2）错误的初始化或默认值。

（3）错误的变量名、拼写或缩写。

（4）不相容的数据类型。

（5）下溢、上溢或地址错误。

此外，单元测试中还应该考虑全局数据对模块的影响。

3. 独立路径

单元测试中最主要的内容是独立路径的测试，测试用例应该能够覆盖模块中每条独立路径，并检测计算错误、不正确的判定或不正确的控制流。具体应考虑是否存在以下类型的错误。

（1）错误地使用运算符优先级。

（2）混合类型的运算。

（3）错误的初始化。

（4）算法错误。

（5）运算精确度不够。

（6）表达式符号表示不正确。

针对判定覆盖和条件覆盖，还应该考虑以下类型的错误。

（1）不同数据类型的比较。

（2）不正确的逻辑操作或优先级。

（3）运算精确度造成的相对条件比较错误。

（4）不正确的判定或变量。

（5）不正常的或不存在的循环终止。

（6）不能退出的分支循环。

（7）不适当地修改循环变量。

4. 错误处理

错误处理测试应当检测模块在工作中发生了什么错误，思考是否有有效的错误处理措施。主要应该考虑以下内容。

（1）对运行发生错误的描述是否合适。

（2）报告的错误与实际发生的错误是否一致。

（3）出错后，在错误处理前是否引起了系统干预。

（4）例外条件的处理是否正确。

（5）提供的错误信息是否充足，是否能判断出错原因。

5. 边界条件

软件经常在边界出现错误。测试时应该对以下情况进行检查。

（1）处理 n 维数组的第 n 个元素时是否正确。

（2）n 次循环的第 0 次、第 1 次、……、第 n 次循环是否正确。

（3）运算或判断在取最大值和最小值时是否正确。

（4）数据流、控制流中刚好等于、大于、小于确定的比较值时是否出现错误。

边界条件测试是单元测试的最后一步，是非常重要的。必须采用边界值分析法来设计测试用例，并对模块的边界进行检测，查看模块是否能正常工作。

4.1.3 单元测试的环境

构造单元测试环境的主要工作包括以下内容。

（1）构造最小的运行调度系统，即驱动模块，该模块用以模拟被测模块的上一级模块。

（2）模拟实现模块接口，即桩模块，用以模拟被测模块需要调用的模块接口。

（3）模拟生成测试数据或状态，为模块运行准备动态环境。

单元测试环境如图 4-1-1 所示。

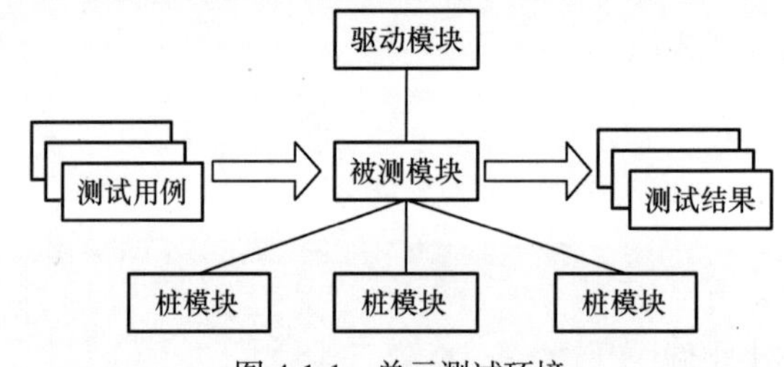

图 4-1-1 单元测试环境

单元测试环境还应包括测试的运行环境和经过认可的测试工具环境。测试的运行环境一般应符合软件测试合同（或项目计划）的要求，通常是开发环境或仿真环境。测试工具环境应满足测试的资源要求，主要包括软件（如操作系统、编译软件、静态测试软件、测试驱动软件等）、硬件（如计算机、设备接口等）、人员数量、人员技能等。

4.1.4 单元测试技术与测试数据

一般情况下，单元测试在代码编写之后就可以进行。测试用例设计应与复审工作结合，根据软件概要设计规格说明书选取数据，增大发现各类错误的可能。单元测试可分为静态测试和动态测试两个阶段。

1. 静态测试

代码审查是静态测试的方法之一，是单元测试的第一步，用以保证代码算法的逻辑正确性、清晰性、规范性、一致性，具体审查以下内容。

（1）命名规则，审查变量名、函数名等是否遵循命名规则。

（2）代码格式，审查是否遵循编程规范及代码格式。

（3）内存使用，审查程序是否读取了未初始化的内存、是否越界使用内存、指针使用是否正确以及是否释放已分配的内存。

（4）表达式判断，审查逻辑表达式是否正确、是否正确使用逻辑表达式中的变量、各判断分

支是否都得到了处理等。

（5）可读性，审查缩进控制是否有效提高了代码的可读性，注释是否准确、充分、有意义以及标号、函数名、变量名等是否有意义且准确。

（6）程序多余物，审查是否存在不会被执行的代码、是否存在垃圾语句以及声明的变量、常量、函数等是否都使用了。

使用测试工具进行静态测试，通过控制流分析法、数据流分析法以及表达式分析法来尽可能发现代码中存在的错误。然后设计测试用例，使其达到一定的覆盖标准并执行，还要考虑边界值情况和模块运行的效率，包括运行时间、占用空间及精度等。还可采用错误推测法，列举出模块中可能存在的和容易发生的错误，并根据测试经验对这些错误做重点测试。

2. 动态测试

完成静态代码审查后进入动态单元测试，被测模块本身不是独立可运行的程序，需要为其开发驱动模块和桩模块。驱动模块用来模拟待测试模块的上级模块，在集成测试中接收测试数据，将相关的数据传送给待测模块，然后启动待测模块，并输出相应的结果；桩模块也称为存根程序，用以模拟待测模块工作过程中所调用的模块。桩模块由待测模块调用，它们一般只进行很少的数据处理，如输出和返回，以便检验待测模块与下级模块的接口。

驱动模块和桩模块都是额外的开销，属于必须开发但是又不能和最终软件一起提交的部分。如果驱动模块和桩模块相对简单，则额外开销相对较小；在比较复杂的情况下，完整的测试需要推迟到集成测试阶段才能完成。

驱动模块的使用条件如下。

（1）必须能驱动被测模块执行。

（2）能正确接收要传递给被测模块的各项参数。

（3）能够对接收到的参数的正确性进行判断。

（4）能够将接收到的数据传递给被测模块。

（5）必须接收到被测模块的执行结果，并对结果的正确性进行判断。

（6）能将判断结果作为测试用例执行结果输出测试报告。

桩模块的使用条件如下。

（1）被测模块必须能调用桩模块。

（2）必须能够正确接收来自被测模块传递的各项参数。

（3）桩模块要能够对接收到的参数的正确性进行判断。

（4）桩模块对外的接口定义必须符合被测模块调用的说明。

（5）桩模块必须要向被测模块返回一个结果。

4.1.5　单元测试人员

单元测试工作涉及的主要人员通常有开发设计人员和开发组组长。

开发设计人员接受开发组组长的监督，由编写待测模块的开发设计人员设计所需的测试用例，以测试该模块并修改发现的缺陷。

开发组组长负责保证使用合适的测试技术，在合理的质量控制下进行充分的测试。

任务实训

以界面为对象进行单元测试

一、实训目的

1. 掌握单元测试方法。
2. 能熟练搭建单元测试环境。
3. 能灵活采用单元测试技术实施测试。

实训资源

资源码 X-4-1

二、实训内容

1. 查找单元测试相关学习资源，自主学习。
2. 下载实训报告，按要求分步完成以下操作。

（1）结合需求规格说明分析界面业务功能。

（2）根据界面业务功能设计测试用例。

（3）执行测试用例并记录测试结果。

3. 整理实训报告并按要求提交。

复习提升

扫码复习相关内容，完成以下练习。

复习资源

资源码 F-4-1

选择题

1. 下面关于单元测试用例设计的叙述中正确的是（　　）。

A. 单元测试用例设计的依据是软件概要设计规格说明书

B. 单元测试用例设计既可以使用白盒测试也可以使用黑盒测试，但以白盒测试为主

C. 单元测试用例仅需设计正向的，逆向的不用设计

D. 对于单元测试，测试用例可以用来证明一个集成的系统是否达到了设计规范的要求

2. 在单元测试用例的设计中，使用白盒测试应达到的覆盖率目标是（　　）。

A. 语句覆盖率达到 100%　　B. 判定覆盖率达到 100%

C. 覆盖程序中的主要路径　　D. 以上全部

3. 在单元测试用例设计中，黑盒测试可以确保（　　）。

A. 程序模块有较好的可靠性和安全性

B. 程序模块满足性能要求

C. 程序模块实现了需求和软件概要设计规格说明书要求的所有功能

D. 以上全部

4. 下列不属于单元测试策略的是（　　）。

A. 自顶向下的测试策略　　B. 自底向上的测试策略

C. 边界值分析测试策略　　D. 独立单元测试策略

5. 单元测试中最主要的一项任务是（　　）。

A. 边界条件测试　　B. 错误处理测试　　C. 模块接口测试　　D. 独立路径测试

任务 4-2　实施集成测试

任务引入

在实际工作中，时常出现每个模块都能单独工作，但是这些模块集成在一起后不能正常工作的情况，主要原因是模块间利用接口相互调用时引入了新问题。例如，数据经过接口可能丢失；一个模块对另一个模块可能造成不应有的影响；单个模块可以接受的误差在组装后不断累积，达到不可接受的程度等。单元测试后必须进行集成测试，发现并排除单元集成后可能发生的问题，确保最终的软件系统符合要求。

集成测试也称为组装测试、联合测试等，用于检查各个软件单元之间的接口是否正确。集成测试的对象是多个单元的组合，许多单元组合成模块，而这些模块又组合成程序中更复杂的部分，如子系统或系统。集成测试是单元测试的逻辑扩展，它的最简单形式是将两个已经通过测试的单元组合成一个模块，并且测试它们之间的接口。集成测试是在单元测试的基础上，测试将所有的软件单元按照软件概要设计规格说明书的要求组装成模块、子系统或系统的过程中，各部分功能是否达到相应技术指标及要求的活动。集成测试主要是测试软件单元的组合能否正常工作以及与其他组合的模块能否集成起来工作。最后，还要测试构成系统的所有模块组合能否正常工作。集成测试参考的主要标准是软件概要设计规格说明书，任何不符合该设计的模块行为都应该加以记录并上报。

集成测试中所使用的对象应该是已经经过单元测试的软件单元。有一点很重要：如果不经过单元测试，那么集成测试的效果将会受到很大程度的影响，并且会大幅增加软件单元代码纠错的代价。单元测试和集成测试关注的范围不同，它们发现问题的集合上包含不相交的区域，因此二者之间不能相互替代。

问题导引

预习资源

资源码 Y-4-2

1. 集成测试的主要目的是什么？
2. 模块的集成方式有哪几种？

知识准备

4.2.1　集成测试的主要任务

集成测试可从全局数据结构及软件的适合性、准确性、互操作性、容错性、时间特性、资源利用性这几个软件质量子特性方面考虑，确定测试任务内容。还应根据软件测试合同、软件设计文档的要求及选择的测试方法来确定测试的具体任务内容。

（1）全局数据结构。测试全局数据结构的完整性，包括数据的内容、格式，并对内部数据结构对全局数据结构的影响进行测试。

（2）适合性。应对软件设计文档分配给已集成软件的功能逐项进行测试。

（3）准确性。可对软件中具有准确性和精度（如数据处理精度、时间控制精度、时间测量精度）要求的功能和项进行测试。

（4）互操作性。可考虑测试两种接口：所加入的软件单元与已集成软件之间的接口；已集成软件与支持其运行的其他软件、例行程序或硬件设备的接口。对接口的输入和输出数据的格式、内容、传递方式、接口协议等进行测试。

（5）容错性。可考虑测试已集成软件对差错输入、差错中断、漏中断等情况的容错能力，并考虑通过仿真平台或硬件测试设备模拟一些人为条件，测试软件功能、性能的降级运行情况。

（6）时间特性。可考虑测试已集成软件的运行时间，算法在最长路径下的计算时间。

（7）资源利用性。可考虑测试软件运行占用的内存空间和外存空间。

软件集成的总体计划和特定的测试描述应该在测试规格说明中文档化。这项工作的产品包含测试计划和测试规程，它们是软件配置的一部分。

4.2.2 集成测试遵循的原则

集成测试是一个“灰色地带”，要做好集成测试不是一件容易的事情。集成测试应当针对软件概要设计规格说明书尽早开始，并遵守以下原则。

（1）集成测试应当尽早开始，并以软件概要设计规格说明书为基础。

（2）集成测试应当根据集成测试计划和方案进行，排除测试的随意性。

（3）在模块和接口的划分上，测试人员应当和开发人员进行充分的沟通。

（4）项目管理者保证测试用例经过了审核。

（5）集成测试应当按照一定的层次进行。

（6）集成测试的策略选择应当综合考虑质量、成本和进度三者之间的关系。

（7）所有公共的接口都必须被测试到。

（8）关键模块必须进行充分的测试。

（9）测试结果应如实记录。

（10）当接口发生修改时，涉及的相关接口都必须进行回归测试。

（11）当测试计划中的结束标准满足时，集成测试结束。

4.2.3 集成测试的环境

随着软件越来越复杂，一个系统会分布在不同的软件、硬件平台，因此，集成测试的环境越来越复杂。测试的时候，主要考虑 4 个方面。

（1）硬件环境：集成测试时，要尽可能地考虑用户使用的实际环境；当实际环境难以模拟的时候，要考虑到其与实际环境之间可能存在的差异。

（2）操作系统环境：考虑不同的操作系统版本，最好测试所有可能使用的操作系统。

（3）数据库环境：数据库的选择要合乎实际情况，从容量、性能、版本等多个方面进行考虑。

（4）网络环境：一般网络环境可以使用以太网、Wi-Fi、3G、4G、5G。

4.2.4　集成测试实施方案

集成测试的实施步骤如下。

1. 测试前准备

在集成测试开始之前，一般需要考虑以下因素。

（1）测试计划。集成测试计划在系统设计阶段就开始制订，在系统设计、开发过程中不断细化，最终在系统实施集成之前完成。集成测试计划中主要包含测试的描述和范围、测试的预期目标、测试环境、集成次序、测试用例设计思想和时间表等。

（2）人员安排。集成测试既要求参与的人熟悉单元的内部细节，又要求其能够从一定的高度来观察整个系统。一般由有经验的测试人员和软件开发人员共同完成集成测试的计划和执行。

（3）测试内容。将所有单元测试集成到一起，组成一个完整的软件系统，其测试重点是各单元的接口是否吻合、代码是否符合规定的标准、界面标准是否统一等。

（4）集成测试策略。是选择把所有模块按设计要求一次性全部组装起来后进行测试，还是一个一个地逐步扩展模块，使测试范围逐步增大。当对相关模块进行集成时，不能忽视它们和周围模块的关系。另外，为模拟这些关系，需要借助驱动模块和桩模块。集成测试的策略将直接关系到测试的效果、结果等。集成测试一般有两种，即非增量式集成测试和增量式集成测试，在实际测试中，通常将这两种模式有机地结合在一起使用。

（5）测试方法。集成测试阶段以黑盒测试为主。在自底向上集成的初期，白盒测试占较大的比例，随着测试的不断深入，渐渐由黑盒测试占据主导地位。

2. 测试策划

测试分析员根据测试合同（或测试计划）和被测试软件的设计文档（含接口设计文档）对被测试软件进行分析，并确定测试充分性要求、测试终止的条件、用于测试的资源要求、需要测试的软件特征、测试需要的技术和方法，测试准出条件，确定由资源和被测试软件决定的软件集成测试活动的进度以及对测试工作进行风险分析与评估，并制订应对措施。根据上述分析研究结果，编写软件集成测试计划。

应对软件集成测试计划进行评审。当测试活动由被测试软件的供应方实施时，软件集成测试计划的评审应纳入被测试软件的概要设计阶段的评审中，通过评审后再开展下一步工作。

3. 测试设计

测试设计工作由测试设计员和测试员完成，一般根据集成测试计划完成设计测试用例、获取测试数据、确定测试顺序、获取测试资源、编写测试程序、建立和校准测试环境以及按照测试规范的要求编写软件集成测试说明等工作。

应对软件集成测试说明进行评审。当测试活动由被测试软件的供应方实施时，软件集成测试说明的评审应纳入软件开发阶段的评审，通过评审后再开展下一步工作。

4. 测试执行

测试员执行集成测试计划和集成测试说明中规定的测试项目和内容。在执行过程中，应认真观察并如实地记录测试过程、测试结果和发现的差错，填写测试记录。

5. 测试总结

测试分析员应根据被测软件的设计文档（含接口设计文档）、集成测试计划、集成测试说明、

测试记录和软件问题报告单等分析和评价测试工作，一般应在集成测试报告中记录以下内容。

（1）总结集成测试计划和集成测试说明的变化情况及产生变化的原因。

（2）对于测试异常终止的情况，确定未能被测试活动充分覆盖的范围。

（3）确定未能解决的软件测试事件以及不能解决的原因。

（4）总结测试所反映的软件代码与软件设计文档（含接口设计文档）之间的差异。

（5）将测试结果连同所发现的出错情况同软件设计文档（含接口设计文档）进行对照，评价软件的设计与实现情况，提出软件改进建议。

（6）按照测试规范要求编写软件集成测试报告，包括测试结果分析、对软件的评价和建议等。

（7）根据测试记录和软件问题报告单编写测试问题报告。

应对软件集成测试活动、软件集成测试报告、测试记录和测试问题报告进行评审。当测试活动由被测试软件的供应方实施时，评审由软件供应方组织，软件需求方和有关专家参加；当测试活动由独立测试机构实施时，评审由软件测试机构组织，软件需求方、供应方和有关专家参加。

4.2.5 集成测试技术与测试数据

将模块组装成软件系统有两种方法：一种方法是先分别测试每个模块，再将所有模块按照设计要求结合起来进行测试，这种方法称为非增量式集成测试；另一种方法是将下一个要测试的模块同已经测试好的那些模块结合起来进行测试，测试完后再将下一个应测试的模块结合起来进行测试，这种每次增加一个模块的方法称为增量式集成测试。

对两个以上模块进行集成时，需要考虑它们和周围模块之间的关系。为了模拟这些关系，需要设计驱动模块或者桩模块这两种辅助模块。

1. 非增量式集成测试

非增量式集成测试采用一步到位的方法进行测试，即对所有模块进行单元测试后，按程序结构图将各模块连接起来，把连接后的程序当作一个整体进行测试。其结果往往是混乱不堪，会出现许多的错误，错误的修正也非常困难。一旦改正了这些错误，可能又会出现新的错误。这个过程似乎会以一个无限循环的方式继续下去。

图 4-2-1 所示为非增量式集成测试的一个例子，被测试程序的结构如图 4-2-1（a）所示，它由 7 个模块组成。在进行单元测试时，根据它们在结构图中的位置为模块 C 和 D 配备了驱动模块和桩模块，为模块 B、E、F、G 配备了驱动模块。主模块 A 由于处于结构图的顶端，不被其他模块调用，因此仅为它配备了 3 个桩模块，以模拟被它调用的 3 个模块 B、C、D，如图 4-2-1（b）～（h）所示，分别进行单元测试后，再按图 4-2-1（a）所示的结构形式连接起来进行集成测试。

2. 增量式集成测试

增量式集成测试中单元的集成是逐步实现的，集成测试也是逐步完成的。按照实施的不同次序，增量式集成测试可以分为自顶向下和自底向上两种方式。

（1）自顶向下增量式集成测试。

自顶向下增量式集成测试表示逐步集成和逐步测试是按结构图自上而下进行的，即首先集成主模块，然后按照软件控制层次接口向下进行集成。从属于主模块的模块按照深度优先策略或广度优先策略集成到结构中。

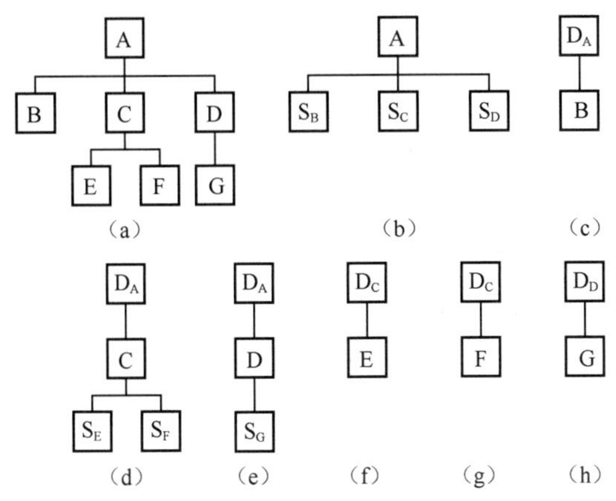

图 4-2-1　非增量式集成测试示例

深度优先策略：首先集成一个主控路径下的所有模块，主控路径的选择是任意的，一般根据具体问题的特性来确定。

广度优先策略：首先沿着水平方向把每一层中所有直接隶属于上一层的模块集成起来，直至最底层。

自顶向下增量式集成测试的测试步骤如下。

① 主模块为被测模块，主模块的直接下属模块用桩模块替代。

② 采用深度优先或广度优先策略，用实际模块替换相应的桩模块（每次仅替换一个或少量桩模块，视模块接口的复杂程度而定），它们的直接下属模块则又用桩模块替代，与已测试的模块或子系统集成为新的子系统。

③ 对新形成的子系统进行测试，发现和排除模块集成过程中引起的错误，并做回归测试。

④ 若所有模块都已集成到系统中，则结束集成；否则转到步骤②。

图 4-2-2 所示为采用自顶向下的深度优先策略进行集成测试的过程。读者可以自行求解广度优先策略的集成测试过程。

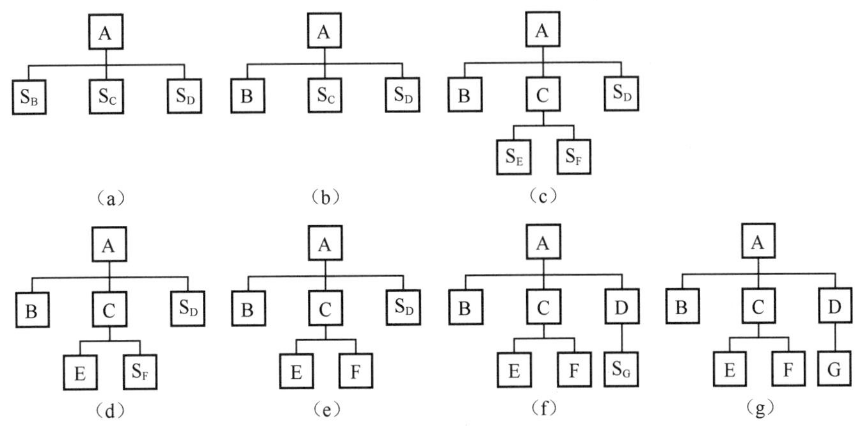

图 4-2-2　使用深度优先策略进行自顶向下增量式集成测试

自顶向下的集成方式的主要优点如下。

① 可以尽早地发现和修复模块结构图中主要控制点存在的问题，以减少返工次数，因为在一

个模块划分合理的模块结构图中，主要的控制点多出现在较高的控制层次上。

② 能较早地验证功能的可行性。

③ 最多只需要一个驱动模块，能减少驱动模块的开发成本。

④ 支持故障隔离。若模块 A 通过了测试，而加入模块 B 后测试时出现错误，则可以肯定错误处于模块 B 内部或模块 A、B 的接口上。

自顶向下的集成方式的主要缺点如下。

① 需要开发和维护大量的桩模块。

桩模块很难模拟实际子模块的功能，而涉及复杂算法的真正输入、输出的模块一般在底层，它们是最容易出问题的模块。如果到组装的后期才测试这些模块，一旦发现问题，将导致大量的回归测试。

② 对底层模块的测试不充分。

为了有效地进行集成测试，软件系统的控制结构应具有较高的可测试性。采用自顶向下的集成方式时顶层模块将会被反复测试，但对底层模块的测试不够充分，尤其是那些被复用的模块。

在实际使用中，自顶向下的集成方式很少单独使用，因为该方法需要开发大量的桩模块，这样增加了集成测试的成本，违背了应尽量避免开发桩模块的原则。

（2）自底向上增量式集成测试。

自底向上增量式集成测试是从最底层的模块开始，按结构图自下而上逐步进行集成和测试工作。由于该测试是从最底层开始集成，测试到较高层的模块时，所需的下层模块功能已经具备，因此不需要再使用模拟下层功能的桩模块来辅助测试。

因为是自底向上进行集成，对于一个给定层次的模块，它的所有下属模块已经集成并测试完成，所以不再需要桩模块。测试步骤如下。

① 为最底层模块开发驱动模块，对最底层模块进行并行测试。

② 用实际模块替换驱动模块，与其已被测试过的直属子模块集成为一个子系统。

③ 为新形成的子系统开发驱动模块（若新形成的子系统对应主模块，则不必开发驱动模块），对该子系统进行测试。

④ 若该子系统已对应主模块，即最高层模块，则结束集成；否则转到步骤②。

图 4-2-3 所示为自底向上的集成过程。

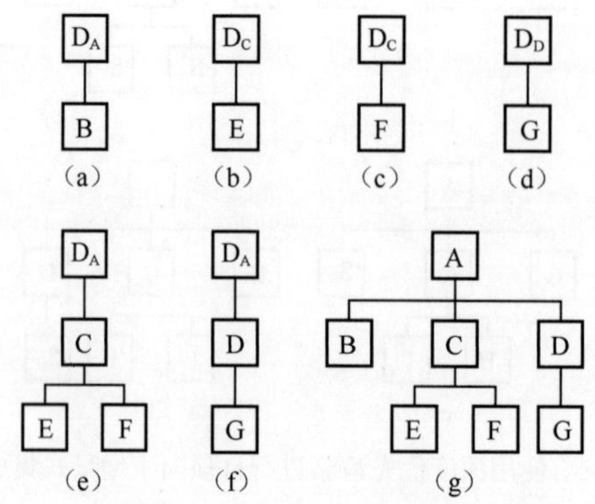

图 4-2-3　自底向上的集成过程

自底向上的集成方式的主要优点：大大减少了桩模块的开发，虽然需要开发大量驱动模块，但其开发成本要比开发桩模块小；涉及复杂算法和真正输入、输出的模块往往在底层，它们是最容易出错的模块，先对底层模块进行测试，降低了回归测试成本；在集成的早期实现对底层模块的并行测试，提高了集成的效率；支持故障隔离。

自底向上的集成方式的主要缺点：需要大量的驱动模块，主要控制点存在的问题要到集成后期才能修复，需要花费较高成本。故此类集成方式不适合那些控制结构对整个体系至关重要的软件。随着测试的逐步推进，组装的系统愈加复杂，对底层模块的异常进行测试很难。

在实际工作中，自底向上的集成方式比自顶向下的集成方式应用更为广泛，尤其是在软件的高层接口变化比较频繁，可测试性不强，软件的底层接口较稳定的情况下，更应使用自底高上的集成方式。

3. 三明治集成测试

三明治集成测试是将自顶向下测试与自底向上测试有机结合起来，采用自顶向下与自底向上两种集成方式并行的方法。三明治集成测试更重要的是采取持续集成的策略，软件开发中各个模块不是同时完成的，根据进度将完成的模块尽可能早地进行集成，有助于尽早发现缺陷，避免集成阶段大量缺陷涌现。同时，自底向上集成时，早期完成的模块将是后期模块的驱动模块，从而使后期模块的单元测试和集成测试出现了部分交叉，不仅减少了测试代码，还有利于提高工作效率。

此外，集成测试主要测试软件结构问题，由于测试建立在模块接口上，因此多采用黑盒测试，辅以白盒测试。

4.2.6　集成测试人员

集成测试一般由测试人员和从开发组选出的开发人员完成。一般情况下，集成测试的前期测试由开发人员或白盒测试人员进行，通过前期测试后，后续测试就由测试人员完成。整个测试工作在测试组长的监督、指导下进行，测试组长负责保证测试人员在合理的质量控制和监督下使用合理的测试技术进行充分的集成测试。

其中，测试人员按照具体任务还可分为测试设计员、测试员和测试分析员。

测试设计员通过对测试需求进行分析，制订测试计划，设计测试用例。

测试员的主要工作是执行集成测试计划和集成测试说明中规定的测试项目和内容。在执行过程中，应认真观察并如实地记录测试过程、测试结果和发现的差错，填写测试记录。

测试分析员的工作有以下两个方面。

（1）根据每个测试用例的期望结果、实际结果和评审准则判定该测试用例是否通过。如果不通过，测试分析员应认真分析情况，并根据情况采取相应措施。

（2）当所有的测试用例都执行完毕，测试分析员根据测试的充分性要求和失效记录确定测试工作是否充分，是否需要增加新的测试。当测试过程正常终止时，如果发现测试工作不足，应当进行补充测试，直到测试达到预期要求，并将附加的内容记录在测试报告中。当测试过程异常终止时，应当记录导致终止的条件、未完成的测试和未被修正的差错。

任务实训

以界面为对象进行集成测试

实训资源

资源码 X-4-2

一、实训目的

1. 掌握集成测试方法。
2. 能熟练搭建集成测试环境。
3. 能选择合适的集成策略实施测试。

二、实训内容

1. 查找集成测试相关学习资源，自主学习。
2. 下载实训报告，按要求分步完成以下操作。

（1）结合需求规格说明，分析界面之间的业务关系。

（2）根据界面业务关系设计测试用例。

（3）执行测试用例并记录测试结果。

3. 整理实训报告并按要求提交。

复习提升

扫码复习相关内容，完成以下练习。

复习资源

资源码 F-4-2

选择题

1. 单元测试与集成测试的区别体现在（　　）。

A. 测试的对象、测试方法、测试时间和内容均不同

B. 测试时间和内容不同

C. 单元测试只采用黑盒测试，集成测试只采用白盒测试

D. 以上都是

2. 集成测试中对系统内部的交互以及集成后系统功能检验的质量特性是（　　）。

A. 准确性　　B. 可靠性

C. 可试用性　　D. 可维护性

3. 从软件开发和测试模型中可以看出，集成测试与软件开发的（　　）阶段相对应。

A. 软件需求分析　　B. 软件概要设计

C. 软件详细设计　　D. 软件运行和维护

4. 对于软件集成的进度优先级高于软件质量的项目，我们通常采用的集成测试方法是（　　）。

A. 基于风险的集成测试　　B. 基于路径的集成测试

C. 基于调用图的集成测试　　D. 基于进度的集成测试

5. 基于功能的集成测试方法是要做到（　　）。

A. 所有模块的覆盖　　B. 所有路径的覆盖

C. 所有功能的覆盖　　D. 所有语句的覆盖

任务 4-3　实施系统测试

任务引入

集成测试通过之后，各个模块已经被组装成一个完整的软件系统，这时需要进行系统测试。系统测试指的是将通过集成测试的软件系统作为计算机系统的一个重要组成部分，与计算机硬件、外部设备、支持软件等其他系统元素组合在一起进行的测试，目的在于通过与系统需求定义做比较，发现软件与需求规格说明书不符合或者矛盾的地方，从而提出更加完善的方案。

系统测试的对象包括源程序、需求分析阶段到详细设计阶段中的各技术文档、管理文档、提交给用户的文档、软件所依赖的硬件、外部设备甚至某些数据、某些支持软件及其接口等。

随着测试概念的发展，当前系统测试已逐渐侧重于验证系统是否符合需求规定的非功能指标。其测试范围可分为功能测试、性能测试、压力测试、容量测试、安全性测试、用户界面测试、可用性测试、安装测试、配置测试、异常测试、备份测试、健壮性测试、文档测试、在线帮助测试、网络测试、稳定性测试。

问题导引

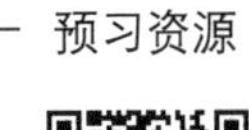

资源码 Y-4-3

1. 系统测试的主要目的是什么？
2. 系统测试通常包含哪些方面的内容？

知识准备

4.3.1　系统测试准备

系统测试是一个庞大的工程，在测试之前应该做好以下准备工作。

（1）收集各种软件说明书，将其作为系统测试的参考。

（2）仔细阅读软件测试计划，最好制订单独的系统测试计划，将其作为系统测试的依据，并收集已设计好的测试用例。

（3）如果没有现成的系统测试用例，则需要做大量工作来编写测试用例。

在编写测试用例时，应从各种软件规格和文档中发掘以下信息。

（1）对系统各种功能的描述。

（2）系统要求的数据处理和传输效率。

（3）对系统性能的要求。

（4）对兼容性的要求。

（5）对备份和修复的要求。

（6）对配置的描述。

（7）对安全性的要求等。

因为系统测试的一个主要目标是树立软件系统将通过验收测试的信心，所以进行系统测试时应保证测试环境的真实性，即使无法与系统运行时的实际环境完全一致，也应尽可能接近真实环境，而且测试时所用的数据也应尽可能与真实数据保持一致。

4.3.2 系统测试环境

系统测试环境适合与否会严重影响测试结果的真实性和正确性。测试环境包括硬件环境和软件环境，硬件环境指测试必需的服务器、客户端、网络连接设备，以及打印机/扫描仪等辅助硬件设备所构成的环境；软件环境指被测软件运行时的操作系统、数据库及其他应用软件构成的环境。

1. 确定测试环境的组成

（1）确定所需要的计算机的数量，以及对每台计算机的硬件配置要求，包括 CPU 的速度、内存和硬盘的容量、网卡所支持的速度、打印机的型号等。

（2）确定部署被测应用的服务器所必需的操作系统、数据库管理系统、中间件、Web 服务器以及其他必需组件的名称、版本，以及所要用到的相关补丁的版本。

（3）确定用来保存各种测试工作中生成的文档和数据的服务器所必需的操作系统、数据库管理系统、中间件、Web 服务器以及其他必需组件的名称、版本，以及所要用到的相关补丁的版本。

（4）确定用来执行测试工作的计算机所必需的操作系统、数据库管理系统、中间件、Web 服务器以及其他必需组件的名称、版本，以及所要用到的相关补丁的版本。

（5）确定是否需要使用专门的计算机进行被测应用的服务器环境和测试管理服务器的环境的备份。

（6）确定测试中所需要使用的网络环境。例如，如果测试结果同接入互联网的线路的稳定性有关，那么应该考虑为测试环境租用单独的线路；如果测试结果与局域网内的网络速度有关，那么应该保证计算机的网卡、网线以及用到的集线器、交换机都不会成为瓶颈。

2. 管理测试环境

（1）配备专门的测试环境管理员。

每个测试项目或测试小组都应当配备一名专门的测试环境管理员，其职责为搭建测试环境，包括操作系统、数据库、中间件、Web 服务器等必需软件的安装、配置，并做好各项安装、配置手册的编写；记录组成测试环境的各台机器的硬件配置、IP 地址、端口配置、机器的具体用途，以及当前网络环境的情况；测试环境各项变更的执行及记录；测试环境的备份及恢复；操作系统、数据库、中间件、Web 服务器以及被测应用中所需的各用户名、密码以及权限的管理。

（2）编写测试环境管理所需的各种文档。

编写测试环境的各台机器的硬件环境文档、测试环境的备份和恢复方法手册，并记录每次备份的时间、备份人、备份原因以及所形成的备份文件的文件名和获取方式；编写用户权限管理文档，记录访问操作系统、数据库、中间件、Web 服务器以及被测应用时所需的各种用户名、密码和各用户的权限，并对每次变更进行记录。

（3）测试环境访问权限的管理。

为每个访问测试环境的测试人员和开发人员设置单独的用户名和密码。访问操作系统、数据库、Web 服务器以及被测应用等所需的各种用户名、密码、权限由测试环境管理员统一管理；测试环境管理员拥有全部的权限，开发人员只有对被测应用的访问权限和查看系统日志（只读）的权根，测试组成员不具有删除权限，用户及权限的各项维护、变更需要记录到相应的用户权限管

理文档中。

（4）测试环境的备份和恢复。

测试环境必须是可恢复的，否则将导致原有的测试用例无法执行，或者发现的缺陷无法重现，最终使测试人员已经完成的工作失去价值。因此，应当在测试环境（特别是软件环境）发生重大变动时进行完整的备份，例如使用 Ghost 对硬盘或某个分区进行镜像备份。

4.3.3　系统测试技术与测试数据

由于系统测试涉及范围广泛，本任务仅从功能测试、性能测试、安全性测试这几个方面进行介绍。

1. 功能测试

功能测试是系统测试中最基本的测试，它不管软件内部是如何实现的，而只根据需求规格说明书和测试需求列表验证产品的功能是否符合需求，主要检验以下 3 个方面。

（1）功能是否全部实现，有没有遗漏。

（2）功能是否满足用户需求和系统设计的隐式需求。

（3）能否正确地接收输入，并给出正确的结果。

功能测试要求测试设计者对产品规格说明书、需求文档、产品业务功能都非常熟悉，同时掌握测试用例的设计方法，这样才能设计出好的测试方案和测试用例，高效地完成测试。

在进行功能测试时，如何确定功能测试的基本需求信息？首先需要对需求规格说明书进行分析，分析步骤有以下 6 个。

（1）对每一个明确的功能需求进行标号。

（2）对每一个可能隐含的功能需求进行标号。

（3）对于可能出现的功能异常进行分类分析并标号。

（4）对前 3 个步骤获得的功能需求进行分级，以便为每个功能点计划投入的人力等；由于对每个功能点都进行充分测试需要极大的代价，所以常常需要将需求功能划分为关键需求功能和非关键需求功能，关键需求功能是指软件核心功能，如果关键需求功能未实现，则可能导致用户直接拒绝使用软件。

（5）对每个功能进行测试分析，以决定是否可测、如何测、如何输入并判断可能的输出等。

（6）为测试制订脚本化和自动化支持。

功能测试常用的测试用例设计方法有以下几种。

（1）等价类划分法。

（2）边界值分析法。

（3）因果图法。

（4）决策表法。

（5）正交试验法。

（6）场景法。

2. 性能测试

对于实时系统和嵌入式系统，提供符合功能需求但不符合性能需求的软件是无法令人接受的。比如一个网站能被访问且其提供的功能都符合用户的需求，但每个页面打开的时间都是几十秒甚至

几分钟，用户显然不能接受这样的网站为自己提供服务。所以，对一个系统进行性能测试是必须的。

性能测试是用来测试软件系统在实际的集成系统中的运行性能的。因为无论是单元测试还是集成测试，都没有将软件系统作为一个整体放入实际环境中运行。因此，只有在性能测试阶段才能够真正看到软件系统的实际性能。

性能测试的目的是度量软件系统相对于预定义目标的差距，同时发现软件系统中存在的性能瓶颈，优化软件系统。

性能测试主要包括以下 5 个方面的内容。

（1）评估软件系统的能力。测试中得到的有关负荷和响应时间的数据可用于验证软件系统的能力是否达到预期，并帮助做出决策。

（2）识别体系中的弱点。受控的负荷可以被增加到一个极端的水平并突破，从而突破体系的瓶颈或修复薄弱的地方。

（3）系统调优。重复运行测试，验证调整软件系统的活动得到了预期的结果，从而改进性能。

（4）检测软件中的问题。长时间的测试执行可导致程序发生由于内存泄露等引起的失败，揭示程序中隐藏的问题或冲突。

（5）验证稳定性和可靠性。在一个生产负荷下执行一定时间的测试是评估软件系统稳定性和可靠性是否满足要求的唯一方法。

性能测试一般要有专门的工具支持，必要时还需开发专门的接口工具。有一些成熟的商业性能测试工具可以用于 GUI 和 Web 等的测试，如内存分析工具、指令分析工具等。这些工具会提供相应的系统性能指标。系统的性能指标包括系统资源（CPU、内存等）的使用率和系统行为表现。系统资源使用率越低，一般来说系统性能越好；系统行为表现包括系统对请求的响应时间、数据吞吐量等。下面是一些具体的性能指标。

（1）CPU 时间片使用情况。

（2）缓存使用情况。

（3）内存使用情况。

（4）I/O 使用情况。

（5）每个指令的 I/O 数量。

（6）信道使用情况。

（7）每个模块执行时间百分比。

（8）一个模块等待 I/O 完工的百分比时间。

（9）指令随时间的跟踪路径。

（10）控制从一个模块到另一个模块的次数。

（11）遇到每一组指令等待的次数。

（12）每一组指令页换入和换出的次数。

（13）请求响应时间。

（14）事务响应时间。

（15）数据吞吐量。

收集系统资源使用情况和系统行为表现可以采用两种方式：一是在运行环境中使用性能监视器，在固定时间间隔内收集系统状态信息；二是采用探针，即在系统代码中插入许多程序指令，通过这些指令记录系统状态，并最终将收集的数据整理成外部格式报告。

由于工程和项目的不同，所选用的度量、评估方法也有不同之处。不过仍然有一些通用的步骤可帮助完成性能测试项目。这些步骤如下。

（1）确定性能测试需求。每一个性能测试计划中第一步都会制订性能测试需求。只有明确需求才能清楚地界定测试范围，知道测试需要掌握什么样的技术以及确定哪些性能指标需要度量。

（2）学习相关技术和工具。性能测试通过工具模拟大量用户操作，对系统增加负载。所以需要掌握一定的工具知识才能进行性能测试。开展性能测试需要对各个性能测试工具进行评估，因为每个性能测试工具都有自身的特点，只有经过工具评估才能选择符合现有软件架构的性能测试工具。确定测试工具后。需要组织测试人员进行工具的学习，培训相关技术。

（3）设计测试用例。设计测试用例是在了解软件业务流程的基础上进行的，一次尽可能地包含多个测试要素，且设计的这些测试用例必须是工具能实现的。

（4）运行测试用例。通过性能测试工具运行测试用例。同一环境下做的性能测试得到的测试结果是不准确的，所以在运行这些测试用例的时候，需要在不同的测试环境、不同的机器配置下运行。

（5）分析测试结果。运行测试用例后收集相关信息，进行数据统计分析，找到性能瓶颈。

3. 安全性测试

任何包含敏感信息或能够对个人造成不正当伤害的计算机系统都会成为被攻击的目标。入侵者的类型非常广泛，包括仅仅为了练习技术而试图入侵的黑客、为了报复而试图破坏系统的内部雇员、为了获取非法利益而试图入侵系统的非法个人甚至组织。

因此，一个软件的安全性测试是很有必要的。安全性测试是在软件的生命周期中，特别是软件开发基本完成到发布阶段，对软件进行检验以验证软件符合安全需求定义和产品质量标准的过程。

安全性测试的目的如下。

（1）提升软件的安全质量。

（2）尽量在发布前找到安全问题并予以修补，从而降低成本。

（3）度量安全性。

（4）验证安装在系统内的保护机制能否在实际应用中对系统进行保护，使之不被非法入侵、不受各种因素干扰。

在安全性测试中，测试人员常常扮演系统攻击者的角色，然后尝试各种方案入侵系统。

（1）试图获取系统超级密码。

（2）使用任何能够瓦解系统防护机制的软件。

（3）劫持系统，使别人无法使用。

（4）有目的地引发系统错误，使系统崩溃，并从错误的信息以及恢复过程中侵入系统等。

理论上，只要有足够的时间和资源，就一定能设计出一个方法侵入系统。所以系统设计者的目标不是设计出一套方案从理论上杜绝一切可能的攻击，因为这是不现实的，除非系统不被使用。设计者的目标应是设计出攻破其付出的代价大于得到的信息价值的系统。

下面是一些安全性测试中常常要考虑的问题。

（1）控制特性是否正常工作。

（2）无效或不可能的参数或指令是否被有效检测并被适当处理。

（3）错误和文件访问操作是否被适当地记录。

（4）不正常的登录以及权限高的登录是否被详细记录，该记录常用来追踪入侵者。

（5）影响比较严重的操作（比如系统权限调整、增删文件等）是否被有效记录。

（6）是否有变更安全性表格的过程。

（7）系统配置数据是否正确保存，系统故障发生后是否可以恢复。

（8）系统配置能否正常导入和导出到备份设备上。

（9）系统关键数据是否被加密存储。

（10）系统口令是否能够有效抵抗攻击，如字典攻击等。

（11）有效的口令是否被无误接受，失效口令是否被及时拒绝。

（12）多次无效口令后，系统是否有适当反应，这对于抵抗暴力攻击非常有效。

（13）系统的各用户组是否维持了最小权限。

（14）权限划分是否合理，各种权限是否正常。

（15）对用户的使用周期是否有限制，被限制后用户能否恶意突破限制。

（16）低级别用户是否可以使用高级别用户的命令。

（17）用户是否会自动超时退出，以及退出之后用户数据是否被及时保存。

（18）防火墙安全策略是否有效、端口设置是否合理。

安全性测试机制的性能和安全机制一样重要，具体如下。

（1）有效性。安全性测试一般比系统的其他部分具有更高的有效性。

（2）生存性。抵御错误和严重灾难的能力，包括对错误期间紧急操作模式的支持、之后的备份操作和恢复到正常操作的能力。

（3）精确性。安全性测试的精度。它与错误的数量、出现频率和严重性有关。

（4）反应时间。反应时间过慢会导致用户绕过安全机制，或者给用户的使用带来不便。

安全性测试的测试用例设计方法如下。

（1）规范导出法。

（2）边界值分析法。

（3）错误猜测法。

（4）基于风险的测试。

（5）故障插入技术。

4.3.4　系统测试人员

系统测试需由数据库设计人员、应用开发人员和用户一同进行。针对测试阶段出现的各种问题，需要及时从软、硬件等方面完善系统。系统测试在测试组组长的监督下进行，在系统测试过程中，由一个独立测试观察员来监控测试工作，系统测试过程应邀请一个客户代表正式地观看，同时，得到用户反馈意见并在正式验收测试之前尽量满足客户要求。

任务实训

实训资源

资源码 X-4-3

对系统的业务性能进行测试

一、实训目的

1. 掌握性能测试方法。

2. 能熟练搭建性能测试环境。

3. 能使用性能测试工具实施测试。

二、实训内容

1. 查找性能测试相关学习资源，自主学习。

2. 下载实训报告，按要求分步完成以下操作。

（1）编辑性能测试脚本。

（2）设置性能测试场景。

（3）运行性能测试场景并记录测试结果。

3. 整理实训报告并按要求提交。

复习提升

扫码复习相关内容，完成以下练习。

复习资源

资源码 F-4-3

选择题

1. 单元测试与系统测试的区别是（　　）。

A. 单元测试通常采用白盒测试，而系统测试采用黑盒测试

B. 测试时间上，系统测试早于单元测试

C. 单元测试从用户角度考虑问题，而系统测试从软件开发人员角度考虑问题

D. 以上都是

2. 下列活动中属于系统测试的主要工作内容的是（　　）。

A. 测试模块之间的接口　　B. 测试模块内程序的逻辑功能

C. 测试模块集成后实现的功能　　D. 测试整个系统的功能和性能

3. 下列接口测试中，要延续到系统测试阶段来完成的是（　　）。

A. 系统外部接口测试　　B. 系统内部接口测试

C. 函数或方法接口测试　　D. 类接口测试

4. 外部系统（包括人、硬件和软件）与系统交互的接口，对这类接口的测试一般是在（　　）阶段进行。

A. 单元测试　　B. 系统测试

C. 集成测试　　D. 验收测试

任务 4-4　模拟验收测试

任务引入

验收测试是依据软件开发商和用户之间的合同、软件需求规格说明书以及相关行业标准、国家标准、法律法规等的要求，对软件的功能、性能、可靠性、易用性、可维护性、可移植性等特性进行严格的测试，验证软件的功能和性能及其他特性是否与用户需求一致的过程。验收测试是在系统测试之后进行的，软件通过验收测试工作才能最终结束，可分为前阶段验收和竣工验收两个阶段。

问题导引

预习资源

资源码 Y-4-4

1. 验收测试的目的是什么？
2. 验收测试的内容有哪些？
3. 如何开展验收测试的工作？
4. α 测试和 β 测试有什么区别？

知识准备

4.4.1 验收测试的主要任务

验收测试是在用户实际使用软件之前进行的最后一次质量检验活动，主要回答开发的软件是否符合预期的各项要求以及用户能否接受等问题。验收测试主要包括配置复审、合法性检查、软件文档检查、软件代码测试、软件功能和性能测试与测试结果交付等。

1. 配置复审

验收测试的一个重要环节是配置复审，其目的是保证软件配置齐全、分类有序，并且包括软件维护所必需的细节。

2. 合法性检查

检查软件开发人员在开发软件时使用的开发工具是否合法。对于在编程中使用的一些非本单位自己开发的，也不是由开发工具提供的控件、组件、函数库等，检查其是否符合合法的发布许可。

3. 软件文档检查

文档是软件的重要组成部分，是软件生命周期不同阶段的软件描述。文档应该满足完备性、正确性、简明性、可追踪性、自说明性、规范性等要求。必须检查的文档如下。

（1）项目实施计划。

（2）详细技术方案。

（3）软件需求规格说明书。

（4）软件概要设计规格说明书。

（5）软件详细设计规格说明书。

（6）软件测试计划。

（7）软件测试报告。

（8）用户手册。

（9）源程序。

（10）项目实施计划。

（11）项目开发总结。

（12）软件质量保证计划。

4. 软件代码测试

软件代码测试包括源代码的一般性检查和软件一致性检查两方面的内容。

源代码的一般性检查是对系统关键模块的源代码进行抽查，主要检查以下内容。

（1）命名规范。

（2）注释。

（3）接口。

（4）数据类型。

（5）限制性条件。

软件一致性检查包括以下内容。

（1）编译检查。

（2）装载和卸载检查。

（3）运行模块检查。

5. 软件功能和性能测试

软件功能和性能测试不仅要检测软件的整体行为表现，还要对软件开发和设计进行再确认。可以进行下列测试。

（1）UI 测试。

（2）可用性测试。

（3）功能测试。

（4）稳定性测试。

（5）性能测试。

（6）健壮性测试。

（7）逻辑性测试。

（8）破坏性测试。

（9）安全性测试等。

在验收测试中，实际进行的具体测试内容和相关的测试方法应与用户协商，根据具体情况共同确定。

6. 测试结果交付

测试结束后，由测试组填写软件测试报告，并将测试报告与全部测试材料一并交给用户代表。具体交付方式由用户代表和测试方双方协商决定。测试报告包括以下内容。

（1）软件测试计划。

（2）软件测试日志。

（3）软件文档检查报告。

（4）软件代码测试报告。

（5）软件系统测试报告。

（6）测试总结报告。

（7）测试人员签字登记表。

4.4.2　α 测试、β 测试

在实际测试中，不可能完成所有想做的测试，甚至不可能完成所有认为必须进行的测试。可靠性、特征集、项目成本以及发布日期是项目经理必须不断权衡的因素。软件项目都有一个开发时间基线，包含一系列的里程碑，最常见的里程碑被称为 α 和 β。对于这些里程碑的准确定义，

不同公司差别很大，不过大体上来说，通过α测试的软件是初级、充满缺陷但可用的软件，而通过β测试的软件则是近乎完善的软件。

1. α测试

α测试是用户在开发环境下进行的测试，或者是开发公司组织内部人员模拟各类用户行为，对即将面市的软件进行的测试，它通常是由开发人员或测试人员进行的测试。α测试主要是对软件的功能和任务进行确认，测试的内容由需求规格说明书决定。

α测试是试图发现软件缺陷的测试，它的关键在于尽可能逼真地模拟实际运行环境和用户对软件的操作，并尽最大努力涵盖所有可能的用户操作方式。

α测试的优点如下。

（1）要测试的功能和特性都是已知的。

（2）可以对测试过程进行评测和监测。

（3）可接受性标准是已知的。

（4）可能会发现更多由主观原因造成的缺陷。

α测试的缺点如下。

（1）需要计划和管理资源。

（2）无法控制所使用的测试用例。

（3）最终用户可能沿用系统工作的方式，并可能无法发现缺陷。

（4）最终用户可能专注于比较新系统与遗留系统，而不是专注于查找缺陷。

（5）用于验收测试的资源不受项目的控制，并且可能受到压缩。

在完成α测试后不久，便可着手以下工作。

（1）从项目经理那里获得最终支持设备清单，并把该清单放到测试计划中。

（2）开始进行第一轮设备测试。到α测试末期，应当至少完成一次完全通过的设备（所有打印机，调制解调器等）测试。

（3）开始向测试计划中增加回归测试。回归测试是在对一些模块进行彻底测试之后，添加的每次在测试该模块时都会执行的测试。因为可能会有新的问题出现，而且旧的问题也可能会再次出现。

（4）对资源需求进行评审，并公布测试里程碑。在清单中仔细列出测试任务，并估计有多少测试人员、每个人会花费多长时间进行测试。此时可能已经公布了该清单的一个草稿，但还会逐渐产生更多细节和更多测试的草稿。这是应当保留的草稿。该草稿完整，并且其中的每项任务都得以完成，便表示已经进行了足够的测试。草稿中的个别任务会要求用超过半天但少于一周的时间来执行。把该草稿映射到一个时间基线上，以显示何时这些任务会完成。这是个艰难的工作，但却是必要的。

2. β测试

β测试由最终用户实施，通常开发组织（或其他非最终用户）对其的管理很少或不进行管理。β测试是所有验收测试策略中最主观的，测试员负责创建自己的环境、选择数据，并决定要研究的功能、特性或任务，采用的方法完全由测试员决定。

β测试的优点如下。

（1）测试由最终用户实施。

（2）有大量的潜在测试资源。

（3）通过试用用户的参与，提高客户对参与人员的满意程度。

（4）试用用户可以发现更多由主观原因造成的缺陷。

β测试的缺点如下。

（1）未对所有功能和特性进行测试。

（2）测试流程难以评测。

（3）最终用户可能沿用系统工作的方式，并可能没有发现或没有报告缺陷。

（4）最终用户可能专注于比较新系统与遗留系统，而不是专注于查找缺陷。

（5）用于验收测试的资源不受项目的控制，并且可能受到压缩。

（6）可接受性标准是未知的。

（7）需要更多辅助性资源来管理β测试的测试员。

在β测试中，项目组需要保持测试状态清晰，并获取已解决的问题报告要点。下面针对β测试中产生的问题报告介绍几项处理建议。

（1）散发总结开放问题并提供各种项目统计数据的概要和状态报告。可能已经散发了这样的报告，但随着项目的进展，可能会有更多报告，它们更正式，并且已散发给公司中的更高级人员。

（2）根据统计数据使用正确的判断。不要不经过进一步说明就宣布开放的报告以及最近报告的问题的数量多有意义且多重要。

（3）在接近项目末期时增加测试人员要谨慎。如果后期加入的测试人员具有狂热、判断力差和固执等特征，他们会使项目付出的成本比从他们身上获取的利益要多得多。

（4）散发暂缓问题清单，并召集或参加会议来对暂缓问题进行评审。在进行β测试时或完成β测试后不久，会议应该每周举行一次，之后可能每隔几天就要举行一次。现在而不是在提交软件的前一两天才考虑以上问题是很重要的。强调（标识出）想要重新考虑的任何报告——要谨慎选择诉求。

（5）散发开放用户界面设计问题草稿，并在UI确定之前召开或参加一个评审会议。如果不把握机会在确定之前提出问题，那么在确定之后，就无权对设计决议重新进行考虑了。

在拿到问题报告时，仔细对它们进行评审。对于在β测试前提出的草稿，也要在β测试前执行所有测试。

4.4.3　验收测试技术与测试数据

具体来说，验收测试内容通常包括安装（升级）、启动与关机、功能测试、性能测试（正常的负载、容量变化）、压力测试（临界的负载、容量变化）、配置测试、平台测试、安全性测试、恢复测试（在出现掉电、硬件故障或切换、网络故障等情况时，系统是否能够正常运行）、可靠性测试等。一般来说，验收测试按照图4-4-1所示的流程进行，其中重要的环节主要包含测试策划、测试设计、测试执行及测试总结，下面将做详细介绍。

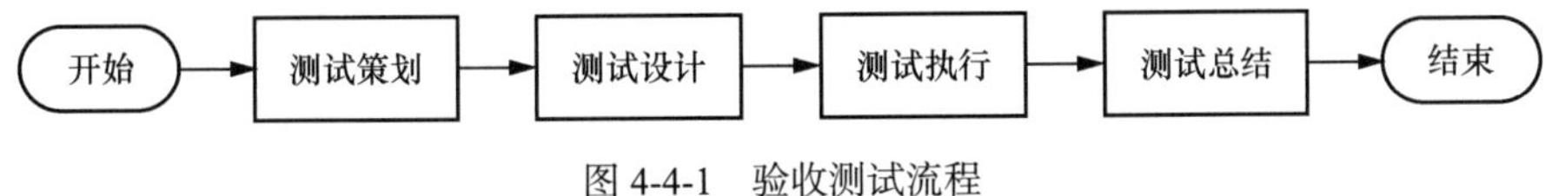

图4-4-1　验收测试流程

1. 测试策划

测试分析员根据需求方的软件要求和供应方提供的软件文档分析被测软件，并确定测试充分性要求、测试终止的条件、用于测试的资源要求、需要测试的软件特征、测试需要的技术和方法、测试准出条件，确定由资源和被测试软件决定的软件验收测试活动的进度以及对测试工作进行风险分析与评估，并制订应对措施。根据上述分析、研究结果编写软件验收测试计划。

根据上述分析结果和凡有可利用的测试结果就不必重新测试的原则，按照测试规范编写验收测试计划。

应对验收测试计划进行评审，通过软件的需求方、供应方和第三方的有关专家参与的评审后，进入下一步测试设计的工作。

2. 测试设计

测试设计工作由测试设计员和测试员完成，一般需要根据验收测试计划完成设计测试用例、获取测试数据、确定测试顺序、获取测试资源、编写测试程序、建立和校准测试环境以及按照测试规范的要求编写软件验收测试说明等工作。

应对验收测试说明进行评审，评审应由软件的需求方、供应方和有关专家参与，在验收测试说明通过评审后，进入下一步测试执行的工作。

3. 测试执行

执行测试的工作由测试员和测试分析员完成。

测试员的主要工作是执行验收测试计划和验收测试说明中规定的测试项目和内容。在执行过程中，应认真观察并如实记录测试过程、测试结果和发现的差错，认真填写测试记录。

测试分析员的工作有以下两个方面。

（1）根据每个测试用例的期望结果、实际结果和评审准则判定该测试用例是否通过。如果不通过，测试分析员应认真分析情况，并根据情况采取相应措施。

（2）当所有的测试用例都执行完毕，测试分析员要根据测试的充分性要求和失效记录确定测试工作是否充分，是否需要增加新的测试。当测试过程正常终止时，如果发现测试工作不足，应当进行补充测试，直到测试达到预期要求，并将附加的内容记录在测试报告中。当测试过程异常终止时，应当记录导致终止的条件、未完成的测试和未被修正的差错。

4. 测试总结

测试分析员应根据需方的软件要求、验收测试计划、验收测试说明、测试记录和软件问题报告单等，分析和评价测试工作。需要在验收测试报告中记录以下内容。

（1）总结验收测试计划和验收测试说明的变化情况及其原因。

（2）对测试异常终止的情况，确定未能被测试活动充分覆盖的范围。

（3）确定未能解决的软件测试事件以及不能解决的原因。

（4）总结测试所反映的软件系统与需方的软件要求之间的差异。

（5）将测试结果连同所发现的差错情况同需方的软件要求对照，评价软件系统的设计与实现，提出软件改进建议。

（6）按照测试规范的要求编写验收测试报告，该报告应包括测试结果分析、对软件系统的评价和建议。

（7）根据测试记录和软件问题报告单编写测试问题报告。

应对验收测试的执行活动、验收测试报告、测试记录和测试问题报告进行评审。评审同样应

由软件的需方、供方和第三方的有关专家参与。

4.4.4 验收测试人员

验收测试是一个以用户为主的测试过程。验收测试一般在软件系统测试结束以及软件配置审查之后开始，应由用户、测试人员、开发人员和质量保证人员一起参与，目的是确保软件准备就绪。相关的用户和独立测试人员根据测试计划和结果来决定是否接受系统。

任务实训

对系统进行验收测试

一、实训目的

1. 掌握验收测试方法。
2. 能熟练搭建验收测试环境。
3. 能依据需求规格说明书实施验收测试。

实训资源

资源码 X-4-4

二、实训内容

1. 查找验收测试相关学习资源，自主学习。
2. 下载实训报告，按要求分步完成以下操作。

（1）收集验收测试资料。

（2）制定验收测试计划。

3. 整理实训报告并按要求提交。

复习提升

复习资源

资源码 F-4-4

扫码复习相关内容，完成以下练习。

简答题

请总结验收测试过程中要注意哪些问题。

任务 4-5　实施回归测试

任务引入

回归测试是指软件系统被修改或扩充后重新进行的测试。每当软件增加了新的功能，或软件中的缺陷被修正，都可能影响软件原来的结构和功能。回归测试是为了保证对软件进行修改后没有引入新的错误而重复进行的测试。

问题导引

预习资源

资源码 Y-4-5

1. 什么是回归测试？
2. 进行回归测试时如何选择测试用例？

知识准备

4.5.1 回归测试技术和方法

回归测试不是一个测试阶段，而是一种可以用于单元测试、集成测试、系统测试和验收测试各个测试过程的测试技术。图 4-5-1 展示了回归测试与 V 模型之间的关系。

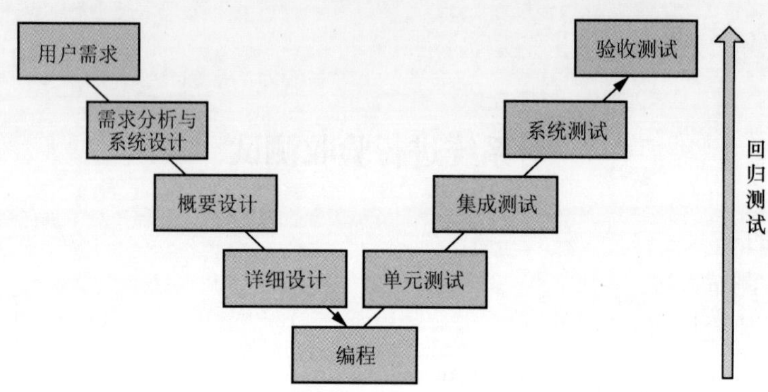

图 4-5-1 回归测试与 V 模型之间的关系

为了防止软件变更产生无法预料的副作用，不仅要对内容进行测试，还要重复进行过去已经进行的测试，以证明修改没有引起未曾预料的后果，或证明修改后软件仍能够满足实际的需求。在软件系统运行环境改变后，或者发生了一个特殊的外部事件时，也可以采用回归测试。

设计和引入回归测试数据的重要原则是应保证数据中可能影响测试的因素与未经修改或扩充的原软件进行测试时的那些影响因素尽可能一致，否则想要确定观测到的测试结果是否是由于数据变化引起的还是很困难的。一个回归测试集应当是覆盖程序某区域的测试用例的最小集合。它还应当尽可能多地覆盖该区域的许多方面（子功能、边界条件等），使用尽可能少的测试和执行时间。

回归测试集应该包括针对已修复缺陷的最令人感兴趣的或者最有用的重新测试，以及迄今为止运行得最好的其他测试。在主流测试和突击测试期间，把它们增加到测试记录中。而在进行更详细的测试规划时，向其中加入更多的测试。

考虑构建自己的回归测试系列，以便每出现一个新的版本时运行一些测试；有时每隔 2～3 个版本运行一些测试，有时频率更低。为了应对一批又一批的新版本（通常在接近测试末期时），每次使用一个不同的回归测试子集来使得抽样检查每个区域的可靠性变得更加容易。

4.5.2 回归测试范围

在回归测试范围的选择上，最简单的方法是每次回归执行所有在前期测试阶段建立的测试用例，以确认问题正确修改，以及没有对其他功能造成不利影响，但是这样的代价过于高昂。另一种方法是有选择地执行以前的测试用例，这时测试用例的选择是否合理、是否有代表性将直接关系到回归测试的效果和效率。回归测试常用的选择测试用例的方法有以下 3 种。

（1）局限在修改范围内的测试用例。

（2）在受影响功能范围内的测试用例。

（3）根据一定的覆盖率指标选择测试用例。

4.5.3 回归测试人员

回归测试一般由测试组长负责，以确保选择使用合适的技术并在合理的质量控制下执行充分的回归测试。测试人员在回归测试工作中将设计并实现新的扩展或增强部分所需的新测试用例，并且使用正规的测试设计技术创建或修改已有的测试数据。

任务实训

对系统进行回归测试

一、实训目的

1. 掌握回归测试方法。
2. 能熟练搭建回归测试环境。
3. 能设计合适的测试用例实施回归测试。

实训资源

资源码 X-4-5

二、实训内容

1. 查找回归测试相关学习资源，自主学习。
2. 下载实训报告，按要求分步完成以下操作。

（1）进行缺陷分析。

（2）设计回归测试用例。

3. 整理实训报告并按要求提交。

复习提升

复习资源

资源码 F-4-5

扫码复习相关内容，完成以下练习。

简答题

请简要描述回归测试前如何设计测试用例。

单元小结

本单元介绍了软件测试过程中包含的几个主要测试任务：单元测试、集成测试、系统测试、验收测试和回归测试。

单元测试又称模块测试，主要检验软件设计中最小的功能单位（模块）。

集成测试也称组装测试、联合测试等，检查各个软件单元之间的接口是否正确。

系统测试是将通过集成测试的软件系统作为计算机系统的一个重要组成部分，与计算机硬件、外部设备、支持软件等其他系统元素组合在一起进行的测试。

验收测试是在系统测试之后进行的测试，主要回答开发的软件是否符合预期的各项要求以及用户能否接受等问题。

回归测试是指软件系统被修改或扩充后重新进行的测试，是一种可以用于单元测试、集成测试、系统测试和验收测试各个测试过程的测试技术。

同时，针对每个测试任务，重点介绍了各个测试的含义、主要任务、技术方法和参与人员。

单元练习

一、选择题

1. 单元测试中用来模拟被测模块调用者的模块是（　　）。

A. 父模块　B. 子模块　C. 驱动模块　D. 桩模块

2. 不属于单元测试的内容是（　　）。

A. 模块接口测试　B. 局部数据结构测试

C. 独立路径测试　D. 用户界面测试

3. 单元测试中设计测试用例的依据是（　　）。

A. 软件概要设计规格说明书　B. 需求规格说明书

C. 项目计划说明书　D. 软件详细设计规格说明书

4. 软件测试 V 模型中，概要设计对应的测试是（　　）。

A. 系统测试　B. 单元测试

C. 集成测试　D. 模块测试

5. 集成测试对系统内部的交互性以及集成后的系统功能检验的质量特性是（　　）。

A. 正确性　B. 可靠性　C. 可使用性　D. 可维护性

6. 自底向上进行集成测试的优点是不必额外设计（　　）程序。

A. 子　B. 被调用　C. 存根　D. 驱动

7. 集成测试时，能较早发现高层模块接口错误的测试方法为（　　）。

A. 自顶向下增量式测试　B. 自底向上增量式测试

C. 非增量式测试　D. 系统测试

8. 根据软件需求规格说明书，在开发环境下对已经集成的软件系统进行的测试是（　　）。

A. 系统测试　B. 单元测试　C. 集成测试　D. 验收测试

9. 完成系统测试后，需要提交的文档有（　　）。

A. 测试结果记录表格　B. 测试事故报告

C. 测试总结报告　D. 以上全部

10. 软件测试按照测试层次可以分为（　　）。

A. 黑盒测试、白盒测试　B. 功能性测试和结构性测试

C. 单元测试、集成测试和系统测试　D. 动态测试和静态测试

11. 下列要求在实际使用环境下进行的测试是（　　）。

A. 集成测试　B. 单体测试　C. α 测试　D. β 测试

12. 验收测试是以（　　）为主的测试。

A. QA 人员　B. 开发人员

C. 用户　D. 测试人员

13. 功能测试的目的是（　　）。

A. 保证用户方便使用　　B. 保证软件的功能符合需求

C. 保证软件没有错误　　D. 保证软件的性能符合设计的要求

14. 软件测试是软件质量保证的重要手段，（　　）是软件测试的最基础环节。

A. 功能测试　　B. 单元测试　　C. 结构测试　　D. 验收测试

15. 大多数实际情况下，性能测试的实现方法是（　　）。

A. 黑盒测试　　B. 白盒测试　　C. 静态测试　　D. 可靠性测试

16. 用户界面测试（单元测试或集成测试）要遵循的原则是（　　）。

A. 易用性原则　　B. 完整性原则　　C. 创新性原则　　D. 复杂性原则

17. 不属于单元测试的内容是（　　）。

A. 模块接口测试　　B. 局部数据结构测试

C. 独立路径测试　　D. 用户界面测试

18. 安全性测试属于（　　）。

A. 单元测试　　B. 集成测试　　C. 系统测试　　D. 验收测试

19. 下列软件测试属于性能测试范畴的是（　　）。

A. 接口测试　　B. 压力测试　　C. 单元测试　　D. 易用性测试

20. 之所以性能测试有很多指标，是因为不同的人员对软件性能的视角不同，关注点也不同，单纯认为性能就是响应时间的是（　　）。

A. 管理员视角　　B. 用户视角

C. 测试人员视角　　D. 开发人员视角

21. 在软件修改之后，再次运行以前用于发现错误的测试用例，这种测试称为（　　）。

A. 单元测试　　B. 集成测试　　C. 回归测试　　D. 验收测试

二、简答题

1. 软件测试过程中需要哪些信息？
2. 什么是桩模块？什么是驱动模块？
3. 什么是集成测试？它包括哪两种方式？
4. 什么是性能测试？
5. 非增量式测试与增量式测试有什么区别？

三、分析题

公司 A 承担了公司 B 的办公自动化系统的建设工作。2004 年 10 月初，项目正处于开发阶段，预计 2005 年 5 月能够完成全部开发工作，但是合同规定 2004 年 10 月底进行系统验收。因此，在 2004 年 10 月初，公司 A 依据合同规定向公司 B 和监理方提出在 2004 年 10 月底进行验收测试的请求，并提出了详细的测试计划和测试方案。该方案中指出测试小组由公司 A 的测试工程师、外聘测试专家、外聘行业专家以及监理方的代表组成，请问公司 A 的做法是否正确？给出理由。

单元五 面向对象软件测试

单元导学

随着面向对象技术的出现和广泛应用，传统的软件开发和软件测试方法受到了较大的冲击。面向对象软件中的 3 个主要特点“封装性”“继承性”“多态性”使得传统的软件测试方法难以有效地对软件进行测试。因此，必须针对面向对象软件的特点，研究新的软件测试方法和测试策略。本单元的知识和技能对接以下岗位。

- 设计评审岗位。
- 测试用例设计岗位。
- 测试实施岗位。

学习目标

- 了解面向对象的概念。
- 了解面向对象软件的特点。
- 掌握面向对象软件测试的方法。
- 具备勇于探索的创新精神。

素养园地

资源码 S-5-0

任务 5-1　划分面向对象软件测试的层次

任务引入

软件测试层次基于测试复杂性分解的思想，是软件测试的一种基本模式。传统层次测试基于功能模块的层次结构，而面向对象软件测试中的继承和组装关系刻画了类之间的内在层次。它们既是构造系统结构的基础，也是构造测试结构的基础。对于传统程序设计语言编写的软件，测试分为 3 个级别：单元测试、集成测试和系统测试。面向对象软件测试的动态测试工作过程与传统的测试一样，分为制订测试计划、产生测试用例、执行测试和评价几个阶段。在测试的具体内容上，从面向对象软件的结构出发，可以将面向对象软件测试分为 3 个层次：类测试、集成测试和系统测试。

对面向对象软件程序进行测试时需要测什么？先后顺序是什么？如何设计测试用例？要回答这些问题，需要深入领会面向对象软件的三大特性。针对面向对象软件设计的特殊性，我们需要清楚测试的内容和测试的层次。

问题导引

1. 什么是面向对象？什么是对象？
2. 面向对象软件的特点是什么？
3. 面向对象软件测试与传统软件测试的主要区别是什么？
4. 面向对象软件测试分哪几个阶段？

预习资源

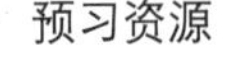

资源码 Y-5-1

知识准备

学习本任务需要储备编程的基本知识，下面主要针对面向对象技术进行介绍。

5.1.1　面向对象软件的特点

面向对象（Object-Oriented）是软件开发方法，是一种编程范式。面向对象的概念和应用已超越了程序设计和软件开发的范畴，扩展到数据库系统、交互式界面、应用结构、应用平台、分布式系统、网络管理结构、CAD 技术、人工智能等领域。面向对象是一种对现实世界进行理解和抽象的方法，是计算机编程技术发展到一定阶段的产物。

面向对象是相对于面向过程来讲的，它会把相关的数据和方法组织为一个整体来看待，从更高的层次来进行系统建模，更贴近事物的自然运行模式。在面向对象软件设计中，对象指的是计算机系统中的某一个成分。对象包含两个含义，其中一个是数据，另外一个是动作。对象不仅能够进行操作，同时还能够及时记录操作结果。

面向对象软件与传统软件有明显的区别。传统软件面向的是过程，它按照数据变换的过程寻找问题的节点，对问题进行分解。由于不同人对过程的理解不同，面向过程的功能分割出的模块会因人而异。针对问题现象高度抽象这一特点，结构化方法可以用数据流图、系统结构图、数据字典、状态转移图、实体关系图来进行系统逻辑模型的描述，生成最终能满足需求且达到工程目

标的软件。面向对象软件更接近人的思维，它的核心是对象，面向对象软件设计中，对象是现实世界中各种实体的抽象表示，是一种模型化世界的抽象方法，它可以帮助人们更好地理解和探索世界。面向对象软件的主要特点包括封装性、继承性、多态性等。

1. 封装性

面向对象软件通过封装对象的属性和方法，有效地阻止外界对封装数据的破坏，避免程序各部分对数据的滥用，在一定程度上简化了类的使用，避免了不合理的操作，阻止了错误的扩散。但是，封装使得类的属性和状态对外不可见，这就给测试用例的生成造成了困难。为了能够观察到这些属性和状态，以确定软件执行的结果是否正确，需要在类的定义中增加一些专门的函数来返回执行的结果，这样一来就增加了测试的工作量。

2. 继承性

面向对象软件的继承性使得一个函数可能被封装在多个类中，子类还可以对继承方法进行重新定义。这种继承特性让人有一种错觉，即子类继承父类之后没有重新定义方法就不需要测试。但根据不可分解性公理（反分解性公理），对一个软件进行充分的测试并不表示其中的成分都得到了测试。因此，在父类得到充分的测试后，继承该父类的子类需要重新测试。当然，如果类的方法被重新定义，那么不仅该方法自身及其所在的类要重新测试，所有继承该类的子类也要重新测试。

3. 多态性

面向对象软件的多态性使得同一消息可以根据发送对象的不同展现出多种不同的行为方式。多态性增加了系统运行中可能的执行路径，因为它增加了测试用例选取的难度和数量。

5.1.2 面向对象软件测试的阶段

传统软件测试方法对面向对象软件来说存在哪些不足之处？首先，传统软件测试是面向过程的测试，难以针对面向对象的软件开展合理的测试，它不仅增加了项目的管理难度而且增大了项目风险；其次，传统软件测试在面向对象软件的相关测试中对测试人员要求较高、测试成本高，不利于科学地开展测试。因此需结合面向对象软件的特点，将测试分为几个阶段，即面向对象分析测试、面向对象设计测试、面向对象单元测试、面向对象集成测试、面向对象系统测试。

1. 面向对象分析测试（Object-Oriented Analysis Test，OOA Test）

（1）对象测试。

软件中认定的对象是对问题空间中实例的抽象，可从以下几个方面进行测试。

① 认定的对象是否全面，问题空间中所有涉及的实例是否都反映在认定的抽象对象中。

② 认定的对象是否具有多个属性。只有一个属性的对象通常应看成其他对象的属性，而不是抽象为独立的对象。

③ 对认定为同一对象的实例是否有共同的、区别于其他实例的共同属性。

④ 对认定为同一对象的实例是否提供或需要相同的服务，如果服务随着不同的实例而变化，认定的对象就需要分解或利用继承性来分类表示。

⑤ 系统没有必要始终保持对象代表的实例信息，提供或者得到关于它的服务，认定的对象也无必要。

⑥ 认定的对象的名称应该尽量准确、适用。

（2）结构测试。

① 对于结构中处于高层的对象，是否在问题空间中含有不同于下一层对象的特殊可能性，即

是否能派生出下一层对象。

② 对于结构中处于低层的对象，是否能抽象出在现实中有意义的更一般的上层对象。

③ 对所有认定的对象，是否能在问题空间内抽象出在现实中有意义的对象。

④ 高层的对象的特性是否完全体现下层的共性。

⑤ 低层的对象是否具有高层对象特性基础上的特殊性。

（3）服务和消息关联测试。

服务定义了每种对象和结构在问题空间所要求的行为。问题空间中实例的通信在 OOA 中相应地定义为消息关联。对定义的服务和消息关联的测试可从以下几个方面进行。

① 对象和结构在问题空间的不同状态是否定义了相应的服务。

② 对象或结构所需要的服务是否都定义了相应的消息关联。

③ 定义的消息关联所指引的服务提供是否正确。

④ 沿着消息关联执行的线程是否合理，是否符合现实过程。

⑤ 定义的服务是否重复，是否定义了能够得到的服务。

2. 面向对象设计测试（Object-Oriented Design Test，OOD Test）

结构化设计方法采用面向作业的设计方法，把系统分解为一组作业。OOD 采用“造型的观点”，以 OOA 为基础归纳出类，建立类结构，实现分析结果对问题空间的抽象，设计类的服务。由此可见，OOD 是 OOA 的进一步细化和抽象，其界限通常难以严格区分。OOD 确定类和类结构时不局限于满足当前需求分析的要求，还侧重于通过重新组合或加以适当的补充实现功能的重用和扩增。

（1）对认定类测试。

OOD 认定的类是 OOA 中认定的对象，是对象服务和属性的抽象。认定类应该尽量是基础类，这样便于维护和重用。该测试根据以下准则认定类。

① 是否涵盖 OOA 中所有认定的对象。

② 是否能体现 OOA 中定义的属性。

③ 是否能实现 OOA 中定义的服务。

④ 是否对应着一个含义明确的数据抽象。

⑤ 是否尽可能少地依赖其他类。

（2）对类层次结构测试。

OOD 的类层次结构是基于 OOA 的分类结构构建的，体现了父类和子类之间的一般性和特殊性。类层次结构是在解空间中构造用于实现全部功能的结构框架。该测试包含以下几个方面。

① 类层次结构是否涵盖所有定义的类。

② 是否能体现 OOA 中所定义的实例关联。

③ 是否能实现 OOA 中所定义的消息关联。

④ 子类是否具有父类没有的新特性。

⑤ 子类间的共同特性是否完全在父类中得以体现。

（3）对类库支持测试。

类库主要用于支持软件开发的重用，对类库的支持属于类层次结构的组织问题。由于类库并不直接影响软件的开发和功能实现，因此类库的测试往往作为对高质量类层次结构的评估。其测试点如下。

① 一组子类中关于某种含义相同或基本相同的操作是否有相同的接口。

② 类中方法功能是否较单纯，相应的代码行是否较少，一般建议不超过 30 行。

③ 类的层次结构是否深度大、宽度小。

3. 面向对象单元测试（Object-Oriented Unit Test，OOU Test）

类测试有两种主要的方式：功能性测试和结构性测试。功能性测试和结构性测试分别对应传统测试的黑盒测试和白盒测试。功能性测试以类的规格说明为基础，主要检查类是否符合规格说明的要求，包括类的规格说明和方法的规格说明两个层次。例如，对于 Stack 类，检查操作是否满足 LIFO 规则。结构性测试从程序出发，对方法进行测试，考虑代码是否正确，Stack 类检查代码是否正确执行且至少执行过一次。

测试类的方法指对方法调用关系进行测试。测试每个方法的所有输入情况，并对这些方法之间的接口进行测试。对类的构造函数参数以及消息序列进行选择以保证其在状态集合下正常工作。因此，对类的测试分成方法的测试和方法间测试两个层次。

（1）方法的测试。

方法的测试考虑类中的方法，等效于传统程序中单个过程的测试，传统测试技术（如逻辑覆盖法、等价类划分法、边界值分析法和错误推测法等）仍然作为测试类中每个方法的主要手段。与传统单元测试的最大差别在于方法的测试改变了它所在实例的状态，这就要求对隐藏的状态信息进行评估。

面向对象软件中方法的执行是通过消息驱动来实现的。测试类中的方法必须用驱动模块通过发送消息来驱动执行。如果被测模块或者方法调用其他模块或方法，则需要设计一个模拟被调程序功能的存根程序。驱动模块、存根程序及被测模块或方法组成一个独立的可执行单元。

（2）方法间测试。

方法间测试考虑类中方法之间的相互作用，对方法进行综合测试。单独测试一个方法时，只考虑其本身执行的情况，而没有考虑方法的协作关系。方法间测试考虑一个方法调用本对象类中的其他方法，或其他类的方法之间的通信情况。类的操作被封装在类中，对象之间通过发送消息启动操作，对象作为一个多入口模块，必须考虑测试方法的不同次序组合。当一个类中方法的数目较多时，次序的组合数目将非常多。对于操作的次序组合以及动作的顺序问题，测试用例中加入了激发调用信息，检查它们是否正确运行。对于同一类中方法之间的调用，遍历类的所有主要状态。同时，选出最可能发现属性和操作错误的情况，重点进行测试。

4. 面向对象集成测试（Object-Oriented Integrate Test，OOI Test）

传统面向过程的软件模块具有层次性，模块之间存在着控制关系。面向对象软件功能散布在不同类中，通过消息传递提供服务。由于面向对象软件没有一个层次的控制结构，传统软件自顶向下和自底向上的组装策略意义不大，构成类的各个部件之间存在直接和非直接交互，软件的控制流无法确定，采用传统的将操作组装到类中的增值式组装常常行不通。

集成测试关注系统的结构和类之间的相互作用，测试步骤一般分成两步，首先进行静态测试，然后进行动态测试。静态测试主要针对程序的结构进行，检测程序结构是否符合设计要求，采用逆向工程测试工具得到类的关系图和函数关系图；动态测试根据功能结构图、类关系图或者实体关系图确定不需要被重复测试的部分，通过覆盖标准减少测试工作量。

面向对象软件由若干对象组成，通过对象之间的相互协作实现既定功能。交互既包含对象和其组成对象之间的消息，还包含对象和与之相关的其他对象之间的消息，是一系列参与交互的对象协作中消息的集合。例如，对象作为参数传递给另一个对象，或者当一个对象包含另一个对象的引用并将其作为这个对象状态的一部分时，对象的交互就会发生。

（1）交互类型。

交互类型是面向对向集成测试的关键考量因素之一，涵盖汇集类与协作类两种典型类别。

汇集类是指在类的定义说明中，虽提及会使用某些对象，但是实际上从不和这些对象产生协作关系的类。编译器和开发环境的类库通常包含汇集类。例如，列表、堆栈、队列和映射等管理对象。汇集类一般具有如下行为。

① 存放这些对象的引用。

② 创建这些对象的实例。

③ 删除这些对象的实例。

协作类是除汇集类和原始类（系统自带的、最基础的类）之外的非原始类。协作类是指在一个或多个操作中使用其他的对象并将其作为实现过程中不可缺少的一部分。协作类测试的复杂性远远高于汇集类测试，协作类测试要求构建对象之间交互的环境。

（2）交互测试。

系统交互既发生在类的方法之间，也发生在多个类之间。类 A 与类 B 的交互如下所述。

① 类 B 的实例变量作为参数传给类 A 的某方法，类 B 的改变必然导致对类 A 的方法的回归测试。

② 类 A 的实例作为类 B 的一部分，类 B 对类 A 中变量的引用需进行回归测试。

交互测试的粒度与缺陷的定位密切相关，粒度越小越容易定位缺陷。但是，粒度小会使得测试用例数和测试执行开销增加。因此，测试需要在资源制约和测试粒度之间找到一个平衡点，选择合适的交互测试的粒度至关重要。

5. 面向对象系统测试（Object-Oriented System Test，OOS Test）

单元测试和集成测试仅能保证软件开发的功能得以实现，但不能确认在实际运行时是否满足用户的需要，因此，必须对软件进行规范的系统测试。系统测试不关心类之间连接的细节，仅着眼于用户的需求，测试软件在实际投入使用中与系统其他部分配套运行的情况，保证系统各部分在协调工作的环境下能正常运行。

系统测试参照 OOA 模型，测试组件序列中的对象、属性和服务。组件是由若干类构建的，首先实施接受测试，接受测试将组件放在应用环境中，检查类的说明，采用极值甚至不正确数值进行测试；其次，组件的后续测试应顺着主类的线索进行。

任务拓展

实训资源

资源码 X-5-1

关于面向对象软件测试的讨论

通过之前的学习，我们对类和对象的概念有了清晰的了解。假设采用面向对象软件设计方法设计了代码 5-1-1 所示的 IMoney 接口。

代码 5-1-1

```
package Sample;
public interface IMoney {
  //添加一个Money对象
  public abstract IMoney add(IMoney m);
```

```
  //两个 Money 对象之和
  //这是一个实现双重调用的辅助方法

  public abstract IMoney addMoney(Money m);

  //向 Money 对象中添加一个 MoneyBag
  public abstract IMoney addMoneyBag(MoneyBag s);

  //测试 Money 对象是否为空
  public abstract boolean isZero();

  //将 Money 乘以一个给定的系数
  public abstract IMoney multiply(int factor);

  //Money 对象的否定
  public abstract IMoney negate();

  //两个 Money 对象之差
  public abstract IMoney subtract(IMoney m);

  //对 MoneyBag 对象添加元素
  public abstract void appendTo(MoneyBag m);
}
```

代码 5-1-2 所示的 Money 类继承了 IMoney 接口。

代码 5-1-2

```
package Sample;
public class Money implements IMoney{
    private int famount;              //余额
    private String fcurrency;         //货币类型
    public Money(int amount, String currency){
            famount= amount;
            fcurrency= currency;
    }
    public int amount(){
            return fAmount;
    }

    public String currency(){
            return fCurrency;
    }
    public Money add(Money m){             //加法
            return newMoney(amount()+m.amount(), currency());
    }
    public boolean equals(Object anobject){         //判断是否相等
      if (anobject instanceofMoney){
          Money amoney= (Money)anobject;
          return amoney.currency().equals(currency())&& amount() == amoney.amount();
      }
         return false;
    }
    …         //其他方法
}
```

针对计算两个 Money 对象之和及判断对象是否相等这两个方法，利用现有的知识如何展开测试呢？传统的软件测试是从单元测试开始，然后进入集成测试，最后是系统测试和验收测试，单元测试集中在最小的可编译程序单元（如模块、进程），这些单元独立测试后被集成到程序结构中，这时要进行一系列的测试以发现由模块的接口所带来的错误和新单元加入所导致的副作用，最后系统作为一个整体测试对象以确保发现并修正与需求规格说明书不一致的任何疏漏或错误。由于面向对象软件具有封装性、继承性、多态性等新的特性，带来了传统软件设计所不存在的错误，导致原来行之有效的软件测试对面向对象软件有些力不从心。因此，传统的软件测试对面向对象软件已经不再适用，我们需要采用更为科学的方法进行测试。首先要理解面向对象软件测试的基本特点，分析测试的层次，有方法可依才能做到科学地进行测试。

复习提升

扫码复习相关内容，完成以下练习。

复习资源

资源码 F-5-1

选择题

1. 面向对象方法源于面向对象（　　）。

A. 分析　　B. 设计

C. 建模语言　　D. 编程语言

2. 下列选项中不是面向对象软件测试目的的是（　　）。

A. 验证产品交付的组件和系统性能是否达到要求

B. 定位产品的容量以及边界限制

C. 定位系统性能瓶颈

D. 证明软件的正确性

任务 5-2　运用面向对象软件测试的策略

任务引入

在任务 5-1 的 Money 类的测试中，我们已经分析了传统软件测试存在的问题和不足，那么面向对象软件测试又应该如何开展呢？本任务将通过面向对象软件的测试策略以及测试用例的设计，带大家学习面向对象软件测试。

问题导引

预习资源

资源码 Y-5-2

1. 面向对象软件测试的测试策略和传统的结构化软件测试有何不同?
2. 面向对象软件的测试策略包括哪些?
3. 面向对象软件的测试用例设计方法有哪些?

知识准备

学习本任务需要储备编程的基本知识，特别是面向对象技术和软件测试的基本知识。

5.2.1 面向对象软件的测试策略

面向对象软件测试的目标和传统的结构化软件测试相同，都是利用有限的时间和工作尽可能多地发现缺陷。尽管这个基本目标是相同的，但是面向对象软件本身的特性又改变了软件测试的基本测试策略。面向对象软件的测试策略主要有以下几个方面。

1. 扩大测试视角

在面向对象软件设计中，相同的语义结构（如类、属性、操作和消息）贯穿于分析、设计和代码实现的各个阶段。这种语义结构的连贯性，使得面向对象的分析和面向对象的设计模式能够承载并传递关于系统结构与行为的关键信息。因此，必须对面向对象分析与设计模式的复审工作予以高度重视。如果问题在分析阶段及设计阶段未被检测到，则将传送到代码中，要花费大量的精力和时间去实现一个不必要（有问题）的属性、不必要的操作、驱动对象间通信的消息及其他相关的代码；然后再花费更多的精力去发现它，还必须对系统进行相关的修改，而修改有可能导致更多的潜在问题。因此，面向对象的软件测试应扩大测试的视角，包括分析与设计模型测试、类测试、对象交互测试、类层次结构测试、面向对象系统测试五大部分。

2. 面向对象测试技术策略

（1）面向对象的类测试策略。

类测试用于验证类的实现是否和该类的规格说明完全一致，和传统的单元测试大体相似，但也有所不同，它除了要测试类中包含的方法，还要测试类的状态。在面向对象系统中，系统的基本构造模块是封装了数据和方法的类和对象，每个对象有自己的生命周期、状态。消息是对象之间相互请求或协作的途径，是外界使用对象方法及获取对象状态的唯一方式。对象的功能在消息的触发下，由对象所属类中定义的方法与相关对象的合作共同完成。在工作过程中对象的状态可能被改变，产生新的状态。测试过程中不能仅检查输入数据产生的输出结果是否与预期结果吻合，还要考虑对象的状态。

类测试是整个测试过程的一个重要步骤，按测试顺序可分为 3 个部分。①基于服务的测试：测试类中的每一个方法。②基于状态的测试：测试类的实例在其生命周期各个状态下的情况。③基于响应状态的测试：从类和对象的责任出发，根据外界向对象发送的消息序列来测试对象的各个响应状态。目前有很多类的测试方法，如基于状态图的测试、基于活动图的测试、基于协作图的测试、基于状态模式的测试等，它们都是针对上述测试的某一个部分。

（2）集成测试策略。

面向对象软件测试分为类测试、集成测试和系统测试 3 个层次。其中，集成测试作为重要环节，贯穿面向对象软件的构造过程。面向对象软件的集成测试有两种不同的策略，一种是基于线程的测试，另一种是基于使用的测试。基于线程的测试：集成一组相互协作以对某输入或事件做出回应的类，每个线程被集成并被分别测试，应用回归测试以保证没有产生副作用。基于使用的测试：先测试那些不使用服务器类或其他复杂依赖的类（称为独立类），在独立测试完成后，逐步测试那些依赖独立类的类（称为依赖类），直到整个系统被完全测试。

（3）类间多态性测试策略。

在面向对象软件集成测试中，最需要克服的问题是类间交互带来的多态性和动态绑定的问题。多态分为多态操作和多态变量，多态操作是指在类层次结构中，多个类可以定义相同的方法名，

而不同层次中的类可按照各自的需要调用该方法；多态变量是指变量可以引用不同类的对象。针对类的多态性，人们提出一种正交矩阵测试策略，将正交拉丁矩阵应用到软件测试中，生成测试用例。这种方法能有效减少测试用例个数，但不能实现充分测试。

（4）回归测试策略。

面向对象软件的特殊性使得其测试过程以层次增量方式进行，即首先对类进行测试，然后将多个类集成类簇或子系统，并进行集成测试，最后将多个类簇或子系统集成最终系统，并进行系统测试。在单个对象方法或方法的集成测试中，都需要确定对哪些测试用例进行回归测试。面向对象的回归测试不再作为测试的一个独立阶段，而是以增量的方法进行，采用层次增量的测试模型。

5.2.2　面向对象软件的测试用例设计

目前，面向对象软件的测试用例设计方法还处于研究和发展阶段。由于面向对象分析与设计模型在结构和内容上与面向对象软件类似，因此面向对象软件测试会从模型的评审开始。当代码产生后，测试则是从设计一系列测试用例检验类操作的小型测试和检查类与其他类进行协作时是否出现错误开始，当集成类形成一个子系统时，结合基于故障的方法，对相互协作的类进行完全检查，最后利用测试用例发现软件确认层的错误。与传统的软件测试不同的是，面向对象软件测试更关注于设计适当的操作序列以检查类的状态。

设计测试用例有以下几个要点。

（1）应该唯一标识每一个测试案例，并且与被测试的类建立明显的关联。

（2）陈述测试对象的一组特定状态。

（3）对每一个测试建立一组测试步骤，要思考或确定的内容包括被测试对象的一组特定状态、一组消息和操作，测试过程中可能产生的一组异常，一组外部条件，以及辅助理解和实现测试的补充信息。

类的封装性和继承性给面向对象软件的开发带来了很多好处，但却给测试带来了负面影响。一方面，面向对象软件测试用例设计的目标是类，类的属性和操作是封装的，而测试需要了解对象的详细状态；同时测试还要检测数据成员是否满足数据封装的要求，基本原则是数据成员是否被外界直接调用，即被数据成员所属的类或子类以外的类调用。另一方面，继承也给测试用例的设计带来了不少麻烦，它并没有减少对子类的测试，反而使测试过程更加复杂。如果子类和父类的环境不同，则父类的测试用例对子类没用，需要为子类设计新的测试用例。

1. 类测试用例设计

对于面向对象软件，小型测试着重测试单个类和类的封装，即类级别的测试，测试方法有随机测试、划分测试和基于故障的测试等。

（1）类级随机测试。

随机测试是针对软件在使用过程中随机产生的一系列不同的操作序列设计的测试案例，可以测试类实例的不同生存历史。

以一个记事本的应用为例简要说明。在这个应用中，类 text 有 open（打开）、new（新建）、read（读取）、write（写入）、copy（复制）、paste（粘贴）、view（查看）、save（保存）和 close（关闭）等操作。这些操作都能应用于类 text，但提出了某些约束条件。例如，在其他操作执行之前必须执行 open 操作，并且最后必须执行 close 操作。即使有这些约束，以上操作仍然有许多不

同的排列方式。text 的一个最小操作序列为 open,new,write,save,close。

另外，其他很多行为可以出现在这个序列中，即 open,new,write,[read| write| copy |paste],save,close，这样可以随机地生成一系列不同的操作序列作为测试用例，测试类实例的不同生存历史。

（2）类级划分测试。

划分测试方法与传统软件测试采用的等价类划分法类似，减少了测试类所需要的测试用例数。首先，用不同的划分方法（包括基于状态的划分方法、基于属性的划分方法、基于功能的划分方法）把输入和输出分类，然后用划分出来的每个类别设计测试用例。

下面分别介绍划分类别的方法。

基于状态的划分方法根据操作改变类状态的能力对操作进行范畴划分。仍以类 text 为例，首先将状态操作和非状态操作分开，状态操作包括 read 和 write，而非状态操作有 view，然后分别为它们设计测试用例。

测试用例 1：open,new,write,read,write,save,close。

测试用例 2：open,new,write,read,write,view,save,close。

基于属性的划分方法根据操作使用的属性对操作进行范畴划分。对于类 text，以属性 save 为例。首先根据这个属性将操作划分为 3 个范畴：使用 save 的操作、修改 save 的操作、不使用或不修改 save 的操作，然后为每个范畴设计测试序列。当然类 text 也可以使用其他属性进行划分。

基于功能的划分方法根据类操作所执行的一般功能对操作进行划分。首先将类 text 中的操作划分为初始化操作（open、new）、写入/读取操作（write、read）、保存操作（save）和关闭操作（close），然后分别为每个类别设计测试用例。

（3）类级基于故障的测试。

基于故障的测试与传统的错误推测法类似。首先，推测软件中可能出现的错误，然后设计出最可能发现这些错误的测试用例。为了推测出软件中可能存在的错误，应该仔细研究分析模型和设计模型，这在很大程度上要依靠测试人员的经验。

2. 类间测试用例设计

从面向对象的集成测试开始，设计测试用例就要考虑类间的协作，通常可以从 OOA 的类关系模型和类行为模型中导出类间测试用例。

类间测试方法有随机测试、划分测试、基于场景的测试和行为测试。

随机测试和划分测试与类级随机测试、类级划分测试类似，下面主要介绍基于场景的测试和行为测试。

（1）基于场景的测试。

基于场景的测试关注的是用户做什么，这正是基于故障的测试所忽略的，即不正确的规约和子系统间的交互。当与不正确的规约关联发生错误时，软件就可能不做用户所希望的事情，这样软件质量会受影响；当一个子系统的行为所建立的环境使得另一个子系统失败时，子系统间的交互错误就会发生。

（2）行为测试。

行为测试即从动态模型导出测试用例；用状态转换图作为表示类的动态行为模型，类的状态图可以导出测试该类的动态行为的测试用例。

设计测试用例时，一方面应该覆盖所有状态，另一方面应该导出足够多的测试用例，以保证该类的所有行为都被适当地测试过。

任务实训

对类 Money 和类 MoneyBag 进行测试

一、实训目的

1. 掌握面向对象软件测试方法。
2. 能灵活应用面向对象软件测试方法进行测试用例设计。

实训资源

资源码 X-5-2

二、实训内容

1. 阅读类 Money 及类 MoneyBag 的代码，了解类的基本结构。
2. 参阅单元七的任务 7-2，掌握 JUnit 的使用方法。
3. 对类 Money 及类 MoneyBag 进行测试用例设计。
4. 依据设计的测试用例，采用 JUnit 编写测试代码并进行测试。
5. 下载实训报告，按要求填写。

复习提升

扫码复习相关内容，完成以下练习。

复习资源

资源码 F-5-2

简答题

1. 面向对象具备哪些基本特征？每个基本特征的原理是什么？
2. 面向对象软件测试的对象可以是什么？分别在什么情况下适用？
3. 在面向对象软件的集成测试中，需要注意哪些事项？

单元小结

本单元首先根据面向对象软件测试的主要特点讨论了传统软件测试的不足，进而引发对新的软件测试方法和测试策略的思考；其次以面向对象软件的特点、面向对象软件测试的阶段、面向对象软件的测试策略、面向对象软件的测试用例设计几个维度展开介绍。

面向对象的基本特征是抽象、继承、封装、重载、多态。面向对象软件测试一般包含类测试、集成测试、系统测试。

单元练习

1. 面向对象的概念是什么？
2. 面向对象软件的特点是什么？
3. 面向对象软件的测试策略是什么？
4. 面向对象软件的测试用例设计方法是什么？
5. 面向对象软件测试的目的是什么？

单元六 缺陷报告与测试管理

单元导学

缺陷报告是测试人员与软件测试项目管理人员、开发人员之间重要的沟通信息。测试人员执行测试用例发现缺陷时，不是将缺陷通过口头的方式传达给软件测试项目管理人员和开发人员，而是把缺陷按照一定的规则记录下来，形成完整的缺陷报告并提交给软件测试项目管理人员和开发人员，对缺陷进行跟踪和管理。软件测试过程通常划分为测试计划、测试用例设计、测试脚本开发、测试实施和测试总结几个阶段。在测试过程中，使用项目管理的方法对测试所需的时间、资源以及执行过程中可能存在的风险等进行监控，确保软件测试项目的时间、质量和成本在可控范围内。

本单元主要学习编写软件缺陷报告的方法，掌握软件测试项目管理的关键要素。本单元的知识和技能对接以下岗位。

- 功能测试实施岗位。
- 软件测试项目管理岗位。

学习目标

素养园地

资源码 S-6-0

- 了解缺陷的生命周期。
- 熟悉软件缺陷的属性。
- 掌握撰写缺陷报告的要素和规范。
- 掌握软件测试项目管理的方法。
- 能正确描述软件缺陷并形成缺陷报告。
- 能有效管理软件测试项目。
- 具备精益求精的工匠素养。

任务 6-1 编写缺陷报告

任务引入

缺陷报告是测试人员与软件测试项目组成员沟通交流的纽带，如果测试人员在报告缺陷时对缺陷描述不清晰，会导致测试项目管理人员对缺陷的误判，或者难以再现软件缺陷，从而影响缺陷处理的进度。因此，准确报告软件缺陷非常重要，要全面理解缺陷的各种属性以及缺陷的生命周期，掌握分离和再现软件缺陷的技巧，能有效地报告和处理缺陷，为软件测试项目的成功提供支撑。

问题导引

预习资源

资源码 Y-6-1

1. 常见的软件缺陷有哪些种类？
2. 举例说明软件缺陷有哪些属性。
3. 如何描述软件缺陷？
4. 举例说明软件缺陷的生命周期分为几个阶段。

知识准备

6.1.1 软件缺陷的种类和属性

在日常生活中，为了准确地描述一个物品，我们首先要给出该物品所属的类别，其次是物品的特征，比如颜色、大小、重量、作用等，使其他人看到这些描述时便能快速地判断物品具体是什么。同样，当测试人员发现软件缺陷后，需要准确、规范地报告软件缺陷，那么就要知道软件缺陷有哪些种类、属性，当测试人员获取到详细信息，就能判断是否需要处理缺陷、让谁处理缺陷。缺陷处理人员也能根据缺陷报告迅速定位并处理缺陷。

1. 软件缺陷的种类

每一类软件的开发都需要各种角色（比如项目经理、架构工程师、测试人员、用户等）的参与，不同角色划分的缺陷种类不尽相同，这里主要从软件的直接使用者——用户的视角出发来讨论软件缺陷的种类，具体如下。

（1）功能不正常。

软件实现的功能与需求规格说明书中描述的功能不一致、没有实现需求中的功能或实现了需求中没有描述的功能。比如资产管理系统的需求规格说明书中要求登录时有资产管理员、系统管理员和资产领导三种角色，但测试时发现多了一个普通用户角色。

（2）操作不便利。

软件设计时需要从用户的角度充分考虑其操作的便利性，要满足用户常见的使用习惯，这有利于软件更好地被用户接受。比如多数系统的登录页面，输入正确的登录信息后，按 Enter 键便会自动进入系统；进入页面时光标会自动停留在输入框以方便用户输入信息等，这些要求即使在

需求规格说明书中没有提及，软件设计者也应该考虑，否则不符合用户的操作习惯，也会被认定为缺陷。

（3）软件结构规划不合理。

这主要是在高层功能的规划和组织时容易出现的问题。例如 WPS 文字的“繁转简”和“简转繁”功能，我们在搜索引擎上会发现很多关于该功能的提问，通常我们认为该功能应该设置在用于编辑文字的“开始”选项卡中，但该功能却设计在了“审阅”选项卡中。有一种可能是早期 WPS 文字没有此功能，后来为了给审阅者提供繁体阅读模式，才在“审阅”选项卡中添加了此功能，但这对于编辑者来说，其结构规划就不太合理。

（4）提供的功能不充分。

这个问题与功能不正常不同，指的是软件提供的功能在运作上正常，但对使用者而言却不完整。即使软件的功能运作结果符合设计的要求，测试人员在测试结果的判断上，也必须从使用者的角度进行思考。例如需求规格说明书中要求打印报表，即单击“打印”按钮直接打印纸质报表，但通常用户需要先预览再打印，从用户角度出发还应该增加“预览”的功能。

（5）操作互动性不佳。

一款好的软件需与软件的用户之间建立良好的互动。在用户使用软件的过程中，软件必须很好地响应或做出较好的操作引导。例如，用户在注册时，填写相关信息后单击“注册”按钮可以提交请求，可是按 Enter 键却不能提交。这个问题产生的原因就是软件设计者缺乏对互动性的考虑。

（6）使用性能不佳。

软件功能正常，但性能不佳，这也是缺陷。此类缺陷通常是开发人员采用了错误的解决方案或使用了不恰当的算法导致的。这样的问题通常在系统测试阶段才会被发现，解决此类缺陷将会付出极大的代价，因此在做需求分析和系统设计时，必须进行充分的审核和评审。

（7）错误处理不全面。

软件除了避免出错，还要做好错误处理，许多软件之所以会产生错误，就是因为程序本身缺少对错误和异常的处理。例如软件中的除法功能，如果开发人员实现该功能时未考虑除数不能为 0 的情况，当用户进行除数为 0 的除法运算时，程序会异常中止，导致严重的软件缺陷。

（8）边界错误。

缓冲区溢出曾经是网络攻击的常用方式，而这个缺陷就属于边界错误的一种。简单来说，程序本身无法处理超越边界所导致的错误。而这个缺陷，除了与编程语言所提供的函数存在问题有关，很多情况下是由于开发人员在声明变量或使用边界范围时的疏忽导致的。例如同一变量在应用程序和数据库中设计的数据类型不一致时，常常会出现数据溢出错误。

（9）计算错误。

只要是计算机程序，就必定会涉及数学计算。软件之所以会出现计算错误，大部分原因是采用了错误的数学运算公式或未将累加器初始化为 0。

（10）使用一段时间所产生的错误。

这类问题是指程序开始运行是正常的，但运行一段时间后却出现了故障。最典型的例子就是数据库的查找功能。某些软件在刚开始使用时，信息查找功能运作良好，但在使用一段时间后发现，进行信息查找所需的时间越来越长。分析发现，程序采用的信息查找方式是顺序查找，随着数据库信息的增加，查找时间变长。

（11）控制流程的错误。

控制流程的好坏取决于开发人员对软件开发的态度及程序设计是否严谨。用软件安装程序解释这类问题最方便、直观。用户在进行软件安装时，输入用户名和一些信息后，软件就直接进行了安装，未提示用户变更安装路径等。这就是软件控制流程不完整导致的错误。

（12）在大数据量的压力下产生的错误。

进行大数据量压力测试对服务器级的软件是必须的，因为服务器级的软件对稳定性的要求远比其他软件高。通常连续的大数据量压力测试是必须实施的，如先让程序处理超过 10 万笔数据信息，再来观察程序运行的结果。

（13）在不同硬件环境下产生的错误。

这类问题的产生与硬件环境的不同相关。如果软件与硬件设备有直接关系，出现此问题的概率将会非常高。例如有些软件在特殊品牌的服务器上运行就会出错，这是由于不同的服务器内部硬件采用了不同的处理机制。

（14）版本控制不良导致的错误。

出现这样的问题是因为项目管理的疏忽。例如一个软件被反映有安全上的漏洞，后来软件公司也很快将修复版本提供给用户。但在一年后他们推出新版本时，却忘记将这个漏洞的解决方案加入新版本中。所以对用户来说，原本的问题已经解决了，但新版本升级之后问题又出现了。这就是版本控制问题导致合并不同基线的代码时出现误差，使得产品质量也出现了偏差。

（15）软件文档的错误。

软件文档错误包括软件所附带的使用手册、说明文档及其他相关的软件文档内容中的错误。错误的软件文档不仅降低了软件质量，而且容易误导用户。

2. 软件缺陷的属性

发现软件缺陷后，是否需要处理、交由谁来处理、如何处理、什么时候处理等都需要进行一系列判断，判断的依据是什么呢？通过软件缺陷的属性对软件缺陷进行全面、准确、专业的描述，能为软件测试项目组提供缺陷判断和处理的依据。

通常，软件缺陷的属性包括缺陷标识、缺陷描述、缺陷类型、缺陷严重程度、缺陷产生的可能性、缺陷的优先级、缺陷状态、缺陷的起源、缺陷的来源、缺陷的根源等。

（1）缺陷标识：其作用与数据库中表的主键类似，是用来唯一标记某个缺陷的一组字符串或者数字。缺陷标识以项目为单位，可以由测试人员指定，也可以由软件缺陷追踪管理系统自动生成。

（2）缺陷描述：缺陷发生时的详细信息，比如操作的具体步骤、输入的数据、运行的环境等。

（3）缺陷类型：根据缺陷的自然属性划分的缺陷类型，如表 6-1-1 所示。

表 6-1-1　缺陷类型

缺陷类型	描述
功能缺陷	影响了软件系统功能、逻辑的各种缺陷
界面缺陷	影响了用户界面、人机交互特性，包括屏幕格式、用户输入灵活性、结果输出格式等方面的缺陷
文档缺陷	影响了软件的发布和维护，包括注释、用户手册、设计文档等的缺陷
软件配置缺陷	由软件配置库、变更管理或版本控制引起的缺陷
性能缺陷	不满足系统可测量的属性值，如执行时间、事务处理速率等
系统/模块接口缺陷	与其他组件、模块、设备驱动程序、调用参数、控制块或参数列表等不匹配、有冲突等

（4）缺陷严重程度：软件缺陷对软件质量的破坏程度，反映其对软件和用户的影响。各个企业的划分标准大同小异，大致可以分为 4 个等级，如表 6-1-2 所示。

表 6-1-2　　缺陷严重程度

缺陷严重程度	描述
致命	系统任何一个主要功能完全丧失，影响范围广，涉及整个软件
严重	系统的主要功能部分丧失，次要功能全部丧失，系统所提供的功能或服务受到明显的影响，但系统的稳定性不受影响
一般	系统的次要功能部分丧失，但不影响用户的正常使用
较小	使用户不方便或遇到麻烦，但它不影响功能的操作和执行

（5）缺陷产生的可能性：缺陷发生的可能性，一般分为总是、通常、有时、很少等，如表 6-1-3 所示。

表 6-1-3　　缺陷产生的可能性

缺陷产生的可能性	描述
总是	每次都能产生这个软件缺陷，其产生的概率是 100%
通常	按照测试用例步骤执行，通常情况下会产生这个软件缺陷，其产生的概率是 80%～90%
有时	根据测试用例步骤执行，有时候产生这个软件缺陷，其产生的概率是 30%～50%
很少	根据测试用例步骤执行，很少产生这个软件缺陷，其产生的概率是 1%～5%

（6）缺陷的优先级：表示处理软件缺陷的先后顺序。缺陷的优先级会随着项目的进度、人员的安排、修复缺陷的难度等因素发生改变。缺陷的优先级可分为 4 个等级，如表 6-1-4 所示。

表 6-1-4　　缺陷的优先级

缺陷的优先级	描述
高	缺陷导致系统几乎不能使用或者测试不能继续，需要立即修复
较高	缺陷严重，与需求规格说明书中描述的功能不一致，需要优先考虑修复
一般	缺陷需要按照顺序排队等待修复，但在产品发布之前需修复完成
低	开发人员可以根据项目情况，等有时间的时候再修复该缺陷

缺陷的严重程度和优先级是含义不同但是联系紧密的两个概念。一般情况下，严重程度高的软件缺陷应该具有较高的优先级，严重程度高说明缺陷对软件造成的影响较大，需要优先处理，而严重程度低的缺陷可能只是软件不太尽善尽美，可以稍后处理。但是严重程度和优先级并不总是一一对应的，有时候严重程度高的软件缺陷的优先级不一定高，而一些严重程度低的缺陷却需要及时处理，具有较高的优先级。

（7）缺陷状态：缺陷状态定义了缺陷修复过程的进度，各个状态之间按照一定的规则进行转化，使用缺陷状态能更好地管理缺陷。各个公司所定义的缺陷状态略有不同，一般包含的状态如表 6-1-5 所示。

表 6-1-5　　缺陷状态

状态	描述
激活/打开	测试人员发现并确认提交的缺陷，等待处理
已修正/修复	开发人员检查、修复过的缺陷，通过单元测试，但测试人员还未验证

续表

状态	描述
关闭/非激活	开发人员修复后，测试人员验证确实已经被修复的缺陷
推迟	因时间、人力或环境等原因不用在当前版本中解决，推迟到下一个版本中解决的缺陷
保留	由于时间、技术或第三方软件的原因，暂时无法修复的缺陷
不能再现	按照缺陷中描述的步骤不能再现的缺陷，需要测试人员检查并确认
不是缺陷	测试人员误报的缺陷
需要更多信息	测试人员提交的信息不全，需要测试人员补充缺陷产生时的图片、文件或视频等信息的缺陷

（8）缺陷的起源：测试人员首次发现缺陷时软件所处的阶段。按照软件的生命周期，缺陷的起源可分为需求、架构、设计、编程、测试、用户等，具体如表 6-1-6 所示。

表 6-1-6　　缺陷的起源

缺陷的起源	描述
需求	在需求阶段发现的缺陷
架构	在系统架构设计阶段发现的缺陷
设计	在程序设计阶段发现的缺陷
编程	在编程阶段发现的缺陷
测试	在测试阶段发现的缺陷
用户	在用户使用阶段发现的缺陷

（9）缺陷的来源：指软件缺陷发生的地方，如代码、文档等，如表 6-1-7 所示。

表 6-1-7　　缺陷的来源

缺陷的来源	描述
需求规格说明书	需求规格说明书的错误或不清楚引起的缺陷
设计文档	设计文档描述不准确、与需求规格说明书不一致引起的缺陷
系统集成接口	系统各模块参数不匹配、开发组之间缺乏协调引起的缺陷
数据流（库）	数据字典、数据库中的错误引起的缺陷
程序代码	代码中的问题所引起的缺陷

（10）缺陷的根源：造成软件缺陷的根本因素，在测试总结时更关注缺陷的根源，以提高对软件开发流程的管理水平，如表 6-1-8 所示。

表 6-1-8　　缺陷的根源

缺陷的根源	描述
测试策略	错误的测试范围、误解测试目标、超越能力的目标等
过程、工具和方法	无效的需求收集过程、不严格的风险管理过程、不适用的项目管理方法、无效的变更控制过程等
团队/人	项目团队职责交叉，人员缺乏培训，或项目团队没有经验、缺乏士气等
缺乏组织和通信	缺乏用户参与、职责不明确、管理失败等
硬件	硬件配置不对、缺乏，或处理器缺陷导致算术精度丢失、内存溢出等
软件	软件配置不对、缺乏，或操作系统错误导致无法释放资源、工具软件的错误等

6.1.2 软件缺陷的生命周期

软件开发的生命周期指软件从开始构思与研发到不再使用而消亡的过程，软件缺陷和软件开发一样也有自己的生命周期。通常，软件缺陷的生命周期指从一个软件缺陷被发现、打开到这个缺陷被修复，直到最后关闭的完整过程，如图 6-1-1 所示。

图 6-1-1 软件缺陷的生命周期

（1）发现→打开：测试人员找到软件缺陷并将软件缺陷提交，此时缺陷处于“打开”状态。

（2）打开→修复：开发人员分析、修复缺陷，然后提交给测试人员去验证，此时缺陷处于“修复”状态。

（3）修复→关闭：测试人员验证修复过的软件，关闭已不存在的缺陷，此时缺陷处于“关闭”状态。

在理想情况下，软件缺陷的处理过程就是依次经历发现、打开、修复和关闭这 4 个阶段，但在实际的工作中会遇到各种各样的情况，比如开发人员分析缺陷时发现缺陷无法再现、修复的缺陷经测试人员验证仍存在、开发人员暂时无法修复缺陷等，这些特殊的情况让软件缺陷的生命周期变得更加复杂。

6.1.1 小节介绍了软件缺陷的状态，这些状态分别表示缺陷处于其生命周期的不同时期。下面通过缺陷状态的变化来说明复杂的软件缺陷生命周期，如图 6-1-2 所示。

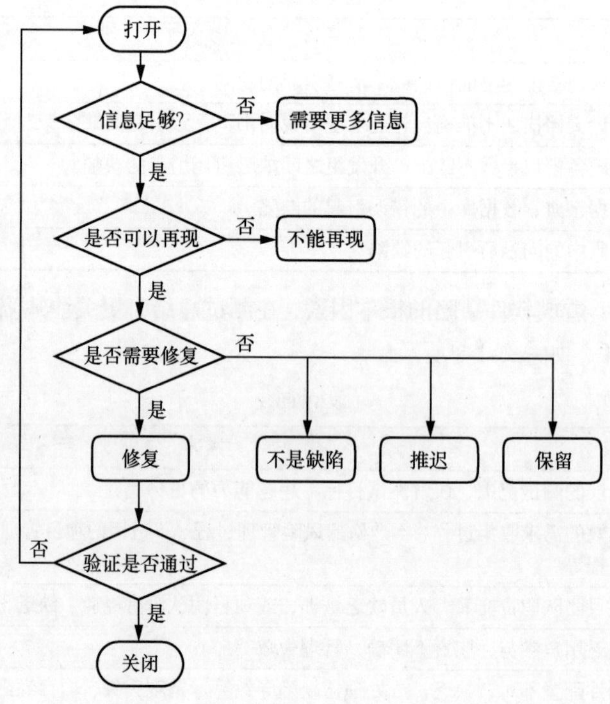

图 6-1-2 复杂的软件缺陷生命周期

（1）测试人员发现缺陷后，将缺陷提交给软件测试项目管理人员，此时缺陷处于“打开”状态。

（2）软件测试项目管理人员接收缺陷后，对缺陷进行审核。如果缺陷信息不完整，缺少关键信息，则将缺陷状态设置为“需要更多信息”，否则将其指派给对应的开发人员进行处理。

（3）开发人员按照缺陷优先级处理各个缺陷，根据缺陷中的描述进行操作，如果无法再现缺陷，则将缺陷状态设置为“不能再现”；如果可以再现，则判断是否需要修复，对于不需要修复的缺陷，根据不修复的原因将其设置为对应的状态；对于需要修复的缺陷，修复完成后将其状态设置为“修复”，等待测试人员进行验证。

（4）测试人员验证开发人员所修复的缺陷，如果缺陷已经修复成功，则将其状态设置为“关闭”，完成缺陷处理，否则需要将缺陷重新激活，设置为“打开”状态。

软件缺陷一旦发现，便处于测试人员、开发人员、软件测试项目管理人员的严格监控之中，直至软件缺陷生命周期终结。这样可以保证在较短时间内高效率地关闭所有的缺陷，缩短软件测试的时间，提高软件质量，同时减少开发和维护的成本。

6.1.3　分离和再现软件缺陷

为了便于开发人员有效地再现软件缺陷，测试人员要清晰、准确地报告软件缺陷。对于运行场景简单的缺陷，如果按照软件缺陷的有效描述规则描述其具体步骤和条件，该缺陷就容易再现；但是有些缺陷对软件运行的环境、时间和操作步骤等有较大的依赖性，缺陷出现的随机性较大，漏掉其中任意一个细节都可能无法再现软件缺陷，这也是对测试人员的考验。因此在报告软件缺陷时，要遵循软件缺陷分离和再现的方法，下面介绍分离和再现软件缺陷的一些常用方法和技巧。

1. 确保所有的步骤都被记录

测试人员要详细地记录测试过程中的每一个操作，比如单击了什么按钮、在下拉框中选择了什么数据、停顿了多长时间等信息。不要遗漏了自认为不关键的步骤或者新增多余的步骤，否则可能导致软件缺陷无法再现。除了使用文字来记录，还可以借助视频、图片等方式来更完整地记录执行步骤，确保导致软件缺陷所需的全部细节都是可见的。

2. 关注缺陷出现时的特定条件和时间

许多软件功能在通常情况下能正常运行，但是在某种特定条件下会出现缺陷，所以不要忽视那些看起来很细微但实则很有必要的特定条件。观察缺陷是否仅在特定时刻出现、缺陷产生时的网络情况、在不同的硬件设备或环境中运行时是否都会出现缺陷、测试人员操作的速度是否过快或过慢。这些时间和运行条件方面的因素将直接影响软件缺陷的分离和再现。

3. 注意软件的边界条件、内存容量和数据溢出的问题

在测试过程中，一些与边界条件相关的软件缺陷（如内存容量不足和数据溢出等问题）不经常出现，只有当条件满足时才会被触发且显露出来。比如在 ERP 系统中，企业每月销售总额单位为分，保存该字段的变量类型为 int，而 int 的最大值是 $2^{31}-1$，只有当某月的销售总额超过这个值时，软件缺陷才会出现。这种隐蔽性较高的缺陷需要测试人员具备全面的专业知识。

4. 注意事件发生次序导致的软件缺陷

软件缺陷有时和事件的先后顺序有关，仅在软件第一次运行时或者第一次运行之后出现；软

件缺陷可能出现在保存数据之后，或者按任何键之前。这样的软件缺陷看起来好像与时间和运行条件相关，其实仔细分析就会发现它主要与事件发生次序相关。

5. 考虑资源依赖性

软件在运行过程中不可避免地要消耗内存、网络、CPU 等资源，而一台服务器上可能会运行多个软件，所以软件之间容易出现资源竞争的情况，从而影响软件的正常运行。在测试过程中要关注软件缺陷出现时是否也运行了其他的软件；考虑软件对内存、网络等资源的依赖程度，以便于分离软件缺陷。

6. 不要忽视硬件

软件的运行与硬件密不可分，在测试过程中也要关注硬件的运行情况。比如 CPU 是否过热、内存条是否松动、硬盘是否有损坏等，这些硬件问题都有可能影响软件的正常运行。若忽视硬件问题会导致用户误认为软件有缺陷。

即使有些缺陷测试人员无法成功分离，仍需要尽可能详细地记录。因为开发人员熟悉代码，因此看到缺陷出现的现象、测试用例步骤，特别是分离缺陷的过程时，可能就会发现关于软件缺陷的线索。当遇到那些难以分离和再现的软件缺陷时，需要测试小组的共同努力。

6.1.4 报告软件缺陷

测试人员发现缺陷后，将缺陷记录在缺陷报告中，通过缺陷报告将缺陷告知开发人员，以便跟踪和管理缺陷。缺陷报告是测试过程中最重要的输出产物之一，良好的缺陷报告可以帮助开发人员快速理解问题、修复缺陷；便于测试人员对缺陷进行统计、分析和跟踪管理，也是提高软件质量的重要保障。可见，缺陷报告的质量对整个项目团队而言具有重要的意义。

（1）可以减少开发人员退回的缺陷数量，节省开发人员与测试人员的时间和精力。

（2）加快缺陷修复的速度，使项目能够持续地进行。

（3）提高开发人员对测试人员测试能力的认可度和信任度。

（4）加强开发人员、测试人员和管理人员之间的团队合作，提高工作效率。

（5）更加高效地提高软件质量，保证项目高质量、按时地完成。

1. 报告软件缺陷的基本原则

报告软件缺陷的目的是保证开发人员可以高效再现缺陷，从而有利于分析缺陷产生的原因、定位缺陷、修复缺陷。因此，报告软件缺陷的基本要求是准确、简洁、完整、规范。如何才能有效地报告软件缺陷呢？概括起来，有以下几个基本原则。

（1）尽快报告软件缺陷。

发现软件缺陷后要尽快报告，给开发人员预留充足的修复时间。发现得越早，修复得就越早，不会阻塞后面的测试。

（2）有效描述软件缺陷。

① 单一准确：每个缺陷报告只描述一个软件缺陷，如果在一个缺陷报告中报告多个软件缺陷可能导致只有一个软件缺陷得到注意和修复，不利于缺陷的跟踪和管理。

② 可以再现：软件缺陷操作步骤的准确描述是开发人员可以再现缺陷的重要保证，对步骤的描述不要偷懒，不要忽视或省略任何一项操作步骤，关键性的操作更是要描述清楚，确保开发人员按照所描述的步骤可以再现缺陷。对于实在无法再现的问题，在缺陷报告中应明确说明，并在

后续测试中持续跟踪。

③ 完整统一：提供完整的软件缺陷描述信息，包括版本号、模块名称、测试环境、期望结果、实际结果以及所需要的图片、日志文件等。

④ 短小简练：通过使用关键词，可以使软件缺陷的标题描述短小简练，同时能准确解释产生缺陷的现象。

⑤ 不忽视特定条件：许多软件功能在通常情况下没有问题，在某种特定条件下才会出现缺陷，例如网络繁忙时、业务高峰期。所以软件缺陷描述不要忽视那些看起来很细微但实则很有必要的特定条件，它们能够帮助开发人员找到线索。

⑥ 不做评价：对软件缺陷及其过程进行实事求是的描述，避免软件缺陷报告中带有个人感情色彩，软件缺陷报告应该针对软件，而不是具体的人。

2. 软件缺陷报告模板

缺陷报告是用于记录软件缺陷的文档。不同的企业对缺陷管理的流程不一样，可能有不同的缺陷报告模板，但是一个完整的缺陷报告通常应该包含表 6-1-9 所示的内容。

表 6-1-9　　软件缺陷报告模板

<table>
<tr><td>编号</td><td>25</td><td>版本号</td><td>V1.0</td></tr>
<tr><td>模块名称</td><td>供应商</td><td>缺陷类型</td><td>功能缺陷</td></tr>
<tr><td>严重级别</td><td>一般</td><td>优先级</td><td>较高</td></tr>
<tr><td>缺陷状态</td><td>已修复</td><td>测试环境</td><td>Windows 10、Firefox</td></tr>
<tr><td>发现者</td><td>张三</td><td>发现时间</td><td>2023-02-08 11:00</td></tr>
<tr><td>解决者</td><td>李四</td><td>解决时间</td><td>2023-02-09 9:00</td></tr>
<tr><td>标题</td><td colspan="3">列表中“移动电话”列未取到值，均为空</td></tr>
<tr><td>缺陷描述</td><td colspan="3">操作步骤：
1. 系统管理员登录成功，单击“供应商”
2. 查看列表中的“移动电话”列
预期结果：列表正确显示供应商的移动电话信息
实际结果：列表供应商移动电话信息均为空</td></tr>
<tr><td>附件</td><td colspan="3">全部状态 全部类型 供应商名称 查询
<table>
<tr><th>序号</th><th>名称</th><th>类型</th><th>状态</th><th>联系人</th><th>移动电话</th><th>地址</th><th>创建时间</th><th>操作</th></tr>
<tr><td>1</td><td>小米</td><td>生产商</td><td>已启用</td><td>张三</td><td></td><td></td><td>2022-08-26 15:58:58</td><td>修改 禁用</td></tr>
<tr><td>2</td><td>维信科技发展有限公司</td><td>生产商</td><td>已禁用</td><td>张先生</td><td></td><td>辽宁省沈阳市</td><td>2022-08-25 11:36:58</td><td>修改 启用</td></tr>
<tr><td>3</td><td>北京理想科技股份有限公司</td><td>代理商</td><td>已启用</td><td>丁先生</td><td></td><td></td><td>2022-08-25 11:36:58</td><td>修改 禁用</td></tr>
<tr><td>4</td><td>深圳华亮科技公司</td><td>零售</td><td>已启用</td><td>丁先生</td><td></td><td></td><td>2022-08-25 11:36:58</td><td>修改 禁用</td></tr>
<tr><td>5</td><td>辽宁异界公司</td><td>代理商</td><td>已启用</td><td>丁先生</td><td></td><td></td><td>2022-08-25 11:36:58</td><td>修改 禁用</td></tr>
<tr><td>6</td><td>北京合力科技有限公司</td><td>生产商</td><td>已禁用</td><td>丁先生</td><td></td><td></td><td>2022-08-25 11:36:58</td><td>修改 启用</td></tr>
</table></td></tr>
</table>

（1）编号。

指定软件缺陷报告的唯一 ID，用于识别、跟踪和查询缺陷。

（2）版本号。

缺陷存在的软件版本。

（3）模块名称。

出现缺陷的功能模块（方便测试项目管理人员根据模块定位该缺陷的负责人）。

（4）缺陷类型。

参考 6.1.1 小节中关于缺陷类型的描述。

（5）严重级别。

参考 6.1.1 小节中关于缺陷严重程度的描述。

（6）优先级。

参考 6.1.1 小节中关于缺陷的优先级的描述。

（7）缺陷状态。

参考 6.1.1 小节中关于缺陷状态的描述。

（8）测试环境。

详细描述测试的运行环境，为缺陷的再现提供必要的环境信息。比如，操作系统的类型与版本、浏览器的种类和版本、被测软件的配置信息、集群的配置参数、中间件的版本信息等。测试环境通常只描述那些与再现缺陷相关的环境敏感信息。

（9）发现者。

发现缺陷的人员信息，比如工号、用户名、姓名等。

（10）发现时间。

测试人员提交缺陷的时间，一般是当天。

（11）解决者。

修复这个软件缺陷的人员。

（12）解决时间。

修复缺陷的时间。

（13）标题。

缺陷标题是对缺陷简明扼要的描述，通常采用“在什么情况下发生了什么问题”的模式，应该尽可能描述问题本质，避免只停留在问题的表面。对问题的描述不仅要做到清晰简洁，最关键的是要足够具体，切忌采用过于笼统的描述，比如“页面排版不够美观”“登录报错”“统计金额有误”等。

（14）缺陷描述。

描述软件缺陷的本质与现象，是缺陷标题的细化。一般由操作/再现步骤、预期结果和实际结果 3 个部分组成，具体说明如下。

① 操作/再现步骤：软件缺陷具体是如何产生的，描述语言要简单明了、准确无误。这些信息对开发人员至关重要，应将其看作软件缺陷修复的向导。

② 预期结果：应当与用户需求、产品设计规格说明书、测试用例标准一致，实现软件的预期功能。测试人员应站在用户的角度对预期结果进行描述，它提供了以后验证缺陷的依据。

③ 实际结果：测试人员所收集到的测试结果和信息，用来确认该软件缺陷的确是一个真实存在的错误，并应标记出影响软件缺陷表现的要素。

（15）附件。

附件通常用于为缺陷的存在提供必要的证据支持，常见的附件有页面截图、测试用例日志、服务器端日志、GUI 测试的执行视频等。

任务实训

编写资产管理系统中“修改资产类别”功能的缺陷报告

一、实训目的

1. 了解缺陷报告的基本构成。

2. 能够准确描述软件缺陷，编写缺陷报告。

二、实训内容

1. 理解被测功能的需求。

实训资源
资源码 X-6-1

在资产管理系统中，系统管理员角色的“资产类别”模块中“修改资产类别”功能的需求描述如下。

（1）在“资产类别”页面，单击“修改”按钮，弹出“修改资产类别”对话框，该对话框中显示“类别名称”及“类别编码”的原值。

（2）类别名称：必填项，显示原值，修改时不能与系统内已存在的资产类别名称重复，长度限制在 10 个（含 10 个）字符以内，字符格式为“中文”。

（3）类别编码：必填项，显示原值，修改时不能与系统内已存在的资产类别编码重复，长度限制在 6～8 个（含 6 个和 8 个）字符以内，字符格式为“字母及数字的组合”。

（4）单击“保存”按钮，保存当前的编辑内容，关闭当前对话框，回到“资产类别”页面，该页面的相应内容随之更新。

（5）单击“取消”按钮，不保存当前的编辑内容，关闭当前对话框，回到“资产类别”页面，该页面的相应内容保持不变。

2. 撰写缺陷报告。

测试实施时，单击“修改”按钮，弹出“修改资产”对话框，如图 6-1-3 所示，必填项使用红色星号“*”标注。

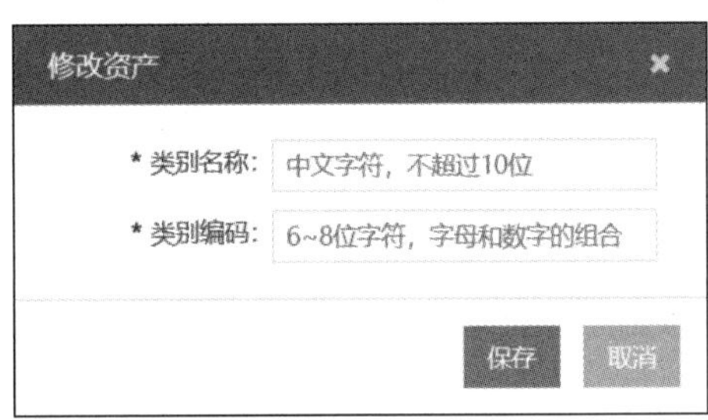

图 6-1-3　“修改资产”对话框

请下载实训报告，根据“修改资产类别”功能的需求描述找出缺陷并按照要求完成缺陷报告。

复习提升

复习资源
资源码 F-6-1

扫码复习相关内容，完成以下练习。

一、选择题

1. 功能或特性没有实现，主要功能部分丧失，次要功能完全丧失，这属于软件缺陷严重程度中的（　　）。

A. 致命的缺陷　　B. 严重的缺陷

C. 一般的缺陷　　D. 较小的缺陷

2. 软件缺陷的状态有（　　）。

A. 打开状态　　B. 修复状态

C. 关闭状态　　D. 以上全部

3. 缺陷还没有解决、测试人员新报告的缺陷或验证后缺陷仍然存在，这些缺陷所处的状态是（　　）。

A. 打开状态　　B. 非打开状态

C. 关闭状态　　D. 修复状态

4. 不属于软件缺陷类型的是（　　）。

A. 功能缺陷　　B. 性能缺陷

C. 测试缺陷　　D. 文档缺陷

5. 下面关于软件缺陷的描述错误的是（　　）。

A. 一个软件缺陷报告可以描述多个缺陷

B. 缺陷报告要描述出现缺陷的精确步骤，使开发人员能看懂，可以再现并修复缺陷

C. 软件缺陷的标题描述要短小简练，描述问题本质，避免只停留在问题的表面

D. 软件缺陷描述不要带有个人观点，不要对开发人员进行评价

6. 关于缺陷严重程度和优先级的说法正确的是（　　）。

A. 缺陷严重程度越高，优先级越高

B. 功能性缺陷总是最为严重的，而软件界面类缺陷严重程度是比较低的

C. 软件缺陷的优先级一旦设置好，就不能再变动

D. 严重程度高的缺陷，优先级不一定高

7. 以下更接近优秀的缺陷标题的是（　　）。

A. 英文单词的连字符不管用　　B. 警告：该命令产生了错误的结果

C. 复制功能效率低下　　D. 插入的引号成为特殊符号

8. 以下是缺陷的最大来源的是（　　）。

A. 需求规格说明书　　B. 程序代码

C. 设计文档　　D. 用户使用阶段

9.（　　）指软件缺陷对软件质量的破坏程度，即此软件缺陷的存在将对软件产生怎样的影响。

A. 缺陷的优先级　　B. 缺陷严重程度

C. 缺陷产生的可能性　　D. 缺陷类型

10. 下列不属于分离和再现软件缺陷的技巧的是（　　）。

A. 设计阶段注意软件的边界条件、内存容量和数据溢出的问题

B. 考虑资源依赖性和内存、网络、硬件共享的相互作用

C. 只需要记录关键的步骤

D. 关注缺陷出现时的特定条件和时间

二、判断题

1. 所有缺陷必须修复好才能发布软件。（　　）

2. 提交无法再现的缺陷报告会被开发人员质疑，所以在再现之前，不要提交软件缺陷，等能够再现该缺陷时再提交。(　　)

3. 缺陷报告可以加快缺陷修复的速度，使项目能够持续地进行。(　　)

4. 提交一个缺陷后，如果开发人员说不是缺陷，一定要尽量说服开发人员去处理。(　　)

5. 由于各种原因，被发现的缺陷有可能是不予修复的。(　　)

任务 6-2　模拟软件测试项目管理

任务引入

软件测试在软件生命周期中占有非常重要的地位，是保证软件质量的重要手段。根据巴利·玻姆（Barry W.Boehm）的统计，在软件开发中，用在测试上的开销要占总开销的 40%～50%。软件测试不是在软件开发完成以后才开始的，而是从需求分析开始就应介入的工作，贯穿软件开发的全程。和其他工程一样，必须运用项目管理的方法和理论进行科学管理，才能保证软件测试项目按时、保质并在预算范围内完成。

问题导引

1. 软件测试项目管理有哪些基本特征？
2. 主要的软件测试文档有哪些？简述它们的作用。
3. 什么是软件测试过程控制？
4. 软件测试时如何进行风险管理？

预习资源

资源码 Y-6-2

知识准备

6.2.1　软件测试项目管理概述

1. 软件测试项目

软件测试项目是在一定的组织机构内，利用有限的人力和财力等资源，在指定的环境和要求下，对特定软件完成特定测试目标的阶段性任务。该任务应满足一定的质量、数量和技术指标等要求。

软件测试项目的基本特征如下。

（1）独特性。

每个测试项目都有属于自己的一个或几个预定的、明确的目标，都有时间期限、费用、质量和技术指标等方面的明确要求。

（2）组织性。

测试项目需要一定数量的人员参与。在测试过程中，参与的人员可以有多种类型，但必须按照一定的规律进行组织和分工。在完成项目测试后，该项目的组织将会自动解散。

（3）具有生命周期。

测试项目从开始到结束的过程称为测试项目的生命周期。通常将项目的生命周期分成若干阶段，即测试项目启动阶段、计划阶段、实施阶段和收尾阶段。

（4）资源消耗特性。

测试项目的完成需要一定的资源，这些资源的类型是多种多样的，包括人力资源、经费、硬件设施、软件工具以及执行项目过程中所需要使用的其他资源。

（5）目标冲突性。

每个测试项目都会在实施的范围、时间、成本等方面受到一定的制约，这种制约被称为三约束。为了取得测试项目的成功，必须同时考虑范围、时间、成本这3个主要因素。而这些因素不总是一致的，往往会出现冲突，如何平衡它们也是影响测试是否能成功的重要因素。

（6）智力密集、劳动密集性。

软件测试项目具有智力密集、劳动密集的特点，受人力资源影响最大，项目成员的结构、责任心、能力和稳定性对测试执行和软件质量有很大的影响。

（7）不确定性。

每个测试项目都是唯一的，但有时很难确切定义测试项目的目标、准确的质量标准、任务的边界以及确定什么时候软件测试可以结束等，对于软件测试所需要的时间和经费也很难准确地做出估算。此外，测试过程中技术、规模等方面的因素也会给测试项目的实施带来一定的风险。

由于测试项目存在以上这些特点，尤其是存在目标冲突性和不确定性，因此，优秀的测试人员和科学的管理是测试项目成功的关键。

2. 软件测试项目管理

软件测试项目管理采用项目管理技术，以软件测试项目为管理对象，通过一个临时性的专门测试组织，运用专门的软件测试知识、技能、工具和方法，对软件测试项目进行计划、组织、执行和控制，并在时间成本、软件测试质量等方面进行分析和管理。

软件测试项目管理是软件工程的保护性活动。它先于任何测试活动，并且贯穿软件测试项目的定义、计划和测试，对软件测试项目的全过程进行管理。

软件测试项目管理具有以下基本特征。

（1）系统工程的思想贯穿全过程。

软件测试项目管理将软件测试项目看成一个完整的系统，按照生命周期将其分成多个阶段，各个阶段的任务、特点和方法均不相同，任何阶段的失败或部分任务的失败都可能影响软件测试项目的结果。因此，软件测试项目管理需要相应的管理策略。

（2）先进、科学的管理理论和方法。

软件测试项目管理需采用先进、科学的管理理论和方法，例如采用目标管理、全面质量管理、技术经济分析、先进的测试工具、测试综合跟踪数据库系统等方法来进行目标和成本控制。

（3）确保测试工作顺利进行的环境。

软件测试项目管理的要点之一是创造和保持一个能使测试工作顺利进行的环境，使置身这个环境的人员能在集体中协调工作以完成预定的目标。项目组内环境、项目所处的组织环境及整个开发流程所控制的全局环境等环境要素直接关系软件测试项目的可控性。

（4）管理组织有一定的特殊性。

测试组是围绕软件测试项目本身来组织人力资源的，是临时的，是直接为该软件测试项目服务的，软件测试项目的结束意味着测试组的终结。另外，测试组又是柔性的，可以根据软件测试项目生命周期中各阶段的需要而重组和调配。测试组强调协调控制和沟通的职能，以保证软件测

试项目目标的实现。

3. 软件测试项目管理的范围

软件测试项目管理的范围可以界定项目所必须包含且只需要包含的全部工作，并对其他的软件测试项目管理工作起指导作用，以确保测试工作顺利完成。

通常，项目目标确定后，就要确定需要执行哪些工作或者活动来实现项目的目标，也就是要确定一个包含项目所有活动的一览表。通常有下面两种方法来生成这个一览表：一种是让测试小组利用“头脑风暴法”，根据经验总结，集思广益来形成，这种方法比较适合小型测试项目；另一种是对更大、更复杂的项目建立一个工作分解结构（Work Breakdown Structure，WBS）和任务一览表。

工作分解结构是将一个软件测试项目分解成易于管理的更多部分或细目，所有这些细目构成了整个软件测试项目的工作范围。它是项目团队在项目期间要完成或生产的最终细目的等级树，组织并定义了整个测试项目的范围，未列入工作分解结构的工作将排除在项目范围之外。

进行工作分解是非常重要的工作，方便估算工作量和分配工作，提高预估时间、成本和资源的准确度，它在很大程度上决定了项目能否成功。

6.2.2　软件测试文档

软件测试文档是对要执行的测试及测试结果进行描述、定义、规定和报告的所有书面或图示信息。软件测试是非常复杂的工作，它对保证软件的质量和软件的正常运行有重要意义，因此必须把对软件测试的要求、规划、测试过程等有关信息和测试结果，以及对测试结果的分析、评价等有关内容以正式的文档给出。

软件测试文档对测试阶段工作的组织、规划和管理具有重要指导和评价作用，能够很好地支持测试工作，使其顺利开展。此外，软件维护阶段常常还要进行再测试或回归测试，这时还会用到软件测试文档。软件测试文档的编写是软件测试项目管理的一个重要组成部分。

1. 软件测试文档的作用

软件测试文档主要有以下几个方面的作用。

（1）便于测试项目的管理。

软件测试文档为项目管理者提供项目计划、预算、进度等方面的信息，为组织、规划和管理测试项目提供依据，编写软件测试文档已是质量标准化的一项基本工作。

（2）促进项目组成员之间的交流与合作。

清晰、完备的软件测试文档在开发团队与测试团队之间架起了一座桥梁。它记录了项目测试过程中测试配置、测试运行、测试结果等方面的信息，有利于项目管理人员、测试人员之间的交流和合作。当项目团队有新成员加入时，软件测试文档可以指导新成员快速工作，节省了项目团队的时间，人员之间的交流可以事半功倍。

（3）决定测试的有效性。

记录测试结果的相关文档是分析测试的有效性以及软件质量的重要依据。

（4）检验测试资源。

软件测试文档不仅以文档的形式给测试过程中涉及的相关描述、定义及要完成的任务做出规定，还描述了测试过程中必不可少的资源。在实施测试计划之前，要对照软件测试文档检验这些测试资源是否已经准备好，如果所需资源尚未准备完全，那就必须及早解决。

（5）方便再测试。

在软件的迭代开发过程中，由于各种原因，往往需要对测试文档中记录的部分内容进行修改和完善，任何修改和完善的内容都需要重新进行测试，前期测试过程与结果的记录文档对后期进行重复测试意义重大，因此软件测试文档对管理测试和复用测试非常重要。

（6）评价测试结果。

软件测试的最终目的是保证软件的质量可信。测试人员在测试过程中，需要对测试数据进行记录，并根据测试情况编写测试报告，这有助于测试人员对测试工作进行总结，并识别出软件的局限性和失效的可能性。测试完成后，将测试结果与预期结果进行比较，便可对测试软件进行评价、提出意见。

（7）明确任务风险。

测试小组通过软件测试文档了解测试任务可能存在的风险，有助于测试小组提前对潜在的、可能出现的问题做好思想上和技术上的准备。

2. 软件测试文档的类型

软件测试文档按照软件测试的阶段，可分为前置作业文档和后置作业文档两大类。

前置作业文档在执行测试之前输出，包括测试计划及测试用例等；后置作业文档在执行测试之后输出，包括软件缺陷报告和测试分析报告等。

3. 主要的软件测试文档

软件测试文档在软件生命周期中至关重要，同时也是质量管理的要求。根据一定的标准编写文档，使文档有一致的外观、结构和质量等是保证文档质量的基础，能够让测试工作更好地开展。

IEEE 829-1998 也叫作软件测试文档（Software Test Documentation）的 829 标准，这里参照 IEEE 829-1998 给出所有软件测试文档的目录及常用文档的模板，在实际工作中可以根据实际情况对模板进行修改。

（1）软件测试文档。

基于 IEEE 829-1998 软件测试文档编制标准的软件测试文档模板如下所示。

IEEE 829-1998 软件测试文档编制标准

软件测试文档模板

目录

1. 测试计划
2. 测试设计规格说明书
3. 测试用例说明书
4. 测试过程规格说明书
5. 测试项记录报告
6. 测试日志
7. 测试缺陷报告
8. 测试总结报告

（2）测试计划。

测试计划主要对软件测试项目、所需要进行的测试工作、测试人员所应负责的测试工作、测

试过程、测试所需要的时间资源以及测试风险等做出预先的计划和安排。

基于 IEEE 829-1998 软件测试文档编制标准的测试计划模板如下所示。

IEEE 829-1998 软件测试文档编制标准
测试计划模板

目录

1. 测试计划标识符
2. 介绍
3. 测试项
4. 需要测试的功能
5. 方法（策略）
6. 不需要测试的功能
7. 测试项通过/失败的标准
8. 测试中断和恢复的规定
9. 测试完成所提交的材料
10. 测试任务
11. 环境需求
12. 测试人员的工作职责
13. 人员安排与培训需求
14. 进度表
15. 潜在的问题和风险
16. 审批

（3）测试设计规格说明书。

测试设计规格说明书细化了测试计划中的测试方法，并且给出需要通过这些方法测试的功能点范围。基于 IEEE 829-1998 软件测试文档编制标准的测试设计规格说明书模板如下所示。

IEEE 829-1998 软件测试文档编制标准
测试设计规格说明书模板

目录

1. 测试设计规格说明书标识符
2. 待测试功能点
3. 测试方法细化
4. 测试标识符
5. 功能通过/失败标准

（4）测试用例说明书。

测试用例说明书用于描述测试用例。基于 IEEE 829-1998 软件测试文档编制标准的测试用例说明书模板如下所示。

IEEE 829-1998 软件测试文档编制标准

测试用例说明书模板

目录

1. 测试用例规格说明书标识符
2. 测试项
3. 输入规格说明
4. 输出规格说明
5. 环境要求
6. 过程中的特殊需求
7. 依赖关系

（5）测试过程规格说明书。

测试过程规格说明书用于指定执行一组测试用例的步骤。基于 IEEE 829-1998 软件测试文档编制标准的测试过程规格说明书模板如下所示。

IEEE 829-1998 软件测试文档编制标准

测试过程规格说明书模板

目录

1. 测试过程规格说明书标识符
2. 目的
3. 特殊要求
4. 测试过程步骤

（1）记录
（2）准备
（3）开始
（4）进行
（5）度量
（6）中止
（7）重新开始
（8）停止
（9）描述恢复环境所需的活动
（10）应急措施

（6）测试项记录报告。

测试项记录报告用于记录测试项在测试过程中的传递过程，包括物理位置及状态等。基于 IEEE 829-1998 软件测试文档编制标准的测试项记录报告模板如下所示。

IEEE 829-1998 软件测试文档编制标准
测试项记录报告模板

目录
1. 测试项记录报告标识符
2. 所记录的测试项
3. 物理位置
4. 状态
5. 审批

（7）测试日志。

测试日志记录测试的执行情况，提供关于测试执行详细的时序信息。基于 IEEE 829-1998 软件测试文档编制标准的测试日志模板如下所示。

IEEE 829-1998 软件测试文档编制标准
测试日志模板

目录
1. 测试日志标识符
2. 描述
3. 活动和事件信息
（1）执行情况描述
（2）执行结果
（3）环境信息
（4）异常事件
（5）缺陷报告标识符

（8）测试缺陷报告。

测试缺陷报告用来描述那些出现在测试过程中的异常情况，这些异常情况可能存在于需求、设计、代码、文档或测试用例中。基于 IEEE 829-1998 软件测试文档编制标准的测试缺陷报告模板如下所示。

IEEE 829-1998 软件测试文档编制标准
测试缺陷报告模板

目录
1. 测试缺陷报告标识符
2. 缺陷总结
3. 缺陷描述，包括以下分项
（1）输入
（2）预期结果

（3）实际结果
（4）异常情况
（5）日期和时间
（6）测试步骤
（7）测试环境
（8）再现测试
（9）测试人员
（10）观察人员
4．影响

（9）测试总结报告。

测试总结报告用于报告某个测试的完成情况。基于 IEEE 829-1998 软件测试文档编制标准的测试总结报告模板如下所示。

IEEE 829-1998 软件测试文档编制标准
测试总结报告模板

目录

1．测试总结报告标识符
2．总结
3．差异
4．综合评估
5．结果总结
6．评价
7．活动总结
8．审批

6.2.3 软件测试的组织与人员管理

软件测试过程离不开人的参与，高素质的测试人员是软件测试项目成功的前提。将测试人员有效地组织起来，更好地发挥他们的能动性是软件测试项目成功的关键因素之一。

软件测试的组织与人员管理是对软件测试项目相关人员在组织形式、人员组成及职责方面所做的规划和安排。在此过程中应做到尽快落实责任、减少沟通成本以及明确责任，以便高效地实现项目目标。

1．测试人员角色

为了让测试团队的每个成员都清楚自己的任务，并使每个任务都落实到具体的责任人，测试团队管理者应当明确定义测试人员的角色和职责。典型测试人员的角色如下。

（1）测试工程师。

测试工程师是缺陷的发起者，主要负责发现缺陷、提交缺陷、验证修复的缺陷、将测试结果

记录到文档中。

（2）测试项目管理者。

测试项目管理者对测试工程师提交的缺陷进行审核，以确定缺陷是不是真实有效，避免提交无效或重复的缺陷。

2. 测试人员的组织结构

将测试人员通过一定的模式按照责任和关系进行安排，使大家能够通过这种组织结构充分发挥自己的能力与作用，在组织设计人员结构时要充分考虑以下因素。

（1）集中还是分散：测试人员可以集中管理，也可以分散于各个业务组，分散于业务组有利于测试人员了解业务需求，集中管理有利于保持测试的独立性。

（2）功能还是项目：测试组织可以面向功能，也可以面向项目。

（3）垂直化还是扁平化：垂直的组织结构从管理者到测试人员呈金字塔状，下级人员只接收一个上级的指令，各级负责人对下属的一切问题负责，其优点是结构比较简单、责任分明、命令统一。扁平化的方式减少了管理层次，在测试工作中效率较高。

测试人员的组织结构形式有多种，根据企业文化、管理水平、成员的能力水平及软件的不同，可以选择合适的测试人员的组织结构。常见的测试人员的组织结构有以下两种形式。

（1）独立的测试小组：测试人员和开发人员属于各自独立的部门。将测试人员和开发人员分开有利于保持测试人员的独立性，能让测试流程和规范更好地得到执行。

（2）测试人员与开发人员同属一个部门：测试人员与开发人员一起工作可以减少开发人员与测试人员合作时的不利因素，会极大地方便交流和沟通。

3. 测试人员之间的沟通

良好的沟通是保证软件测试项目顺利进行的基础，一个项目小组成员之间及时又高效的沟通形式是以下多种交流方式的有机组合。

（1）正式的非个人交流方式，例如正式会议等。

（2）正式的个人之间的交流方式，例如成员之间的正式讨论等。

（3）非正式的个人之间的交流方式，例如个人之间的自由交流等。

（4）电子通信方式，如飞书、QQ、微信、钉钉等。

4. 测试人员管理的激励机制

软件测试工作需要每个成员都有高度的责任感、全身心投入，所以必须建立良好的激励机制，将员工对组织及工作的承诺最大化。有效的激励机制能调动测试人员的工作积极性，将员工潜力充分发掘出来。激励机制的关键点如下。

（1）激励机制要从结果均等转移到机会均等，并努力创造公平的竞争环境。

（2）激励要把握最佳时机。

（3）激励要有足够力度，并且在测试人员工作获得认同后尽快兑现。已经满足的需求很可能不再成为激励因素。

（4）激励要公平准确、奖罚分明，需要健全、完善的绩效考核制度，克服有亲有疏的人情风。

（5）物质奖励与精神奖励相结合、奖励与惩罚相结合，注意采取卓有成效的、非货币形式的激励措施。

（6）过多行使权力、资金或处罚手段很可能导致项目失败。

6.2.4 软件测试过程控制

软件测试过程控制是保证测试质量和减小测试风险的重要手段。软件测试项目在采用先进的标准、方法、工具及高素质测试人员的同时，还需要对测试过程进行科学、有效的管理和控制。软件测试过程是一种抽象的模型，用于定义软件测试的流程和方法。众所周知，开发过程的质量决定了软件的质量，同样，测试过程的质量将直接影响测试结果的准确性和有效性。软件测试过程控制和软件开发过程控制一样，都遵循软件工程原理、管理学原理。

1. 过程管理

软件在其生命周期的各阶段都有其对应的输出结果，其中包括需求规格说明书、软件概要设计规格说明书、软件详细设计规格说明书以及源程序等，而所有这些输出结果都应成为被测试的对象。测试过程对应了软件开发生命周期的每个阶段。

在需求阶段，测试人员阅读、审查需求分析的结果，创建测试的准则。

在概要设计阶段，测试人员设计测试方案和测试计划，并提前准备好系统的测试环境。

在详细设计阶段，测试人员设计功能测试用例，完善测试计划。

在编程阶段，进行单元测试，尽快找出程序中的错误，充分提高程序质量，减少成本投入。

软件测试项目的过程管理主要集中在测试项目启动、测试计划、测试设计、测试执行、测试结果分析和测试过程管理工具的使用上。

（1）测试项目启动。

首先需要确定项目负责人，即项目组长，项目组长确定以后，才可以组建整个测试小组，配合开发等部门开展工作；其次要参加有关项目计划、分析和设计的会议，获得必要的需求分析、系统设计文档，以及进行相关产品/技术知识的培训等。

（2）测试计划。

测试计划确定了测试任务及所需的各种资源和投入、预见可能出现的问题和风险，以指导测试的执行，最终实现测试目标，保证软件质量。软件测试项目的计划需要经过计划初期、起草、讨论、评审等不同阶段才能完成制订，并不能一气呵成。并且不同的测试阶段（单元测试、集成测试、系统测试、验收测试等）或不同的测试类型（安全性测试、性能测试、可靠性测试等）都可能需要有具体的测试计划。

软件测试项目过程管理的基础是软件测试计划。通过选定测试的某个时刻，将实际测试的工作量、投入、进度、风险等与计划进行对比，分析出差距。若计划未完成，则可以采用相应的纠正措施，如调整测试计划、重新安排测试进度及提高测试效率等。

（3）测试设计。

测试设计将测试需求转换成测试用例，描述测试环境、测试执行的范围和层次、用户的使用场景。软件测试设计中还需要考虑所设计的测试技术方案是否可行、是否有效、是否能达到预期的测试目标；所设计的测试用例是否完整，边界条件是否有考虑，其覆盖率能达到多高；所设计的测试环境是否和用户的实际使用环境比较接近。测试设计的关键是知识传递，将设计/开发人员已掌握的技术、产品、设计等方面的知识传递给测试人员；同时，还要做好测试用例的审查工作，加强设计开发人员对测试用例的审查。

（4）测试执行。

测试执行需要建立相关的测试环境，准备测试数据，执行测试用例，并对发现的缺陷进行分析和跟踪。测试执行直接关系到测试的效率和结果，不仅需要做到测试效率高，而且还需要保证结果正确、准确、完整等。其管理关键是提高测试人员素质和责任心，树立良好的质量文化意识，其次需要通过一定的跟踪手段从某些方面保证测试执行的质量。

（5）测试结果分析。

测试结果分析用于对测试执行的结果进行综合分析，以此确定软件质量的状态是否符合要求，为产品的改进和发布提供数据和依据。从管理上讲，要做好测试结果的审查和会议分析，并做好测试报告的编写和审查，具体内容如下。

① 审查测试整体过程：对软件测试项目全过程进行全方位的审查，比如检查测试计划、测试用例是否执行，检查测试过程是否有疏漏等。

② 对当前状态的审查：检查现阶段是否还存在没有解决的问题，对软件存在的缺陷逐一审查，了解每个缺陷对软件质量影响的程度，从而决定软件的测试是否完成。

③ 总结评估：根据前面的审查结果对软件当前状态进行评估。如果软件质量、测试标准都已经达到要求，则可以定稿测试报告，同时对项目中存在的各种问题分析总结，获取项目成功经验。

（6）测试过程管理工具的使用。

在软件测试项目的过程管理中，可以通过周报、日报、例会、评审会等了解软件测试项目的进展状况，对项目的整个过程进行跟踪和监控。通过采用测试过程管理工具，项目管理人员能时刻掌握项目的状态，监控项目的发展趋势，及时发现潜在的问题，从而更好地控制成本、降低风险，提高测试工作质量。

2. 配置管理

软件变更（包含功能变更和缺陷修补）是不可避免的，而变更加剧了项目中开发人员、测试人员之间的混乱。软件测试的配置管理是在团队开发中标识、控制和管理软件测试变更的一种管理，能够记录演化过程。其管理对象包括测试方案、测试计划、测试用例、测试工具、测试版本、测试环境以及测试结果等。软件测试过程的配置管理和软件开发过程的配置管理一样，一般包括配置项的标识、版本控制、变更控制、配置报告、配置审计等5项基本活动。

（1）配置项的标识。

配置项的标识是配置管理的基础，主要标识测试样品、测试标准、测试工具、测试相关文档、测试报告等配置项的名称和类型。将所有配置项都按照要求统一编号，并在文档中的规定章节记录配置项的所有者、基准化时间及存储位置等标识信息，让测试人员能更方便地知道每个配置项的内容和状态。

（2）版本控制。

版本控制是配置管理的核心功能。版本控制的目的是按照一定的规则保存配置项的所有版本，避免发生版本丢失或混淆等现象，并且可以快速准确地查找到配置项的任何版本。配置项的状态有“草稿”“正式发布”和“正在修改”3种，根据制订的配置项状态变迁与版本号规则对配置项状态和版本号进行更改。

（3）变更控制。

变更控制是对变更进行有效的管理，防止配置项被随意修改而导致混乱。变更的起源包括功能变更和缺陷修补。其中功能变更是为了增加或者删除某些功能，缺陷修补是对存在的缺陷进行修

补。修改处于“草稿”状态的配置项不算是“交更”，无须批准，修改者按照版本控制规则执行即可。当配置项的状态成为“正式发布”后，任何人都不能再随意修改，必须依据“申请—审批—执行变更—再评审—结束”的规则执行。

（4）配置报告。

配置报告根据配置库中的各配置项的操作记录，向管理者定期汇报测试工作进展情况。配置报告主要包括定义配置报告形式、内容和提交方式，确认测试过程记录和跟踪问题报告、配置项更改请求、配置项更改次序等，确定测试报告提交的时间与方式。

（5）配置审计。

配置审计用于确保所有配置管理规范已被切实执行和实施，是一种“过程质量检查”活动，是质量保证人员的工作职责之一。配置审计主要包括确定审计执行人员和执行时间，确定审计的范围、内容和方式，确定发现的问题的处理方法。

配置管理是管理和调整变更的关键，其能够跟踪每一个变更的创造者、时间和原因，为软件测试项目管理提供多种跟踪测试项目进展的角度，为更好地了解项目测试进度提供保证。良好的配置管理能使软件测试过程有更好的可预测性、可重复性，使用户和主管部门对软件质量有更强的信心。

3. 风险管理

风险指的是软件测试过程中出现的或潜在的问题，这些问题会给软件测试工作带来损失。风险产生的原因主要是测试计划的不充分、测试方法或测试过程的偏离等。风险管理主要是对测试计划执行的风险进行分析与评估，以制订应急措施，降低由软件测试产生的风险而造成的危害。

（1）常见的风险。

在软件测试过程中常见的风险主要有以下 7 类。

① 时间进度风险。

新增需求或需求变更导致开发、测试工作量增加，项目周期延长；测试人员、测试环境、测试资源不能准时到位以及可能存在的难以修复的缺陷也会导致测试进度不能达到预期。

② 质量目标风险。

测试的质量目标不清晰，如易用性测试、用户文档的测试目标存在见仁见智的问题。

③ 需求风险。

对软件质量需求或软件特性理解不准确，造成测试范围存在误差，遗漏部分需求或者执行了错误的测试方式；另外需求变更导致测试用例变更，同步时存在误差。

④ 人员风险。

测试开始后，测试人员、技术支持人员可能会被调离项目组，无法按照计划参与项目。

⑤ 测试用例风险。

测试用例设计不完整，忽视边界条件、异常处理、深层次的逻辑关系等情况；测试用例没有得到全部执行，有些测试用例被有意或无意地忽略执行。

⑥ 环境风险。

有些情况下，测试环境与生产环境不能完全一致，致使测试的结果存在误差。

⑦ 工具风险。

不能及时准备相关测试工具，测试人员对新工具无法熟练运用等情况也时有发生。

（2）风险识别。

风险识别是系统地识别已知的和可以预测的风险，提前采取措施，尽可能避免这些风险的发生，最重要的是量化不确定性的程度和每个风险可能造成损失的程度。风险识别可采用下列 3 种方式。

① 头脑风暴：组织测试组成员识别可能出现的风险。

② 访谈：找内部或外部资深专家进行访谈。

③ 风险检查列表：对照风险检查列表的每一项进行判断，逐个检查风险。

（3）风险评估。

风险评估是对已识别出的风险及其影响大小进行分析的过程，依据风险描述、风险概率和风险影响 3 个因素，从成本、进度及性能 3 个方面进行评估，分析和描述测试风险发生可能性的高低，测试风险发生的条件等。风险评估的主要任务如下。

① 评估对象面临的各种风险。

② 评估风险概率和可能带来的负面影响。

③ 确定组织承受风险的能力。

④ 确定风险消减和控制的优先级。

⑤ 推荐风险消减的对策。

（4）风险控制。

风险控制不是简单地消除风险，而是针对不同的风险采取相应的处理措施，尽可能降低风险带来的损失，风险控制是对项目管理者管理水平的最好检验。风险控制的方法通常有如下 4 种。

① 规避风险：主动采取措施避免风险、消灭风险。

② 接受风险：不采取任何措施，让风险保持在现有水平。

③ 降低风险：采取相应措施将风险降低到可接受的水平。

④ 风险转移：付出一定的代价，把某风险的部分或全部消极影响连同应对责任转移给第三方，达到降低项目风险的目的。

4. 成本管理

软件测试项目的成本管理是根据企业的情况和软件测试项目的具体要求，利用既定的资源，在保证软件测试项目的进度、质量令客户满意的情况下，对软件测试项目成本进行组织、实施、控制、跟踪、分析和考核等一系列管理活动，最大限度地降低软件测试项目成本，提高项目利润。成本管理的过程主要包括以下 4 个方面。

（1）资源计划。

决定实施这一软件测试项目需要使用什么资源（包括人力资源、设备和物资等）及每种资源的用量。这里的主要输出是资源需求的清单。

（2）成本估算。

估计完成软件测试项目所需要的资源成本的近似值。这里的主要输出是成本管理计划。

（3）成本预算。

将整个成本估算配置到各单项工作，以建立一个衡量绩效的基准计划。这里的主要输出是成本基准计划。

（4）成本控制。

控制软件测试项目预算的变化，这里的主要输出是修正的成本估算、更新预算、纠正成本使用方式及取得的教训。

任务拓展

实训资源

资源码 X-6-2

1. “让那些新手来做测试，反正他们也不会什么。”的说法正确吗？

2. 如果你是软件测试项目的管理者，你会采用哪些激励机制来调动测试人员的工作积极性？

复习提升

扫码复习相关内容，完成以下练习。

复习资源

资源码 F-6-2

一、选择题

1. 下列选项中不属于软件测试项目基本特征的是（　　）。

A. 智力密集、劳动密集性　　B. 个体性

C. 独特性　　D. 目标冲突性

2. 下列不属于软件测试文档的主要作用的是（　　）。

A. 决定测试的有效性　　B. 评价测试结果

C. 验证测试是否完成　　D. 促进项目组成员之间的交流与合作

3. 下面关于测试文档的类型描述错误的是（　　）。

A. 软件测试文档可分为前置作业文档和后置作业文档

B. 前置作业文档在执行测试之前输出

C. 后置作业文档在执行测试之后输出

D. 测试用例属于后置作业文档

4. 下列不属于测试人员之间的沟通方式的是（　　）。

A. 私下集体会议　　B. 正式的非个人交流方式

C. 非正式的个人之间的交流方式　　D. 电子通信方式

5. 成本管理包括（　　）。

A. 资源计划　　B. 成本估算

C. 成本控制　　D. 以上都是

二、简答题

1. 软件测试文档有哪几类？

2. 软件测试项目管理的基本特征是什么？

3. 测试人员之间的沟通方式有哪些？

4. 请简述软件测试文档的作用。

5. 识别风险的方法有哪几种？

单元小结

本单元主要介绍了缺陷报告和软件测试项目管理这两部分内容。

缺陷报告部分介绍了软件缺陷的种类和属性、软件缺陷的生命周期、缺陷报告的模板等方面

的知识。撰写缺陷报告是测试人员的基本功之一，需要具备对软件特性的深度理解、问题描述和技术分析的能力等。清晰、准确的缺陷报告有助于缺陷的处理，能提高测试的工作效率。

软件测试项目管理部分从软件测试项目管理概述、软件测试文档、软件测试的组织与人员管理、软件测试过程控制等几个方面讨论了软件测试项目的全过程管理。软件测试项目具有独特性、不确定性、智力密集和劳动密集性、目标冲突性，因此优秀的测试人员和科学的管理是保证软件测试项目成功的关键。

单元练习

一、选择题

1. 以下不属于软件缺陷的是（　　）。

A. 软件没有实现需求规格说明书中所要求的功能

B. 软件中出现了需求规格说明书中不应该出现的功能

C. 软件实现了需求规格说明书中没有提到的功能

D. 软件实现了需求规格说明书没有提到但是应该实现的功能

2. 关于缺陷的类型，（　　）属于性能问题。

A. 功能错误　　B. 模块间接口错误

C. 业务高峰期用户操作响应时间过长　　D. 界面风格不统一

3. 关于撰写一份良好的缺陷报告，以下说法中不正确的是（　　）。

A. 报告随机缺陷、不夸大缺陷、报告小缺陷

B. 在提交某些缺陷时，可以加重自己的语气以提醒软件开发人员注意

C. 保证能再现缺陷，包含再现缺陷的必要步骤

D. 及时报告缺陷，缺陷报告中注明姓名和日期

4. 下列各项中，（　　）不是一个测试计划应该包含的内容。

A. 测试资源、进度安排　　B. 测试策略

C. 测试范围　　D. 测试预期输出

5. 下列不是软件测试文档的是（　　）。

A. 测试计划　　B. 需求规格说明书

C. 测试用例　　D. 缺陷报告

6. 风险识别的方法有（　　）。

A. 头脑风暴法　　B. 访谈

C. 风险检查列表　　D. 以上都是

7. 成本管理就是确保项目在预算范围之内的管理过程，不包括（　　）。

A. 成本估算　　B. 成本预算

C. 成本控制　　D. 成本核算

8. 下列关于软件测试项目管理的说法错误的是（　　）。

A. 系统工程的思想不需要贯穿软件测试项目管理的全过程

B. 使用科学、先进的管理方法

C. 创造和保持能使测试工作顺利进行的环境

D. 管理的组织有一定的特殊性

9. 下列关于配置管理的描述错误的是（　　）。

A. 配置项的标识是配置管理的基础

B. 变更控制是对变更进行有效的管理，防止配置项被随意修改而导致混乱

C. 新版本一定比老版本“好”，所以可以抛弃老版本

D. 配置审计用于确保所有配置管理规范已被切实执行和实施，是一种“过程质量检查”活动

10. 风险评估的主要内容包括（　　）。

A. 评估对象面临的各种风险

B. 评估风险概率和可能带来的负面影响

C. 确定组织承受风险的能力

D. 以上都是

二、简答题

1. 软件缺陷的严重程度和优先级分别有哪些？
2. 可采用哪些方法来分离和再现软件缺陷？
3. 常见的测试人员的组织结构有哪些形式？
4. 软件测试过程中常见的风险分为哪几类？
5. 谈谈你对版本控制的看法。

单元七

软件测试自动化

单元导学

随着互联网产品技术的日新月异，软件开发和编程效率大幅提升，同时软件测试的工作量也在日益增大。为了提高软件研发效率和保证软件研发质量，实现软件测试自动化很有必要。

软件测试自动化是软件测试技术的一个重要组成部分。它不仅能正确、合理地实施自动化测试，而且能快速、全面地对软件进行测试，完成许多人工测试无法完成或者难以实现的测试工作，从而提高软件质量。

本单元将重点介绍自动化测试的优缺点、原理、实施过程和工具等内容。本单元的知识和技能对接以下岗位。

- 软件测试开发岗位。
- 软件测试实施岗位。

学习目标

- 理解软件测试自动化的概念。
- 理解自动化测试的原理和实施方法。
- 掌握各种自动化测试工具的使用。
- 能对给定系统进行自动化功能测试，并分析测试结果。
- 培养自主学习、分析问题和解决问题的能力。
- 传承争创一流的劳模精神。

素养园地

资源码 S-7-0

任务 7-1 认知软件测试自动化的基本知识

任务引入

通过前面的学习不难发现，在测试过程中有很多测试用例需要重复执行很多次。那么有没有什么方法能有效减少这些重复操作，从而提高测试效率呢？答案是软件测试自动化。

在本任务中，我们将一起学习有关软件测试自动化的理论知识。

问题导引

1. 软件测试自动化的概念是什么？
2. 自动化测试的优点和缺点是什么？
3. 自动化测试的原理是什么？
4. 自动化测试如何实施？

预习资源

资源码 Y-7-1

知识准备

7.1.1 软件测试自动化概述

软件测试自动化是把人为驱动的测试行为转换为机器驱动的过程，是把需要重复执行的测试步骤写成脚本让机器重复执行，从而提高测试效率的测试方法。更通俗地说，软件测试自动化就是执行用某种程序设计语言编写的自动测试程序，控制被测试软件的执行，模拟人工测试步骤，完成全自动或者半自动测试的方法。

全自动测试指在测试过程中完全不需要人工干预，由程序自动完成测试的全部过程；半自动测试指在自动测试的过程中，需要由人工输入测试用例或选择测试路径，再由自动测试程序按照人工制订的要求完成测试的自动化。

1. 软件测试自动化的产生

随着信息技术的广泛应用，计算机的软件系统越来越复杂，软件测试工作量也越来越大。据统计，软件测试工作一般要占据工程开发时间的 40%，而一些可靠性要求非常高的系统软件测试时间在开发时间中的占比甚至超过 60%。然而在测试过程中，有很多非创造性且重复度高的工作。这样的工作非常适合用计算机代替人工来完成。因此随着软件测试工作量的增大以及人们对软件测试工作的重视，大量的软件测试自动化工具涌现。通过实施自动化测试，软件公司不仅能提高测试效率，增强软件系统的质量保证，而且能缩短软件研发周期、控制研发成本。

2. 自动化测试的优点和缺点

传统的人工测试不仅耗时而且单调，需要投入大量的人力资源。软件测试如果只使用人工的话，所找到的软件缺陷在质和量上都是受限的。因此，很难在应用程序发布前通过人工测试完成所有功能的测试。这就有可能导致应用程序中存在未能及时发现的严重缺陷，从而影响应用程序的质量。如果使用自动化测试，我们可以针对应用程序的功能模块创建自动化运行的测试代码，

而每次应用程序修改后，我们通过运行之前的测试代码即可达到测试的目的，从而大大缩短软件测试的周期。同时，自动化测试可以把测试人员从简单、枯燥且重复性高的操作中解放出来，让他们去承担测试工具无法替代的测试任务，从而大大地降低人力成本。

另外，自动化测试还可以增加测试的深度与广度，提高测试工作质量。例如，在性能测试领域，可以进行负载压力测试、大数据量的测试等；使用自动化测试工具精准地重现测试步骤，这样可以大大地提高了缺陷的可重现率；利用测试工具的自动执行功能，也可以提高测试的覆盖率。自动化测试的优点（相对于人工测试而言）如表 7-1-1 所示。

表 7-1-1　　自动化测试的优点

优点	具体描述
高效	自动化测试效率比人工测试高
准确	自动化测试每次运行时都会准确执行相同的操作，比人工测试准确率高
可重复	自动化测试可执行重复的操作来测试应用程序的性能等
可重用	自动化测试脚本可重用，可验证应用程序的兼容性等
全面	自动化测试可以改进所有的测试领域，同时还支持所有的测试阶段

自动化测试虽然有很多优点，但也存在一定的缺点。虽然自动化测试借助了计算机的计算能力，能够进行重复而精准的测试，但是由于其缺乏思维能力，因此在有些方面永远无法取代人工测试，其缺点主要体现在以下几个方面。

（1）在设计测试用例时，自动化测试不具备测试人员的经验和对错误的预判能力。

（2）在界面和用户体验测试中，自动化测试无法模拟人类的审美和心理体验。

（3）在进行正确性检查时，自动化测试不具备对是非的判断力和逻辑推理能力。

因此，在实际工作中仍然以人工测试为主，自动化测试为辅。

7.1.2　自动化测试的原理和方法

自动化测试可以通过设计特殊程序来模拟测试工程师对计算机的操作过程和操作行为，或者像编译系统那样对计算机程序进行检查。

实现自动化测试的原理和方法主要有代码分析、测试过程的捕获和回放、录制和回放技术、测试脚本技术、虚拟用户技术和测试管理技术等。

1. 代码分析

代码分析实际上就是将白盒测试自动化。白盒测试主要分为静态测试和动态测试。

静态测试的自动化指针对不同的高级语言去构造相应的分析工具，在工具中定义编程规范，然后用工具扫描分析代码，找出不符合编程规范的地方。动态测试的自动化就是在代码中插入一些检测代码，工具在程序运行时就可以自动检测某些关键点、某个内存的值或者堆栈的状态等。

2. 测试过程的捕获和回放

捕获和回放实际上就是黑盒测试的自动化。捕获就是由自动化工具记录用户操作的对象以及相应的变化，并将其转化为一种脚本语言描述的过程，从而模拟用户的操作。回放则是将捕获的脚本语言所描述的过程转化为屏幕上的操作，再将被测系统的输出与预先给定的标准结果进行比较。捕获和回放可以大大减少黑盒测试的工作量，在迭代开发过程中能够很好地进行回归测试。

3. 录制和回放技术

录制和回放技术主要用于自动化负载测试。“录制和回放”就是先手动完成一遍需要测试的操作流程，同时由计算机记录下手动操作期间客户端和服务器端之间的通信信息，并形成特定的脚本程序；然后在系统的统一管理下同时生成多个虚拟用户，并运行该脚本，模拟成百上千的用户负载，从而监控硬件和软件平台的性能，提供分析报告或相关资料。

4. 测试脚本技术

脚本是测试工具执行的指令集合，也是一种计算机程序。脚本可以通过录制和捕获技术转换而来，然后进行修改，也可以直接用脚本语言编写。

脚本中包含的是测试数据和指令，如同步控制、比较信息、数据的捕获以及读取、控制信息等。脚本技术的分类如表 7-1-2 所示。

表 7–1–2　　脚本技术的分类

脚本类型	具体描述
线性脚本	指一系列有序的动作指令。适合简单测试，多用于脚本的初始化和演示
结构化脚本	具有各种逻辑结构、函数调用功能。可重用、灵活且易维护
共享脚本	可以被多个测试用例使用
数据驱动脚本	将数据存储在独立脚本的文件中，可以实现同一个脚本匹配不同的数据，形成多个测试用例
关键字驱动脚本	把检查点和执行操作的控制都维护在外部数据文件中。测试逻辑为按照关键字进行分解得到数据文件，常用的关键字主要包括被操作对象、操作和值

7.1.3　自动化测试的引入原则

自动化测试不能解决软件测试中的所有问题，也不是所有的软件测试都可以自动化。要成功实现软件测试自动化，需要进行大量工作。比如，在实施自动化测试之前，测试人员需要找出能进行自动化测试以及应该进行自动化的测试过程，并且要知道自动化测试的预期结果以及正确执行自动化测试后的结果，同时需要找到合适的自动化测试工具等。那何种情况下该引入自动化测试呢？自动化测试的引入原则有以下几点。

（1）回归测试是可以优先考虑自动化的。自动化测试的可重用性使得回归测试变得更加简单。

（2）如果一个测试经常使用，并且操作复杂，也应该优先考虑自动化。

（3）对已经实现的人工测试用例进行自动化优化。

（4）实现软件性能测试，如负载测试时，应该优先考虑自动化。

（5）实施自动化测试的应用程序应足够稳定。

7.1.4　自动化测试的实施

自动化测试是一个复杂的过程。如果把自动化测试看成一个项目，那么自动化测试的过程就是项目的实施过程，需要经过计划、执行、评估与总结等阶段；自动化测试也可以看成软件开发过程，那么就会经过测试需求分析、自动化测试设计、脚本的开发与验证等阶段。然而，自动化测试如果仅作为测试过程来看，就包括测试需求、测试计划、测试设计、测试执行、报告缺陷、

自动生成测试报告等。

下面介绍自动化测试实施的主要流程。

（1）自动化测试可行性分析。

在进行项目自动化测试前一定要确认其可行性，即是否可以实行测试自动化。开展自动化测试应符合以下几个条件。

① 软件需求变动不频繁。

② 项目周期足够长。

③ 自动化测试脚本可重复使用。

除此以外，还应注意开展自动化测试的时间点。应用程序需要经过多个版本的测试，保证系统运行稳定以后才可开展自动化测试，否则会浪费大量的人力资源。

（2）自动化测试需求分析。

测试工程师需要分析项目中哪些测试需求可以进行自动化测试。一条测试需求可以包含多个自动化测试用例，通过测试需求分析来判定项目中测试自动化能做到什么程度。在这个阶段，主要完成确定测试覆盖率以及自动化测试粒度、测试用例的筛选等工作。

（3）自动化测试计划、设计和脚本开发。

测试计划阶段包括风险评估、鉴别和确定测试需求的优先级，估计测试资源的需求量，开发测试项目计划以及给测试小组成员确定测试职责，编制测试计划相关的文档等。测试设计阶段需要确定所要执行的测试数目、方法和必须执行的测试条件及需要建立和遵守的测试设计标准。测试脚本开发即开发自动化脚本。开发过程中必须遵守一定的测试开发标准，使得自动化测试可重用、易维护、可扩展。

（4）自动化测试执行和管理。

自动化测试脚本开发完成后就要进行执行和管理，主要包括测试环境的管理配置、测试脚本配置、测试脚本的执行、测试异常中断处理和恢复等。

（5）自动化测试结果分析和脚本维护。

对测试结果进行记录和分析，确认由被测系统缺陷导致的错误记录到缺陷报告中，并对测试结果进行总结。当系统发生变更时，需要对自动化测试脚本以及相关文档进行维护，以适应变更后的系统。

实训资源

资源码 X-7-1

任务拓展

1. 结合一些具体案例说明哪些情况适合自动化测试。
2. 举例说明自动化测试的优点。

复习提升

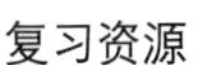

复习资源

资源码 F-7-1

扫码复习相关内容，完成以下练习。

选择题

1. 软件自动化测试是软件测试的重要手段，它可以提高测试效率、覆盖率和（　　）。

A. 可靠性　　B. 可操作性

C. 合理性　　D. 一致性

2. 与人工测试相比，自动化测试的缺陷有（　　）。

A. 自动化测试对测试质量的依赖性极大

B. 自动化测试不能提高有效性

C. 自动化测试工具本身不具备想象力

D. 以上全部

3. 下列情况适合采用软件自动化测试方法实现的是（　　）。

A. 对很少运行的软件进行测试

B. 对比较稳定的软件进行测试

C. 设计物理交互的测试

D. 结果易于人工验证但难于甚至不可能将测试自动化

4. 脚本的作用是（　　）。

A. 可以用于回放测试人员执行的操作

B. 可以利用脚本产生测试用例

C. 脚本的编写数量可以随测试用例的增加而增加，以覆盖更多的测试场景

D. 可以保证测试用例的质量

5. 数据驱动脚本是将测试输入存储在（　　）中。

A. 脚本　　B. 独立的数据文件

C. 数据库　　D. 专门的管理文件

任务 7-2　使用 JUnit 进行单元测试

任务引入

任务 7-1 介绍了自动化测试的概念、优缺点以及基本原理；讲解了自动化测试方案的选择方法以及自动化测试的实施流程。在此基础上，本任务将介绍用于单元测试的工具 JUnit。

问题导引

预习资源

资源码 Y-7-2

1. 什么是单元测试？
2. 单元测试工具有哪些？
3. JUnit 的特性有哪些？

知识准备

目前最流行的单元测试工具为 xUnit 系列框架，它包括 JUnit（Java）、CppUnit（C++）、NUint（.Net）等。其中，JUnit 是 xUnit 系列框架中最早出现的，正是由于 JUnit 在测试 Java 代码时表现优异，才使 xUnit 系列框架得以推广到其他编程语言中。

7.2.1　JUnit 简介

JUnit 是由艾克·巴赫（Erich Gramma）和肯特·贝克（Kent Beck）编写的一个回归测试框架（Regression Testing Framework）。JUnit 测试是程序员测试，即白盒测试，因为程序员知道被测试的软件如何（How）完成功能和完成什么样（What）的功能。程序员可通过编写继承 TestCase 类的代码进行自动化测试。

单元测试在面向对象的开发中变得越来越重要，而一个简明易学、适用范围广、高效稳定的单元测试框架对成功实施测试有着至关重要的作用。在 Java 编程环境中，JUnit 是一个已经被多数 Java 程序员采用的优秀测试框架。开发人员只需要按照 JUnit 的约定编写测试代码，就可以对目标代码进行测试。

在使用 JUnit 时，设定了 3 个总体目标：第一个是简化测试的编写，这种简化包括测试框架的学习和实践被测模块的编写；第二个是使被测模块保持永久性；第三个是可以利用既有的测试来编写相关的测试。

使用 JUnit 时，主要通过集成 TestCase 类来撰写测试用例，使用 testxx( )名称来撰写单元测试。在阅读 JUnit 代码时，会发现有许多以 test 开头的方法，这些方法正是需要测试的方法，JUnit 测试其实只是在所有以 test 开头的方法中对数据添加断言方法。

JUnit 提供了强大的断言功能如表 7-2-1 所示，测试实施过程中，利用断言功能可以方便地判断被测对象的预期结果和实际结果是否匹配。

表 7-2-1　　JUnit 断言方法列表

断言方法	描述
void assertEquals([String message],expected value, actual value)	断言两个值相等。值的类型可能是 int、short、long、byte、char 或 java.lang.Object。第一个参数是一个可选的字符串消息
void assertTrue([String message],Boolean condition)	断言一个条件为真
void assertFalse([String message],Boolean condition)	断言一个条件为假
void assertNotNull([String message],java.lang.Object object)	断言一个对象不为空（null）
void assertNull([String message],java.lang.Object object)	断言一个对象为空（null）
void assertSame([String message],java.lang.Object expected,java.lang.Object actual)	断言两个对象引用相同的对象
void assertnotSame([String message],java.lang.Object unexpected,java.lang.Object actual)	断言两个对象不是引用同一个对象
void assertArrayEquals([String message],expectedArray, resultArray)	断言预期数组和结果数组相等。数组的类型可能是 int、short、long、byte、char 或 java.lang.Object

目前 JUnit 已经集成在 Eclipse 中，利用 JUnit 实施单元测试时，只需在代码中调用即可，如果没有设置，在引用时加入以下 JAR 包。

（1）用一个 import 语句引入 junit.framework.*下要使用的类。

（2）使用 extends 语句继承 junit.framework.TestCase。

JUnit 运行示例如图 7-2-1 所示。可以看出，JUnit 会执行所有断言方法，若均与预期的结果一致，则测试通过，说明代码没有预期的错误；若有不通过的，则以红色错误抛出。JUnit 将测试失败的情况分为 Failure 和 Error：Failure 一般由单元测试使用的断言方法判断失败引起，它表示在测试点发现了问题；Error 由代码异常引起，它可能产生于测试代码本身的错误，也可能是被测代码中的一个隐藏缺陷。

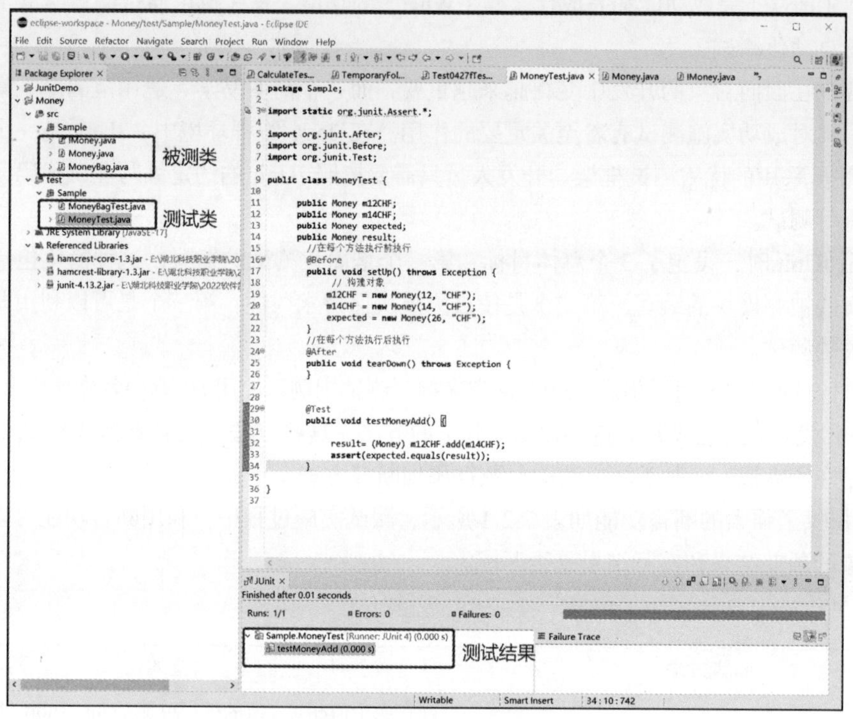

图 7-2-1　JUnit 运行示例

7.2.2　JUnit 的安装与使用

在实际应用中，多数编程者利用代码编辑工具 Eclipse、IntelliJ IDEA 等进行程序开发。JUnit 也被集成在这些编辑工具中。此外，随着产业的革新，JUnit 4 已经普及。本单元之后的内容都将结合 Eclipse 4.x 版本的 JUnit 4 展开。

Eclipse 是一个广泛使用的开源集成开发环境（Integrated Development Environment，IDE），主要用于 Java 开发。它全面集成 JUnit，并从 3.2 版本开始支持 JUnit 4。JUnit 是 Java 的一个框架，所以要求机器中已经安装好 JDK 并且配置好 Java 运行环境。

首先新建一个 Java 工程——Money。然后打开项目 Money，进行以下操作分别导入 JUnit 测试包和生成 JUnit 测试框架。

（1）在该项目上右击，选择“Bulid Path”→“Add Libraries...”，如图 7-2-2 所示。

（2）弹出“Add Library”对话框，选择“JUnit”选项，单击“Next”按钮。选择“JUnit 4”选项，单击“Finish”按钮，JUnit 测试包导入成功，如图 7-2-3 所示。

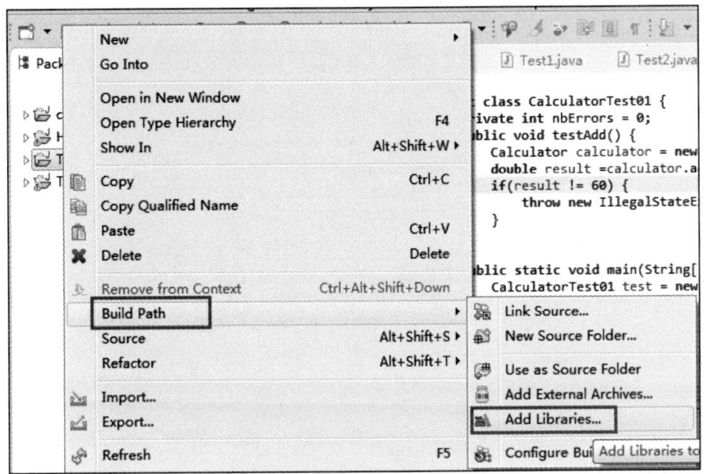

图 7-2-2　为项目添加库

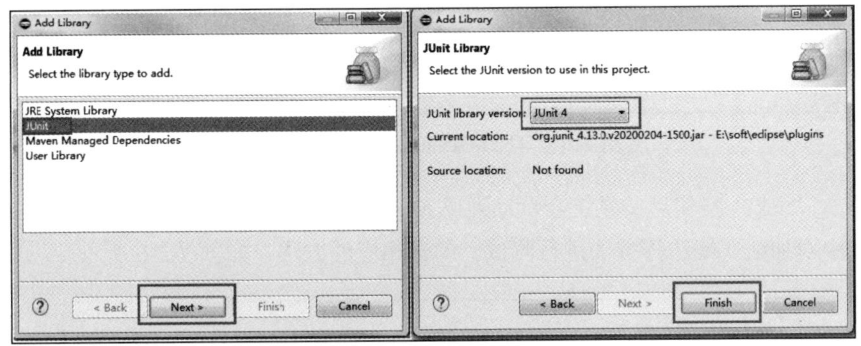

图 7-2-3　导入 JUnit 测试包

（3）在 Eclipse 的 Package Explorer 中右击 Money.java 类，选择“New”→“JUnit Test Case”，如图 7-2-4 所示，弹出“New JUnit Test Case”对话框，如图 7-2-5 所示。

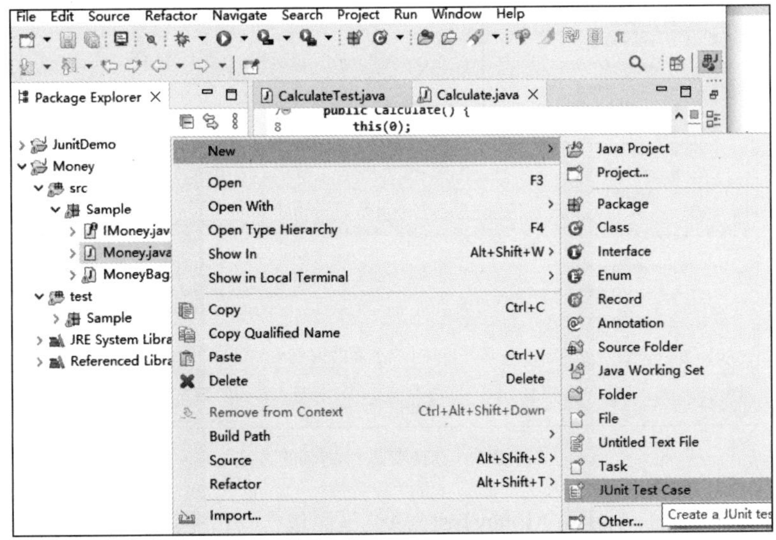

图 7-2-4　新建测试类

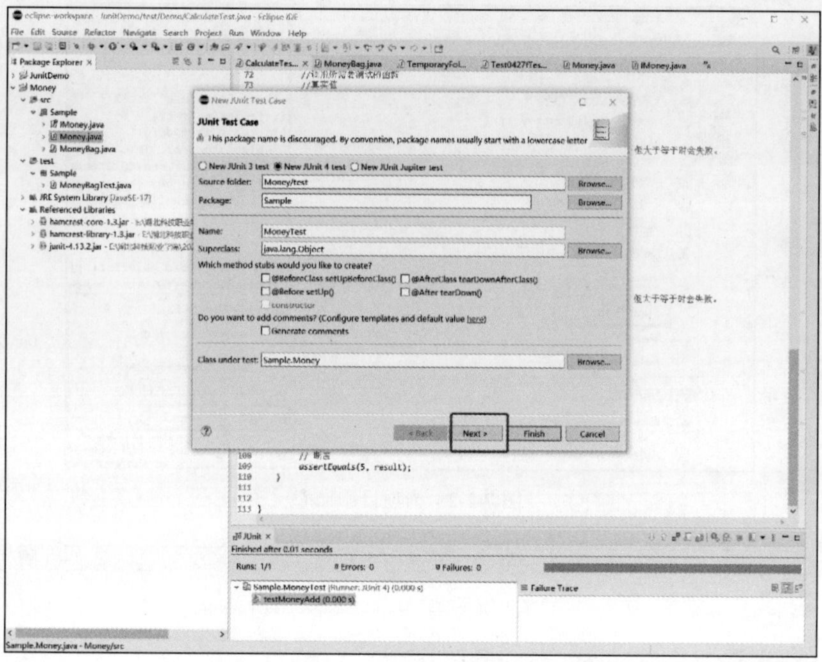
图 7-2-5 “New JUnit Test Case”对话框

（4）单击“Next”按钮后，系统会自动列出 Money 这个类包含的方法，选择要进行测试的方法。在该例中对加法、等法等方法进行测试，勾选相应的方法，如图 7-2-6 所示。

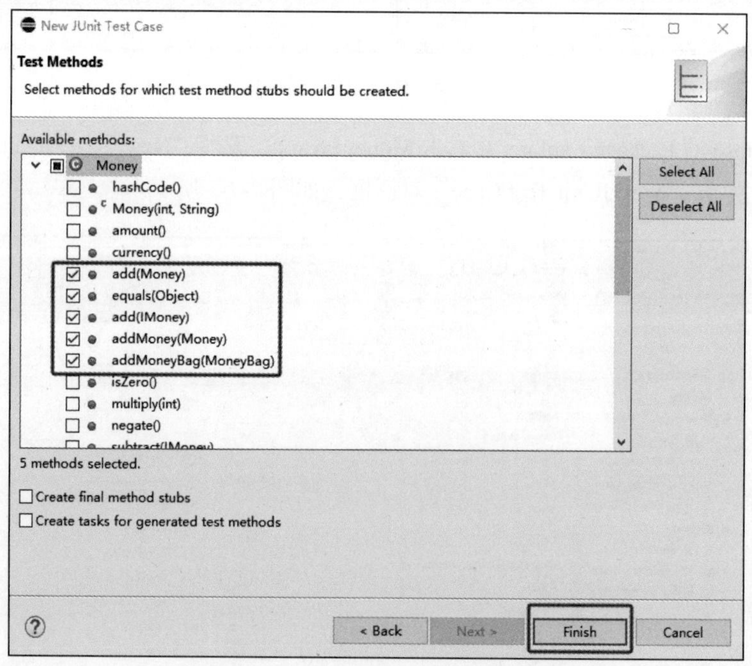

图 7-2-6 选择要进行测试的方法

（5）系统会自动生成一个新类 MoneyTest，该类里面包含一些空的测试用例，如图 7-2-7 所示。

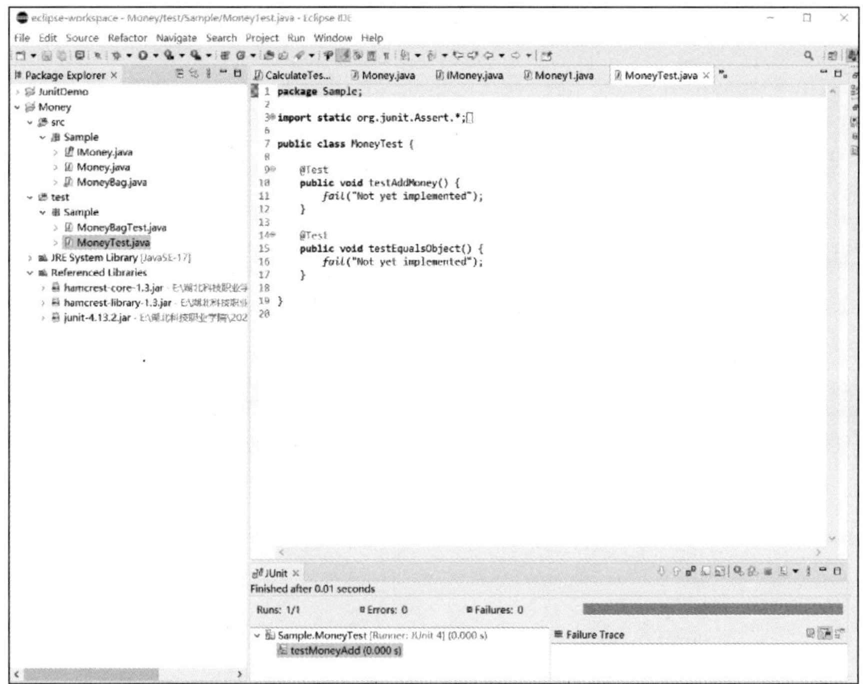

图 7-2-7　新类 MoneyTest

7.2.3　JUnit 测试用例编写与执行

使用 JUnit 进行测试时，测试用例的编写一般遵循以下方法。

（1）在被测模块中引入 org.junit.Assert 和 junit.textui.TestRunner。

（2）该被测模块继承 junit.framework.TestCase。

（3）执行 setUp()方法。初始化测试方法所需要的测试环境；一般将执行各个测试方法时所需的初始化工作放在其中，而不放在该测试类的构造方法中。

（4）执行 tearDown()方法。在每个测试方法执行后执行，负责撤销测试环境。

编写测试用例类。类 MoneyTest 的完整代码如下所示。

```
package Sample;
import static org.junit.Assert.*;
import org.junit.After;
import org.junit.Before;
import org.junit.Test;

public class MoneyTest {

    private Money m12CHF;
    private Money m14CHF;
    privateMoney expected;
    privateMoney result;
    //在每个方法执行前执行
    @Before
    public void setUp() throws Exception {
```

```
        //构建对象
        m12CHF= new Money(12, "CHF");
    }
    //在每个方法执行后执行
    @After
    public void tearDown() throws Exception {
    }
    @Test
    public void testMoneyAdd() {
        m14CHF= new Money(14, "CHF");
        expected= new Money(26, "CHF");
        result= m12CHF.add(m14CHF);
        assert(expected.equals(result));
    }
    …          //其他方法
}
```

任务实训

采用 JUnit 对类 Calculator 进行测试

一、实训目的

1. 掌握 JUnit 的基本功能。
2. 能灵活应用 JUnit 进行单元测试。

实训资源

资源码 X-7-2

二、实训内容

1. 阅读下方类 Calculator 的代码，了解类的基本结构。
2. 对类 Calculator 进行测试用例设计。
3. 根据设计的测试用例，采用 JUnit 编写测试代码进行测试。
4. 下载实训报告，按要求完成实训报告。

新建名称为 Test 的项目，在 Test 项目中新建一个 Calculator.java，在其中写入下面的代码，该代码包含加、减、乘、除运算。

类 Calculator 的代码如下所示。

```
public class Calculator {
    private static int result;
    public void add(int m, int n){
            result = m + n;
    }
    public void substract(int m, int n){
            result = m - n;
    }
    public void multiply(int m, int n){
             result = m * n;
    }
    public void divide(int m, int n){
            result = m / n;
    }
    public void clear(){
```

```
                result = 0;
        }
        public int getResult(){
                return result;
        }
}
```

复习提升

复习资源

资源码 F-7-2

扫码复习相关内容，完成以下练习。

练习题

请为“求第二天的日期”问题编写代码，并利用 JUnit 完成代码的测试。

任务 7-3　使用 Selenium 进行功能测试

任务引入

此前，我们学习了自动化测试的概念、优缺点；初步了解了代码分析、测试过程的捕获和回放、录制和回放技术、测试脚本技术等自动化实现的原理和方法；学习了自动化测试的引入原则以及实施流程。基于以上基础，我们又学习了单元测试工具 JUnit 的使用。在本任务中我们将一起学习用于 Web 应用程序功能测试的工具 Selenium。

问题导引

预习资源

资源码 Y-7-3

1. 什么是 Selenium？
2. Selenium 有何特点？

知识准备

Selenium 是一个用于 Web 应用程序测试的工具，它支持所有基于 Web 的管理任务自动化。Selenium 提供了一系列测试函数，这些函数用于支持 Web 自动化测试。Selenium 是开源且免费的，支持多个浏览器（如 Firefox、Google Chrome、IE、Edge 等）、多平台（如 Linux、Windows、macOS）、多语言（如 Java、Python、Ruby、C#、JavaSript、C++）。Selenium 使用简单，开发语言驱动灵活，对 Web 页面有良好的支持，且支持分布式测试用例执行。

7.3.1　Selenium 简介

Selenium 由杰森 • 哈金斯（Jason Huggins）于 2004 年开发。Selenium 的项目在历史上存在 3 个重大版本，分别是 Selenium 1.0、Selenium 2.0 和 Selenium 3.0。现在比较先进并被广泛使用的版本是 Selenium 3.0。现行的 Selenium 主要分为 Selenium WebDriver 和 Selenium IDE 两个部分。前者主要用来创建基于浏览器的回归自动化套件和测试，后者主要用来创建快速的 Bug 重现脚本，以帮助用户进行自动化辅助的探索性测试。Selenium WebDriver 是 Selenium 基于浏览器的一部分，也是我们测试时主要使用的一部分。它的灵活性很强，几乎支持所有主流的浏览器，并且可以完美地在支持这些浏览器的操作系统上运行，兼容性很强。

Selenium WebDriver 主要支持的浏览器如下。

（1）Firefox 浏览器。

（2）Google Chrome 浏览器。

（3）Opera 浏览器。

（4）Edge 浏览器。

Selenium WebDriver 支持的操作系统如下。

（1）Windows。

（2）Linux。

（3）macOS（含 iOS）。

（4）Android。

除了上面列出的浏览器和操作系统，Selenium 还支持多种编程语言（如 Java、R 语言、Python、PHP、Ruby、Perl、Haskell、Objective-C、C#等）。

使用 Selenium 可以提高系统可靠性以及技术人员的工作效率，在一定程度上解放生产力，因此 Selenium 目前的应用非常广泛。

7.3.2 Selenium 的安装与使用

Selenium 支持多种编程语言，如 Java、Python 等。但 Python 由于应用广泛且很灵活，对初学者而言更容易上手。而基于 Python 的 Selenium WebDriver client library 实现了所有 Selenium WebDriver 的特性，因此，这里详细介绍基于 Python 的 Selenium 的安装方法。

1. 安装 Python 和 Selenium 包

（1）安装 Python。

在安装有 Linux 系统、macOS 或 UNIX 的计算机上，Python 是默认安装好的。对于 Windows 系统，就需要另外单独安装 Python 了。

（2）安装和更新 Selenium 包。

可以使用 pip 工具安装 Selenium 包。用 pip 工具可以非常简单地通过下面的命令来安装和更新 Selenium 包。

```
pip install -U selenium
```

该命令会安装 Selenium WebDriver client library，包含使用 Python 编写自动化脚本需要的所有模块和类。pip 工具将会下载最新版本的 Selenium 包并安装在计算机上。-U 参数（可选）将会更新已经安装的旧版本至最新版。

另外，也可以从网站上直接下载最新版本的 Selenium 包。下载后解压文件，然后通过下面的命令来安装。

```
python setup.py install
```

（3）浏览 Selenium WebDriver 的相关文档。

可以在 Selenium 网站上查看 Selenium WebDriver 的相关文档，如图 7-3-1 所示。该文档提供

了 Selenium WebDriver 的所有核心类和函数对各种支持语言的详细使用方法及信息。

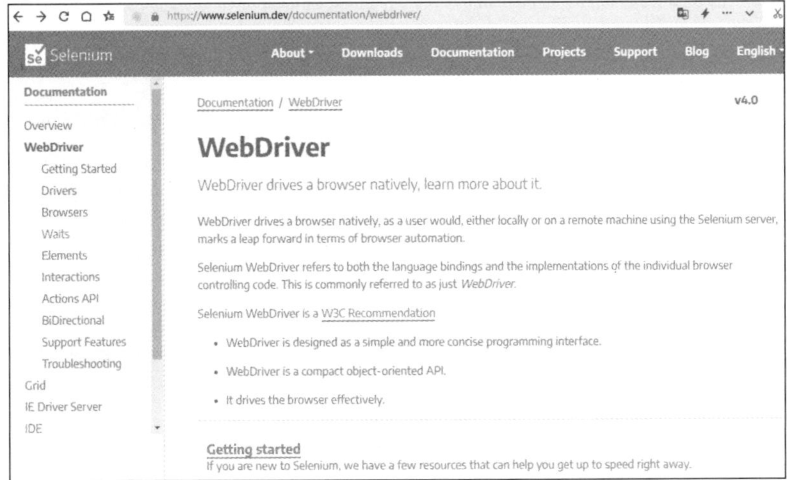

图 7-3-1　查看 Selenium WebDriver 的相关文档

2. 选择和设置 Python 编辑器

安装好 Python 和 Selenium WebDriver 后，还需要一个 Python 编辑器来编写自动化脚本。现在有很多 Python 编辑器可选择，如 PyCharm、PyDev、PyScripter 等。

PyCharm 是一款设计精巧、功能强大、应用广泛而且工作良好的 Python 编辑器。它由 JetBrains 公司出品，拥有很多能够提升软件开发效率的特性。PyCharm 支持 Windows、Linux 和 macOS。PyCharm 有两种版本——社区版和专业版。

这里以 PyCharm 2021.2 说明 PyCharm 社区版的安装和使用。

（1）访问 PyCharm 官网，单击“Download”按钮，选择对应的版本下载并安装。

（2）启动 PyCharm 社区版，在启动窗口中单击“New Project”按钮，如图 7-3-2 所示。

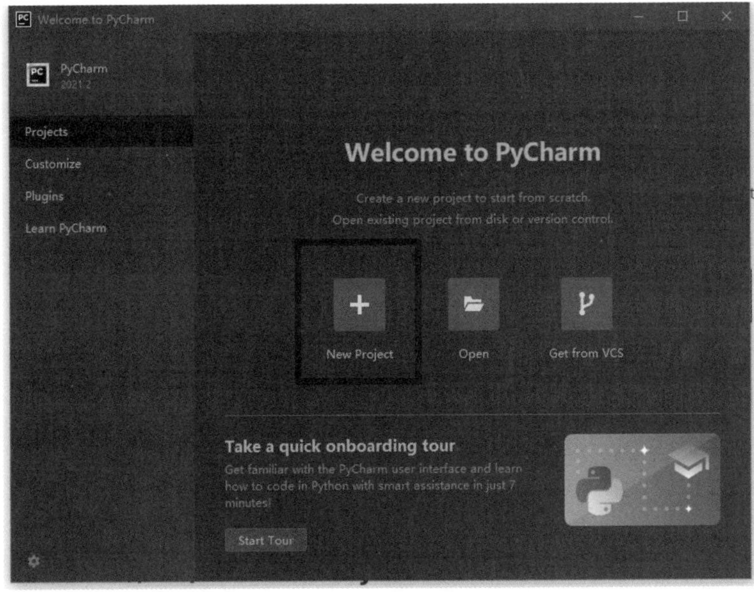

图 7-3-2　创建新项目

（3）打开“New Project”对话框，设置工程名称。第一次运行 PyCharm 还需要配置解释器，单击“Interpreter”右侧的选择框，将 Interpreter 路径设置成 Python 的安装路径，如图 7-3-3 所示。

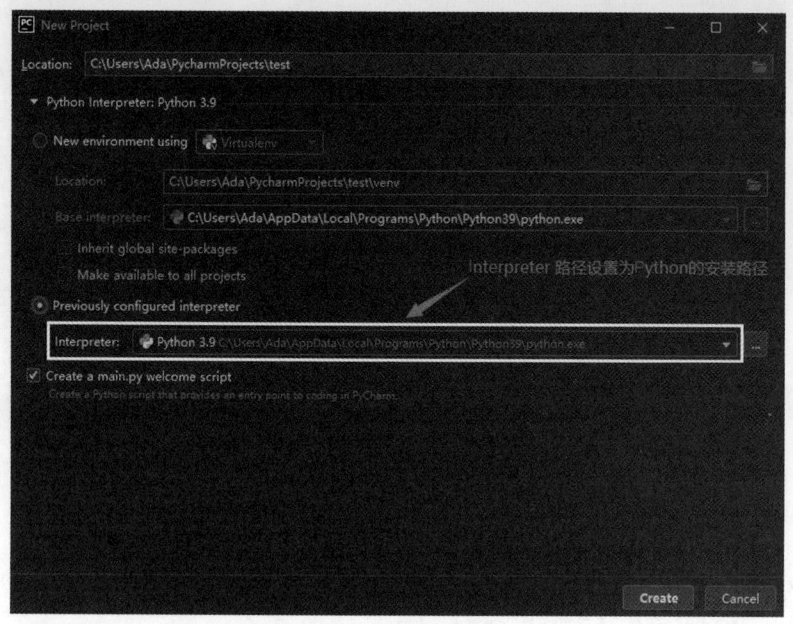

图 7-3-3　配置解释器

3. 实现基于 Google Chrome 的跨浏览器支持

Selenium 支持各种浏览器，读者可以在不同的浏览器中进行自动化测试。接下来以 Google Chrome 浏览器为例说明如何实现跨浏览器支持。

（1）下载 Google Chrome 浏览器。

通过官网下载所需版本的 Google Chrome 浏览器。通过“chrome://version”查看 Google Chrome 浏览器的版本号，如图 7-3-4 所示。

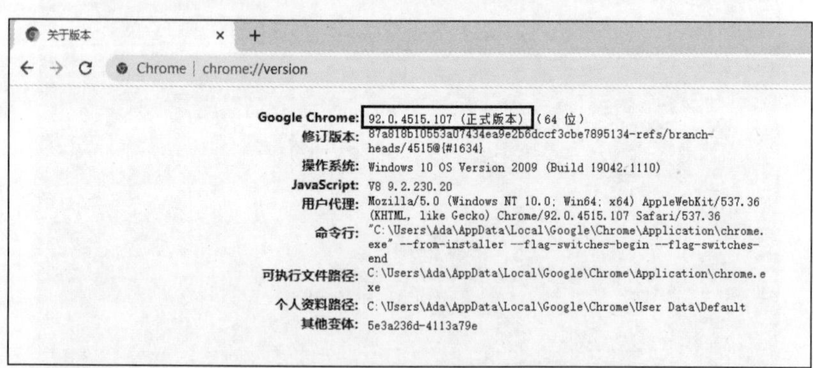

图 7-3-4　查看 Google Chrome 浏览器的版本号

（2）配置 ChromeDriver。

下载 ChromeDriver 的服务，选择与 Google Chrome 浏览器版本一致的文件夹（这里指“92.0.4515.107”），如图 7-3-5 所示。打开文件夹，并选择与本机操作系统相匹配的压缩文件（如 chromedriver_win32.zip）。解压下载的 ZIP 文件，得到 chromedriver.exe，然后将 chromedriver.exe

的路径添加到系统的环境变量中。

chromedriver.storage.googlea ×　+
← → C　▲ 不安全 | chromedriver.storage.googleapis.com/index.html

83.0.4103.39
84.0.4147.30
85.0.4183.38
85.0.4183.83
85.0.4183.87
86.0.4240.22
87.0.4280.20
87.0.4280.87
87.0.4280.88
88.0.4324.27
88.0.4324.96
89.0.4389.23
90.0.4430.24
91.0.4472.101
91.0.4472.19
92.0.4515.107
92.0.4515.43
93.0.4577.15

图 7-3-5　选择与本机操作系统相匹配的文件

7.3.3　Selenium 测试用例编写及执行

环境搭建好了以后，如何运用 Selenium 进行自动化测试呢？首先需要用 Python 编写测试用例程序，然后执行测试用例，从而模拟手动操作。下面以【例 7-3-1】说明如何用 Selenium 进行测试用例的编写及执行（注：该案例来自 2022 年全国职业院校技能大赛中软件测试赛项的自动化测试任务书）。

【例 7-3-1】按照以下步骤在 PyCharm 中进行自动化测试脚本编写，并执行脚本。

（1）设置智能等待时间为 5 秒。

（2）通过 name 属性定位用户名文本框，并输入用户名 sysadmin。

（3）通过 id 属性定位密码文本框，并输入密码 SysAdmin123。

（4）通过 tag_name()方法定位登录按钮，使用 click()方法单击登录按钮。

（5）通过 get_screenshot_as_file()方法对页面进行截图（图片命名为 denglu.png）。

新建一个 Python 文件，写一个简单的 Python 脚本，查看自动化测试用例的一般执行过程，示例如下所示。

```
from selenium import webdriver
driver = webdriver.Chrome()
driver.implicitly_wait(5)
driver.get("http://localhost:8080/ams")//注：这里的网址为被测系统网址
driver.find_element_by_name("loginName").send_keys("sysadmin")
driver.find_element_by_id("password").send_keys("SysAdmin123")
driver.find_element_by_tag_name("button").click()
driver.get_screenshot_as_file("denglu.png")
driver.quit()
```

在 PyCharm 代码框中使用快捷键 Ctrl+Shift+F10，或者在 PyCharm 的菜单中选择“Run”命令运行脚本，会看到新弹出一个 Google Chrome 浏览器窗口访问演示网址，接着在浏览器窗口中会看到被执行的 Selenium 命令。如果一切运行顺利，最后脚本会关闭 Google Chrome 浏览器窗口。

任务实训

采用 Selenium 对登录页面进行测试

一、实训目的

1. 掌握自动化测试定位方法。
2. 能熟练搭建自动化测试的环境。
3. 能熟练掌握基本的自动化测试脚本的编写和运行。

实训资源

资源码 X-7-3

二、实训内容

1. 在【例 7-3-1】中，我们知道可以通过 name 属性定位用户名文本框，通过 id 属性定位密码文本框，通过 tag_name()方法定位登录按钮。还有其他定位页面元素的方法吗？如果有，请用其他方法定位登录页面中的网页元素，通过自动化测试的方法自动进入登录页面，具体步骤如下所示。

（1）设置智能等待时间为 5 秒。

（2）定位用户名文本框，并输入用户名 sysadmin。

（3）定位密码文本框，并输入密码 SysAdmin123。

（4）定位登录按钮，使用 click()方法单击登录按钮。

（5）退出浏览器。

2. 下载实训报告并按要求提交。

复习提升

扫码复习相关内容，完成以下练习。

复习资源

资源码 F-7-3

选择题

1.（多选题）Selenium 支持的浏览器有（　　）。

A. IE　　B. Firefox

C. 360 安全浏览器　　D. Google Chrome

2.（多选题）Selenium 支持的操作系统主要有（　　）。

A. Windows　　B. Linux

C. macOS（含 iOS）　　D. Android

3.（多选题）Selenium 支持的元素定位方式有（　　）。

A. BY.NAME　　B. BY.ID

C. BY.TAG_NAME　　D. BY.CLASS_NAME

4. Selenium 用（　　）方法实现智能等待。

A. wait()　　B. sleep()

C. implicitly_wait()　　D. implicitly_sleep()

5. Selenium 用（　　）方法打开 URL。

A. get(URL)　　B. open(URL)

C. link(URL)　　D. close(URL)

任务 7-4　使用 Postman 进行接口测试

任务引入

任务 7-2 和任务 7-3 介绍了单元测试工具 JUnit 和功能测试工具 Selenium。在此基础上，本任务将介绍用于接口测试的工具。接口测试工具一般有 Postman、SoapUI、JMeter、LoadRunner 等，这里详细介绍 Postman。

问题导引

预习资源

资源码 Y-7-4

1. 什么是接口测试?
2. 接口测试工具有哪些?
3. Postman 的特性有哪些?

知识准备

接口测试是测试系统组件间接口的一种测试，一般应用于多系统间交互开发或者拥有多个子系统的应用系统开发的测试。在进行接口测试的过程中，测试工程师并不需要了解被测试系统的所有代码，而主要通过分析接口定义及模拟接口调用的业务应用场景来进行测试用例的设计，从而达到对被测系统功能进行测试的目的。

7.4.1　Postman 简介

Postman 是一种网页调试与发送网页 HTTP 请求的 Chrome 插件，它可以很方便地模拟 GET、POST 或者其他方式的请求来调试接口。

7.4.2　Postman 的特性

Postman 主要有以下特性。

（1）仅支持 REST 类型的接口测试。

（2）在 Runner 中运行时，可加载 CSV/JSON 文件。Runner 中的 Iteration 可用来实现循环。

（3）通过 JavaScript 脚本控制实现流程控制。

（4）Request 的 Response 及 Runner 的 Result 均可导出为 JSON 文件。

7.4.3　Postman 的安装与使用

Postman 的安装主要有两种方式，分别为安装包安装和插件包安装。其中插件包安装是在浏览器上安装扩展程序。下面介绍 Postman 的安装与使用。

（1）发送 GET 请求。

请求类型选择“GET”，在其后输入 URL，然后切换到“Params”选项卡，设置参数 KEY 为

q、VALUE 为 orc，此时 Postman 会自动在 URL 后添加上“?q=orc”。GET 请求的请求头与请求参数如果在文档中无特别声明，可以不填写。单击“Send”按钮，开始发送请求，请求的返回结果会在下方的“Body”选项卡中展示出来，如图 7-4-1 所示。

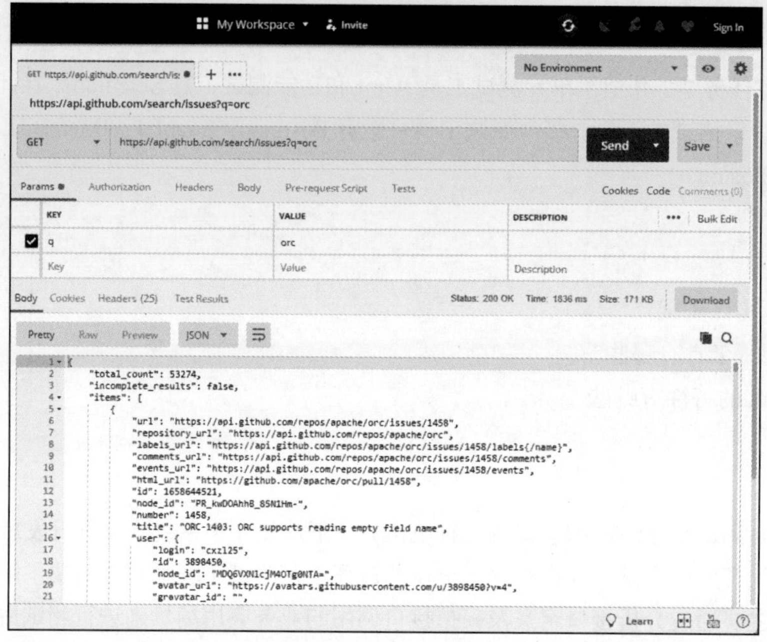

图 7-4-1　发送 GET 请求

（2）发送 POST 请求。

请求类型选择“POST”，在其后输入 URL。在上方的“Body”选项卡中设置参数 KEY 为 username、VALUE 为 student3，KEY 为 password、VALUE 为 student3，KEY 为 taskId、VALUE 为 21。单击“Send”按钮，开始发送请求，请求的返回结果会在下方的“Body”选项卡中展示出来，如图 7-4-2 所示。

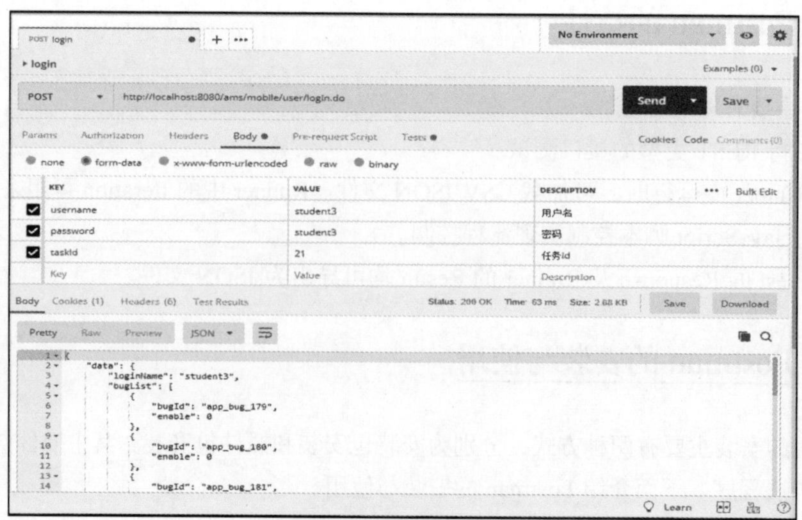

图 7-4-2　发送 POST 请求

（3）集合。

在 Postman 中，集合表示将 Request 进行分组、分类，然后将事件串联起来，或者将相关联的模块归类在一起，保存在一个集合中，后期进行维护、管理。这里可以新建集合 Data_Driver，将资产管理系统的登录接口放入集合 Data_Driver 中，如图 7-4-3 所示。

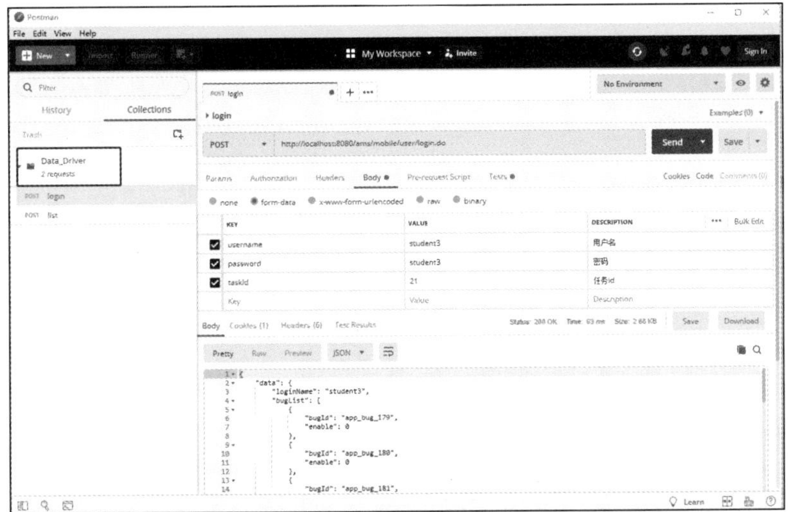

图 7-4-3　集合的使用

（4）环境变量和全局变量。

环境变量和全局变量是 Postman 为特定的测试环境自定义的参数值，如图 7-4-4 所示。这样就不用每次请求都去输入某些值，而可以直接引用设置的值，测试更方便。

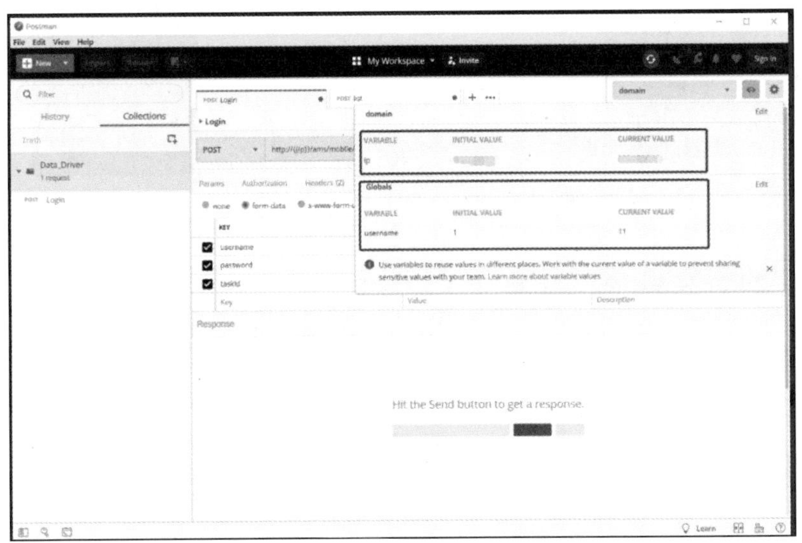

图 7-4-4　环境变量和全局变量

（5）数据驱动。

执行测试用例的过程本质上是执行不同的数据。因此测试的过程是输入不同数据，并执行通过调用接口查看返回结果的过程。所以我们可以在测试过程中，使用预先设定好的数据文件来批量执行测试用例以便覆盖测试点，这个过程就叫作数据驱动。Postman 提供数据驱动的功能，可以选择 CSV 或者 JSON 文件记录的数据，这里以资产管理系统的入库接口“http://loaclhost:8080/ams/mobile/assert/insert.do”及 CSV 文件为例介绍数据驱动，如图 7-4-5～图 7-4-7 所示。

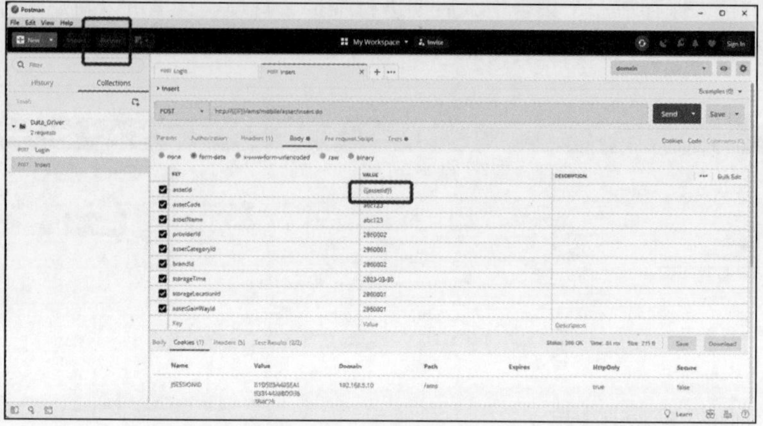

图 7-4-5　接口参数化

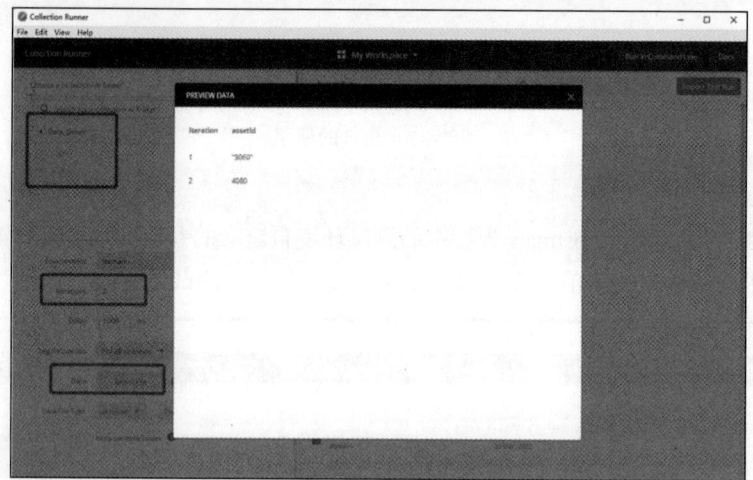

图 7-4-6　Runner 窗口设置及数据预览

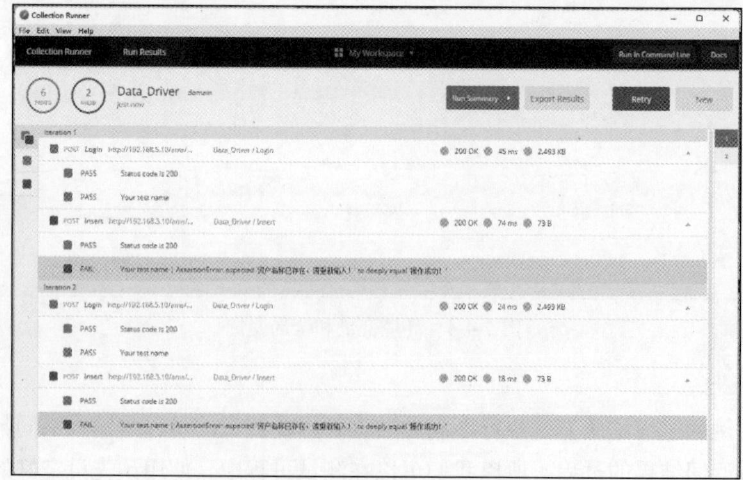

图 7-4-7　数据驱动运行结果

任务实训

采用 Postman 对登录接口进行测试

一、实训目的

1. 掌握接口测试工具 Postman 的基本功能。
2. 能灵活应用 Postman 开展接口测试。

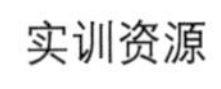

资源码 X-7-4

二、实训内容

1. 阅读登录接口说明信息，了解接口的基本信息。
2. 对登录接口进行测试用例设计。
3. 根据设计的测试用例，采用 Postman 对登录接口进行测试。
4. 下载实训报告并按要求提交。

（1）任务说明。

这里以资产管理系统登录接口为例进行脚本编写和执行测试，展开说明如何进行接口测试。

（2）登录接口描述。

接口功能：用户登录。

接口地址：http://localhost:8080/ams/mobile/user/login.do。

请求方式：POST。

请求参数如表 7-4-1 所示。

表 7-4-1　　请求参数

参数	是否必填	类型	说明
username	是	String	用户名
password	是	String	密码
taskId	是	String	任务 ID

响应结果："status"：1，"msg"："登录成功！"。

其余均失败。

（3）接口测试要求说明。

① 在 Postman 中新建 Data_Driver 集合，在该集合下新建 Login 脚本，测试登录接口。

② 在脚本{Body}中设置 KEY 和 VALUE 接收请求参数。

③ 在 Tests 中对执行结果进行断言判断，设置两个断言，第一个断言判断响应状态码为 200，第二个断言判断响应内容中返回的参数值中存在"登录成功"字符。

④ 将返回的 cookie 设置为全局变量 Cookies。

⑤ 设置完成，执行接口测试。

⑥ 截图要求：一共 4 张图，测试用例 Body 的窗口截图，需要包含接口提交方式、Collections 的名称、URL 和 Params 相关内容；测试用例 Tests 的窗口以及 Test Results 的窗口截图；Response Body 内容截图，需要包括 status、msg；代码设置全局变量的窗口以及全局变量展示窗口截图。

复习提升

扫码复习相关内容，完成以下练习。

练习题

1. 使用 Postman 常规功能测试“http://httpbin.org/post”接口。

2. 使用 Postman 集合、全局变量、环境变量以及数据驱动测试“http://httpbin.org/post”接口。

任务 7-5 使用 LoadRunner 进行性能测试

任务引入

性能测试的目的是度量系统相对于预定义目标的差距，同时发现软件系统中存在的性能瓶颈，优化软件。

LoadRunner 是 HP 公司（原 Mercury 公司）出品的用来测试应用程序性能的工具，它通过模拟多用户并行工作的环境来对应用程序进行负载测试。LoadRunner 通过使用最少的硬件资源，为这些虚拟用户提供一致的、可重复并可度量的负载，像实际用户一样使用所要测试的应用程序。LoadRunner 深入的报告和图表提供了评估应用程序性能所需的信息。本任务将介绍性能测试工具 LoadRunner 的使用方法。

问题导引

1. LoadRunner 的基本功能是什么？
2. LoadRunner 的主要特性有哪些？
3. LoadRunner 包含哪些组件？其作用分别是什么？

知识准备

7.5.1 LoadRunner 概述

1. LoadRunner 简介

LoadRunner 是一个预测系统行为和性能的工业标准级负载测试工具，它通过模拟大量用户实施并发负载及实时性能监测的方式来确认和查找问题能够对整个企业架构进行测试。使用 LoadRunner，企业能最大限度地缩短测试时间、优化性能和加速应用系统的发布。

企业的网络应用环境都必须支持大量用户，网络体系架构包含各类应用环境且由不同供应商提供软件和硬件。难以预知的用户负载和越来越复杂的应用环境使公司时时担心会发生用户响应速度过慢、系统崩溃等问题。这些都会导致公司收益的减少。HP 公司的 LoadRunner 能让企业尽可能地避免系统性能问题带来的损失，且由于无须购置额外硬件就可最大限度地利用现有的 IT 资源，使企业减少进行性能测试所花的额外采购费用。而系统性能的提升也能让终端用户对企业

产生良好的印象，提升企业形象，带来潜在收益。

2. LoadRunner 的主要特性

（1）轻松创建虚拟用户。

使用 LoadRunner 的虚拟用户生成器能简便地创建系统负载。该生成器能够生成虚拟用户，以虚拟用户的方式模拟真实用户的业务操作行为。

（2）创建真实的负载。

创建虚拟用户后，需要设定负载方案、业务流程组合和虚拟用户数量。用 LoadRunner 的控制器能很快地组织起多用户的测试方案。

（3）实时监测器。

LoadRunner 内含集成的实时监测器，在负载测试过程的任何阶段都可以观察到应用系统的运行性能。这些性能监测器实时地显示交易性能数据（如响应时间）和其他的系统组件，包括 Application Server、Web Server、网络设备和数据库等的实时性能。

（4）分析结果以精确定位问题所在。

一旦测试完毕，LoadRunner 就收集汇总所有的测试数据，并提供高级的分析和报告工具，以便迅速查找性能问题并追溯缘由。

（5）重复测试保证系统的高性能。

负载测试是一个重复过程。每次处理完一个出错情况，都需要对应用程序在相同的方案下再进行一次负载测试，以此检验所做的修正是否改善了运行性能。

（6）其他特性。

利用 LoadRunner 可以很方便地了解系统的性能。它的控制器允许重复执行与出错修改前相同的测试方案。其中，基于 HTML 的报告提供了一个比较性能结果所需的基准，以此衡量在一段时间内有多大程度的改进并确保应用成功。由于这些报告是基于 HTML 的文本，可以将其公布于公司的内部网上，便于随时查阅。

所有 HP 公司的产品和服务都是集成设计的，能完全相容地一起运作。由于它们具有相同的核心技术、来自 LoadRunner 和 ActiveTest TM 的测试脚本，在 HP 公司的负载测试服务项目中可以被重复用于性能监测。借助 HP 公司的监测功能——Topaz TM 和 ActiveWatch TM，测试脚本可重复使用，从而平衡投资收益。更重要的是，它能为测试的前期部署和生产系统的监测提供一个完整的应用性能管理解决方案。

3. LoadRunner 的组件和相关术语

LoadRunner 包含下列组件。

（1）虚拟用户生成器，用于捕获最终用户业务流程和创建自动性能测试脚本（也称虚拟用户脚本）。

（2）Controller，用于组织、驱动、管理和监控负载测试。

（3）负载生成器，通过运行虚拟用户生成负载。

（4）Analysis，有助于查看、分析和比较性能结果。

（5）Launcher，为访问所有 LoadRunner 组件的统一窗口。

在学习使用 LoadRunner 之前，需要了解一些相关术语。

（1）场景。场景是一种文件，用于根据性能要求定义在每一个测试会话运行期间发生的事件。

（2）Vuser。在场景中，LoadRunner 用虚拟用户（Vuser）代替真实用户。Vuser 可通过模拟真实用户的操作来使用应用程序。一个场景可以包含几十、几百甚至几千个 Vuser。

（3）Vuser 脚本。Vuser 脚本用于描述 Vuser 在场景中执行的操作。

（4）事务。要度量服务器的性能，需要定义事务。事务表示要度量的最终用户业务流程。

4. LoadRunner 工作流程

LoadRunner 包含很多组件，其中最常用的有虚拟用户生成器（Visual User Generator，以下简称 VuGen）、Controller、Analysis。使用 LoadRunner 进行性能测试的过程如图 7-5-1 所示。

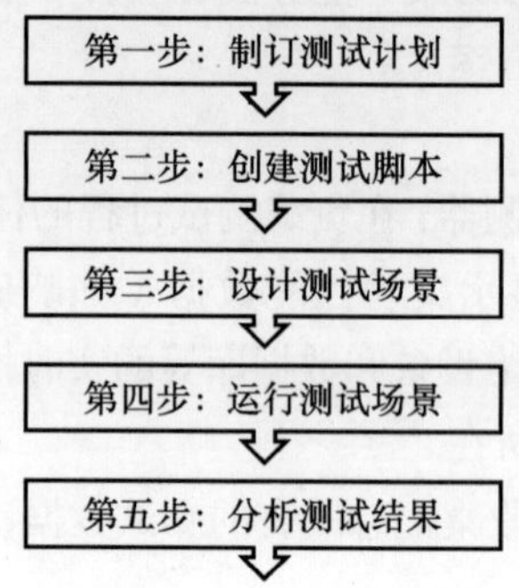

图 7-5-1　使用 LoadRunner 进行性能测试的过程

上述测试过程的具体介绍如下。

（1）制订测试计划。定义性能测试要求，如并发用户的数量、典型业务流程和所需响应时间。

（2）创建测试脚本。将最终用户活动捕获到自动脚本中。

（3）设计测试场景。使用 LoadRunner 控制器设置负载测试环境。

（4）运行测试场景。通过 LoadRunner 控制器驱动、管理和监控负载测试。

（5）分析测试结果。使用 LoadRunner 分析器创建图和报告并评估性能。

LoadRunner 支持 40 多种应用程序，本任务只介绍对基于 Web 的应用程序进行负载测试的过程。下面就按照图 7-5-1 所示的步骤简单地说明使用 LoadRunner 对 Web 应用程序进行测试的过程。

7.5.2　制订测试计划

在任何类型的测试中，制订测试计划都是第一步。测试计划是进行成功的负载测试的关键。一个好的测试计划能够保证 LoadRunner 完成负载测试的目标。

制订负载测试计划需要分析软件系统。要对系统的软、硬件以及配置情况非常熟悉，这样才能保证使用 LoadRunner 创建的测试环境能真实地反映实际运行的环境。

分析软件系统时，通常会描绘出该系统的组成图。组成图要包括系统中所有的组件以及它们之间的通信方式。图 7-5-2 是一个系统组成图，可以作为参考。

描述系统配置并画出系统组成图后，试着回答以下问题，对组成图进行完善。

（1）预计有多少用户会连到系统？

（2）客户端的配置情况（硬件、内存、操作系统、软件工具等）如何？

（3）服务器使用什么类型的数据库？服务器的配置情况如何？

（4）客户端和服务器之间如何通信？

（5）还有什么组件会影响响应时间指标？

（6）通信装置（网卡、路由器等）的吞吐量是多少？每个通信装置能够处理多少并发用户？

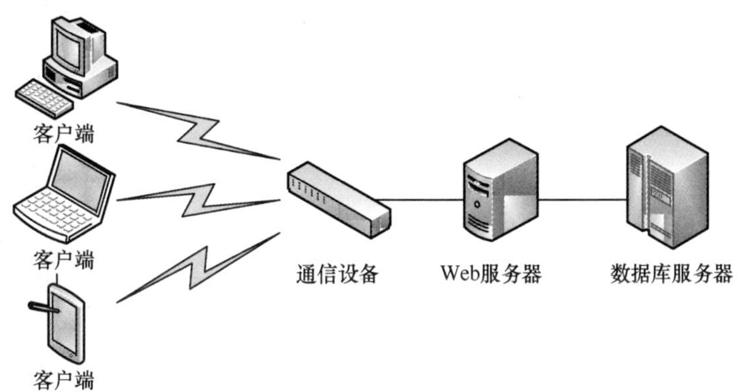

图 7-5-2　系统组成图示例

然后分析该系统最普遍的使用方法，了解该系统最常用的功能，确定哪些功能需要优先测试、什么角色使用该系统以及每个角色会有多少人、每个角色的地理分布情况等，从而预测负载的最高峰出现的情况。

最后，确定要使用 LoadRunner 度量哪些性能参数，根据测量结果计算哪些参数，从而确定虚拟用户的活动，最终确定哪些是系统的瓶颈等。在这里还要选择测试环境、配置测试机器等。

7.5.3　创建测试脚本

LoadRunner 使用虚拟用户的活动模拟真实用户来操作 Web 应用程序，而虚拟用户的活动就包含在测试脚本中，因此测试脚本对测试来说是非常重要的。开发测试脚本要使用 VuGen。测试脚本要完成的内容：每一个虚拟用户的活动；定义结合点；定义事务。

在测试环境中，LoadRunner 会在物理计算机上用虚拟用户代替真实用户。虚拟用户通过可重复、可预测的方式模拟典型用户的操作，在系统上创建负载。

VuGen 采用录制并播放的机制。在应用程序中按照业务流程操作时，VuGen 可将这些操作录制到自动脚本中，作为负载测试的基础。

1. 创建空白脚本

要录制用户操作，首先需要打开 VuGen 并创建一个空白脚本。通过录制事件和添加手动增强内容来填充空白脚本。在本部分中，打开 VuGen 并创建一个空白的 Web 脚本。

在桌面上单击“Virtual User Generator”图标，打开 VuGen 的初始窗口，如图 7-5-3 所示。

在 VuGen 初始窗口的“File”菜单中选择“New Script and Solution”命令，打开“Create a New Script”对话框，其中显示用于新建协议脚本的选项，如图 7-5-4 所示。

协议是客户端用来与系统服务端进行通信的语言。由于测试对象是基于 Web 的应用程序，因此协议选择“Web - HTTP/HTML”，最后单击“Create”按钮即可创建一个空白的 Web 脚本。

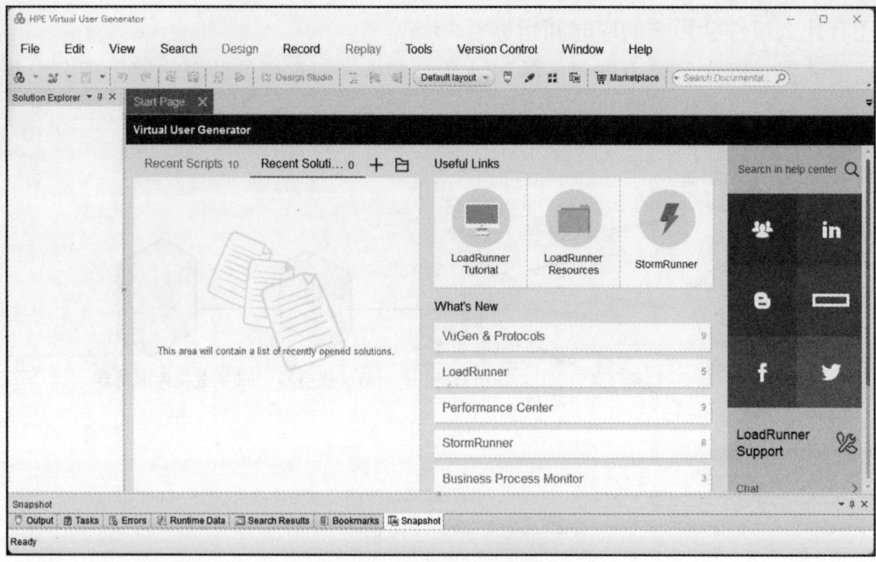

图 7-5-3　VuGen 初始窗口

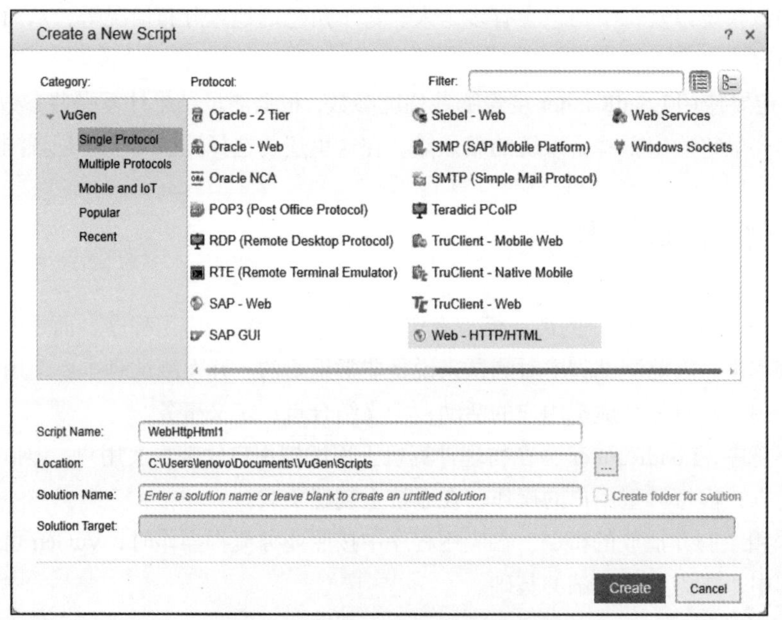

图 7-5-4　“Create a New Script”对话框

2. VuGen 的脚本工作窗口

单击“Create”按钮创建一个空白的 Web 脚本，系统会显示工作窗口，如图 7-5-5 所示。左侧是脚本导航窗格，右侧是脚本代码编辑窗格，下方是常用选项卡窗格（包括“Output”“Tasks”“Errors”等）。

3. 录制脚本

创建测试脚本的下一步是录制实际用户执行的事件。在前一步创建了一个空白的 Web 脚本，现在可以将事件直接录制到脚本中，录制脚本的过程如下。

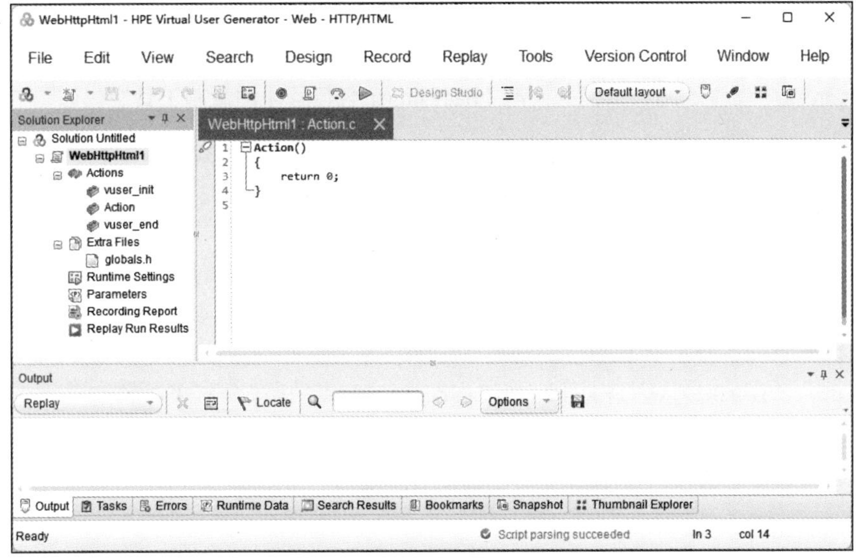

图 7-5-5　VuGen 的脚本工作窗口

（1）设置录制选项。

在工具栏中单击“Record”按钮，弹出“Start Recording”对话框，如图 7-5-6 所示。

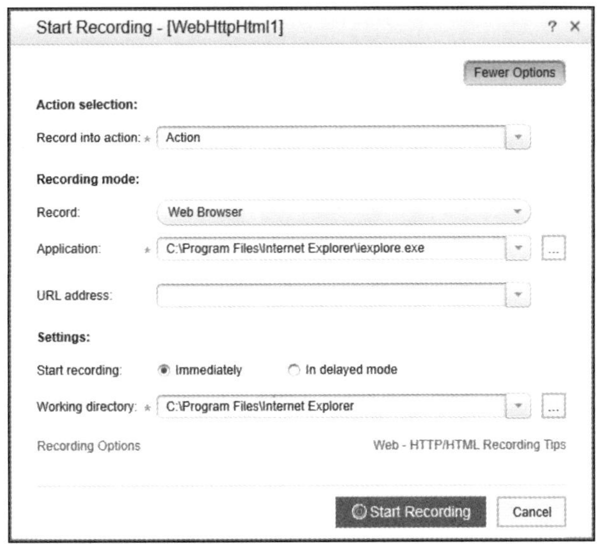

图 7-5-6　“Start Recording”对话框

① Record into action：录制的内容会被存放在 Action 中，Action 是 VuGen 提供的一种类似于函数的脚本块，通过将不同的操作存放在不同的 Action 中实现代码的高内聚低耦合。

② Record：指定程序类型，VuGen 默认支持 Web 浏览器端运行的程序，本测试的对象是基于 Web 的应用程序，因此选择“Web Browser”。

③ Application：指定使用的浏览器。

④ URL address：开始录制时首先需要访问的 URL，即第一个请求所需要访问的页面，例如 LoadRunner 自带的网站 http://localhost:1080/WebTours/。

⑤ Working directory：指定脚本代码的工作目录。

上述各项设置完成后，单击“Start Recording”按钮，LoadRunner 将自动打开浏览器，并显示在 URL address 中设置的站点页面。同时 LoadRunner 会打开浮动录制工具栏，如图 7-5-7 所示。

图 7-5-7 浮动录制工具栏

（2）录制脚本。

此时可以在页面上执行性能测试的操作。例如，如果需要测试某个列表项的删除性能，则直接在页面上进行一次删除操作，LoadRunner 会自动记录下该操作的脚本代码。

① 插入 Action。

如果某些操作比较独立，需要放入一个新的 Action 中，可以单击按钮，输入 Action 名称，创建一个新的 Action。

② 插入事务。

如果需要排除其他操作的干扰，只查看某一个或几个操作精确的执行时间，可以将这些操作放在一个事务内，在结果分析中查看这些事务的执行时间。在页面上执行这些操作之前，单击浮动录制工具栏上的按钮，输入事务名称来插入一个事务的起始点，在这些操作执行完成后单击按钮，输入相同的事务名称来插入该事务的结束点。

③ 插入集合点。

在对某些操作进行并发性能测试时，如果需要让虚拟用户们同时执行这些操作，需要在脚本中设置集合点，先到达集合点的虚拟用户会等待其他虚拟用户，当所有虚拟用户都到达集合点时，再同时执行后续脚本代码。插入集合点的方法是在需要设置集合点的操作之前单击按钮，然后输入集合点名称。

④ 插入文本检查点。

为了能在脚本回放时得知页面的响应是否正确，可以设置文本检查点来进行检验。文本检查点的作用就是在某个操作执行完成后，检查服务器的返回页面上是否存在该检查点中存有的文本信息。如果存在则认为页面响应正确，否则认为错误。插入文本检查点的方法是选中页面上的某些能代表该页面的独有的文本信息，单击按钮。

⑤ 结束录制。

在所有操作都执行完成后，单击按钮结束录制，LoadRunner 会自动生成录制脚本。

（3）回放脚本。

脚本生成后可以通过单击工具栏上的按钮或直接按 F5 键来回放脚本。当脚本回放完成后，会弹出“Replay Summary”窗口，该窗口中会显示脚本回放是否通过，如图 7-5-8 所示。“Script Passed”状态说明脚本运行正常，但需要注意的是，“Passed”只代表脚本执行没有错误，并不代表操作在逻辑上是正确的。如果回放出现错误，会在“Output”窗口中使用红色标注错误信息。

（4）参数化。

参数在 VuGen 脚本开发中起到了非常大的作用。当一个脚本执行多次，且在每次执行时都需要变化某些内容的取值（如模拟不同用户登录，用户名和密码不同）时，可以将这些内容的取值设置成参数，参数值从参数列表按一定顺序获取。参数化的方法如下。

在脚本代码中选中需要参数化的字符串，然后右击，在弹出的快捷菜单中选择“Replace with a Parameter”命令，设置参数名称，将选中的部分替换成参数。

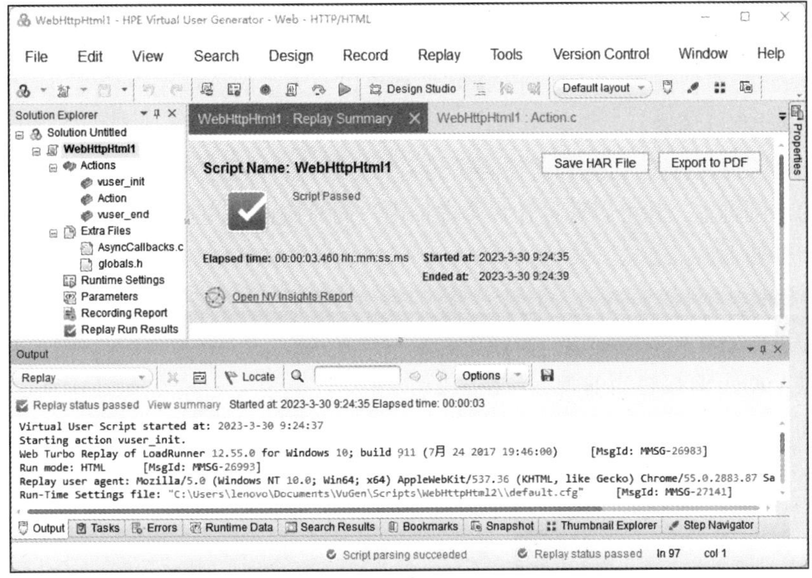

图 7-5-8　“Replay Summary”窗口

这样就完成了参数化的操作，参数值被保存在 Parameter List 中，双击左侧脚本导航窗格中的“Parameters”或按 Ctrl+L 组合键可以打开“Parameter List”对话框，如图 7-5-9 所示。单击“Add Row”按钮可以为该参数添加多个值。

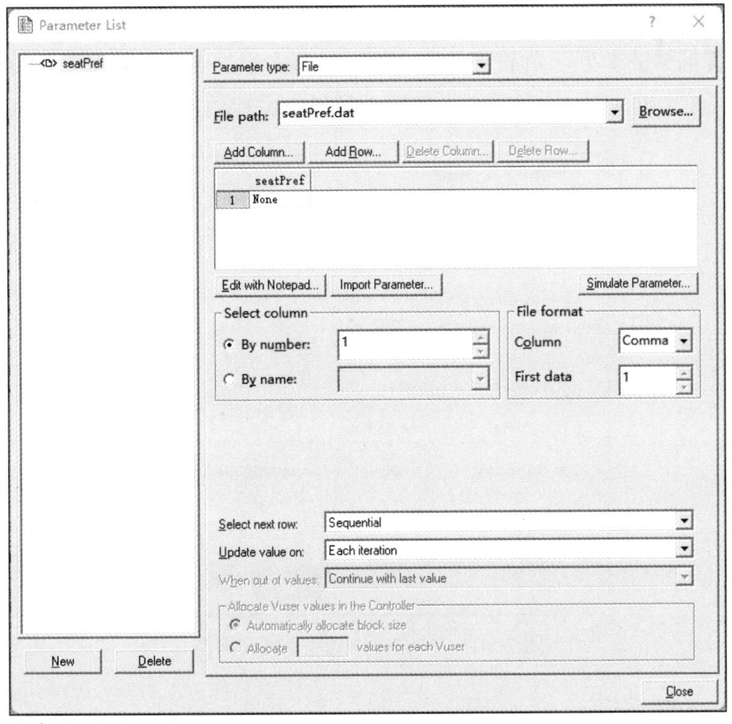

图 7-5-9　“Parameter List”对话框

7.5.4 设计测试场景

测试场景用来描述在测试活动中发生的各种事件。一个测试场景包括一个运行虚拟用户活动的 Load Generator 机器列表、一个测试脚本的列表以及大量的虚拟用户和虚拟用户组。可使用 Controller 来设计测试场景。

Controller 是用来创建、管理和监控测试的中央控制台。使用 Controller 可以运行模拟真实用户执行操作的示例脚本，并可以通过让多个虚拟用户同时执行这些操作在系统中创建负载。设计测试场景的步骤如下。

1. 新建场景

场景分为目标场景和手动场景，新建场景有两种方式。

（1）通过 VuGen 直接将当前脚本转换为场景。

在 VuGen 的脚本工作窗口的“Tools”菜单中选择“Create Controller Scenario”命令，如图 7-5-10 所示，就可以将当前脚本转换为场景。

Tools
Version Control
Window
Compare
Create Controller Scenario...
Business Process Report...
Options...

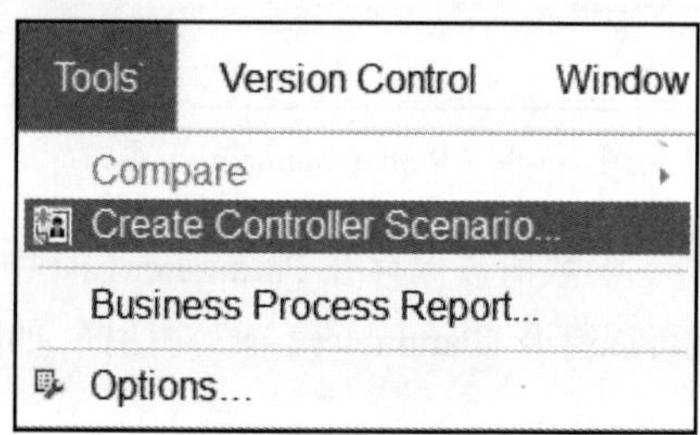

图 7-5-10　在 VuGen 中直接生成场景

接着需要设置场景的类型、负载服务器的地址、脚本组的名称及结果的保存地址。如果选择“Manual Scenario”（手动场景），还需要设置手动场景中虚拟用户的数量，如图 7-5-11 所示。

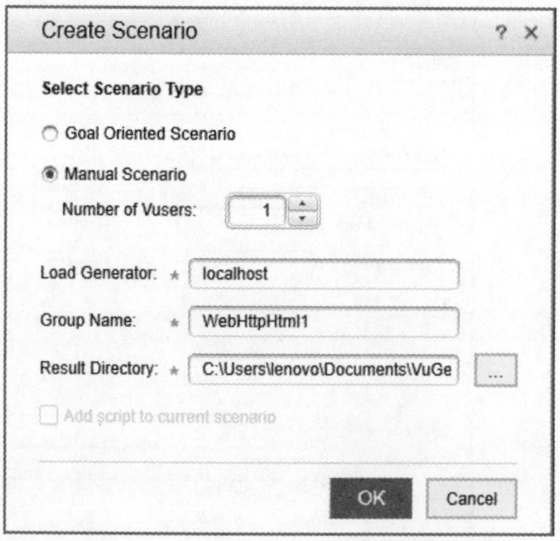

Create Scenario
? ×
Select Scenario Type
Goal Oriented Scenario
Manual Scenario
Number of Vusers:
1
Load Generator: *
localhost
Group Name: *
WebHttpHtml1
Result Directory: *
C:\Users\lenovo\Documents\VuGe
...
Add script to current scenario
OK
Cancel

图 7-5-11　VuGen 中的手动场景属性

（2）启动 Controller 程序。

在“开始”菜单或桌面上找到 Controller 的程序并启动，出现“New Scenario”对话框，如图

7-5-12 所示。如果没有出现，可以在菜单或者工具栏中选择“New”命令。

New Scenario

Select Scenario Type

Manual Scenario

Manage your load test by specifying the number of virtual users to run

Use the Percentage Mode to distribute the Vusers among the scripts

Goal-Oriented Scenario

Allow LoadRunner Controller to create a scenario based on the goals you specify

Select the script(s) you would like to use in your scenario

LoadRunner Scripts　System or Unit Tests　JMeter Scripts

Available Scripts　Scripts in Scenario

WebHttpHtml1
WebHttpHtml2
WebHttpHtml3
WebHttpHtml4
WebHttpHtml5
WebHttpHtml6
WebHttpHtml7

Add ==>>
Remove
Browse...
Record...
HPE ALM...

Show at startup　OK　Cancel　Help

图 7-5-12　“New Scenario”对话框

① 目标场景（Goal-Oriented Scenario）。

目标场景就是设置一个运行目标，通过 Controller 的自动负载功能进行自动化负载。如果测试的结果达到目标，则说明系统的性能符合测试目标，否则就提示无法达到目标。

在图 7-5-11 所示的对话框中选中“Goal Oriented Scenario”单选按钮，或在图 7-5-12 所示的对话框中选中“Goal Oriented Scenario”单选按钮，再单击“OK”按钮进入目标场景设置窗口，如图 7-5-13 所示。

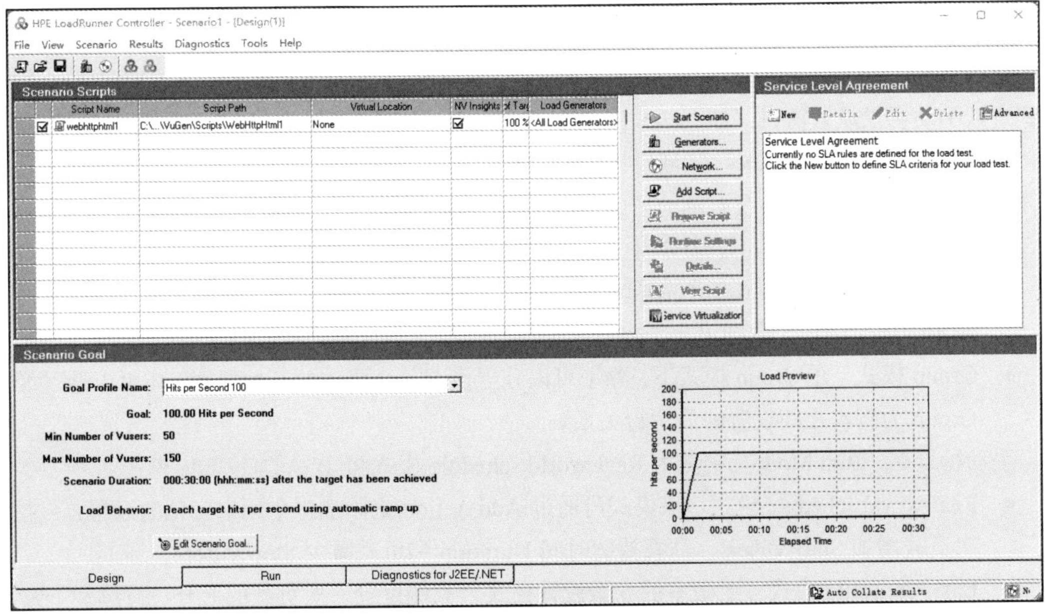

图 7-5-13　目标场景设置窗口

在目标场景中设置一个需要测试的目标，控制器会通过自动逐渐增加负载来测试系统能否稳定地达到预先设定的目标。单击图 7-5-13 所示窗口中的“Edit Scenario Goal”按钮打开“Edit Scenario Goal”对话框，如图 7-5-14 所示。

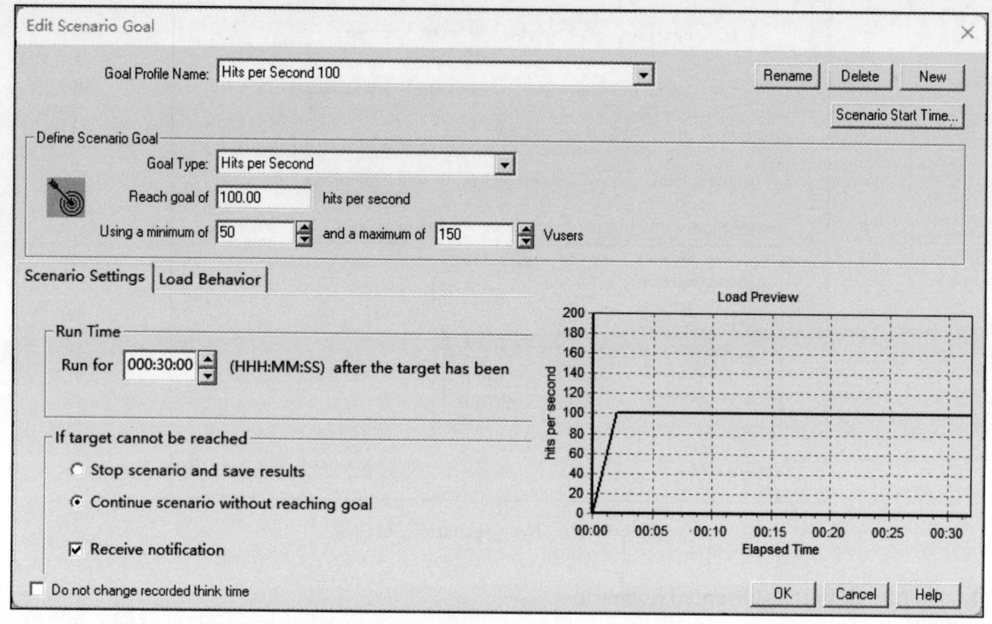

图 7-5-14 “Edit Scenario Goal”对话框

设置完成后启动目标场景，控制器会自动调整用户个数形成负载，确认在这种负载下预先设定的目标是否可以达到。

② 手动场景（Manual Scenario）。

手动场景就是自行设置虚拟用户的变化，通过设计虚拟用户的增加、保持和减少的过程来模拟真实的用户请求模型，以完成负载的生成。

在图 7-5-11 或图 7-5-12 所示的对话框中选中“Manual Scenario”单选按钮，再单击“OK”按钮进入手动场景设置窗口，如图 7-5-15 所示。

可以在“Global Schedule”区域设计虚拟用户的数量以及用户的增加、保持和减少的过程，具体的用户负载变化情况会在右侧的“Interactive Schedule Graph”区域显示出来。

手动场景在“Schedule by”中分为 Scenario 模式和 Group 模式。

- Scenario 模式。该模式指所有脚本都使用相同的场景模型来运行，只需要分配每个脚本所使用的虚拟用户个数即可。
- Group 模式。在 Group 模式下，除了可以独立设置每个脚本的开始规则，还可以通过 Start Group 为脚本之间设置前后运行关系。

手动场景在“Run Mode”中分为 Real-world schedule 模式和 Basic schedule 模式。

- Real-world schedule 模式。该模式可通过 Add Action 来添加多个用户变化的过程，包括多次负载增加 Start Vusers、高峰持续时间 Duration 和负载减少 Stop Vusers。
- Basic schedule 模式。老版本的场景设计模式，只能设置一次负载的上升、持续和下降。

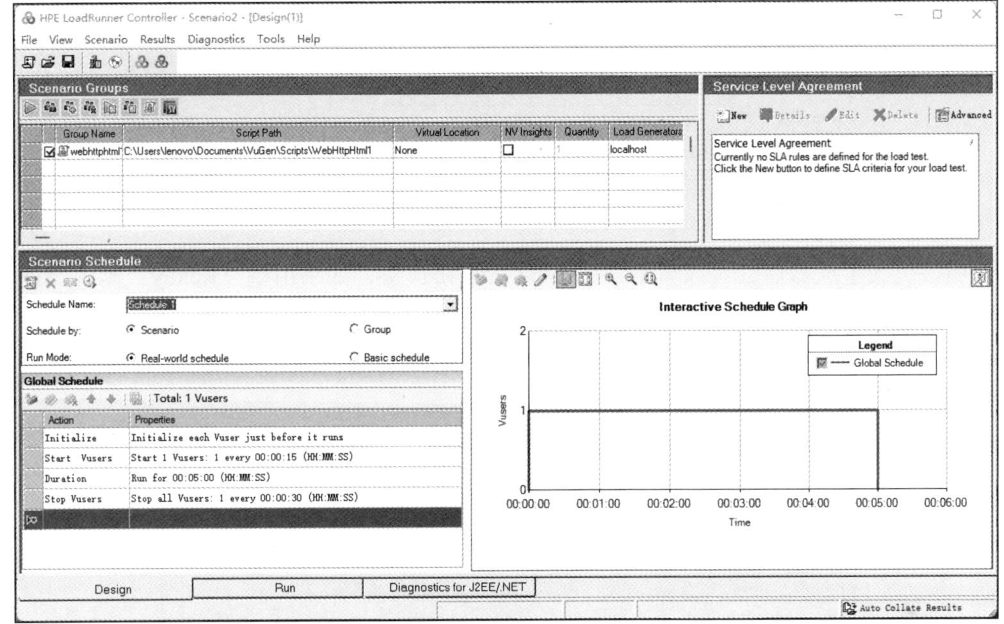

图 7-5-15　手动场景设置窗口

2. 负载生成器管理

对场景进行设计后，需要配置负载生成器。负载生成器是运行脚本的负载引擎，在默认情况下使用本地的负载生成器来运行脚本，但是模拟用户行为也需要消耗一定的系统资源，所以在一台计算机上无法模拟大量的虚拟用户，这时可以将虚拟用户分布到多个计算机上来完成大规模的性能负载。

选择“Scenario”菜单中的“Load Generators”命令，弹出图 7-5-16 所示的对话框。

Load Generators

Name	Status	Platform	Type	Network Profile	Default Virtual Location	Details
localhost	Down	Windows	Local	LoadRunner Default	None	

Disconnect
Add...
Add From Cloud
Delete...
Reset
Details...
Disable
Help
Close

图 7-5-16　“Load Generators”对话框

单击“Add”按钮可以添加负载生成器，然后在对话框中输入需要连接的负载生成器所在的计算机 IP 和对应的平台（使用其他计算机作为负载生成器时要确保其他计算机上安装并启动了 Load Generator 服务），如图 7-5-17 所示。

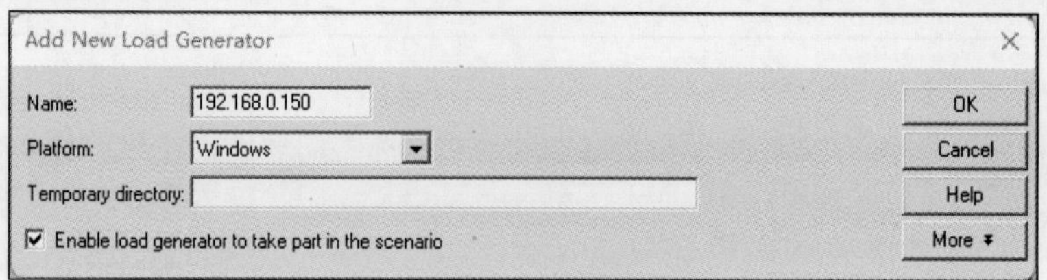

图 7-5-17　添加负载生成器

添加该负载生成器后，可以单击“Connect”按钮连接，如果出现“Ready”则说明连接正确。当负载生成器添加完成后，可以在“Scenario Groups”窗格中的脚本右侧选择使用哪个负载生成器。

3. 虚拟用户管理

在“Scenario Groups”窗格中单击按钮，弹出虚拟用户管理器，如图 7-5-18 所示。

Vusers(50)

webhttphtml1　All Vusers

ID	Status	Script	Virtual Location	Load Generator	Elapsed Time
1	Down	WebHttpHtml1	None	localhost	
2	Down	WebHttpHtml1	None	localhost	
3	Down	WebHttpHtml1	None	localhost	
4	Down	WebHttpHtml1	None	localhost	
5	Down	WebHttpHtml1	None	localhost	
6	Down	WebHttpHtml1	None	localhost	
7	Down	WebHttpHtml1	None	localhost	
8	Down	WebHttpHtml1	None	localhost	
9	Down	WebHttpHtml1	None	localhost	
10	Down	WebHttpHtml1	None	localhost	
11	Down	WebHttpHtml1	None	localhost	
12	Down	WebHttpHtml1	None	localhost	
13	Down	WebHttpHtml1	None	localhost	
14	Down	WebHttpHtml1	None	localhost	

Run　Gradual Stop　Stop　Reset　Details...　Add Vuser(s)...　Refresh　Help　Close

图 7-5-18　虚拟用户管理器

在虚拟用户管理器中可以添加新的虚拟用户，也可以为每个虚拟用户设置负载生成器。当场景运行时，可以通过该功能对某个正在运行的用户进行监控。

4. 运行设置

在场景运行之前还需要对脚本的运行策略进行设置，确保整个场景中所有用户的运行方式正确。

选中“Scenario Groups”窗格中的脚本，单击按钮，对该脚本进行运行设置。这里主要注意设置“Run Logic”中 Action 的循环次数、Think Time 的处理策略等。

Think Time 可以模拟真实用户的操作等待过程，如果其数值设置得太短，那么得出的性能数据可能就会比较差（因为操作过快会导致服务器的负载压力比正常情况大，从而结果较差）；如果其数值设置得太长，结果会过于乐观。这里可以尝试取熟练用户和新手用户的操作等待时间的平均值。

7.5.5　运行测试场景

一切配置妥当，开始运行测试。

在图 7-5-15 所示的窗口中切换到“Run”选项卡，显示场景运行视图，如图 7-5-19 所示。在“Run”选项卡中单击“Start Scenario”按钮，Controller 开始运行场景。在“Scenario Groups”窗格中可以看到 Vuser 逐渐开始运行并在系统上生成负载。

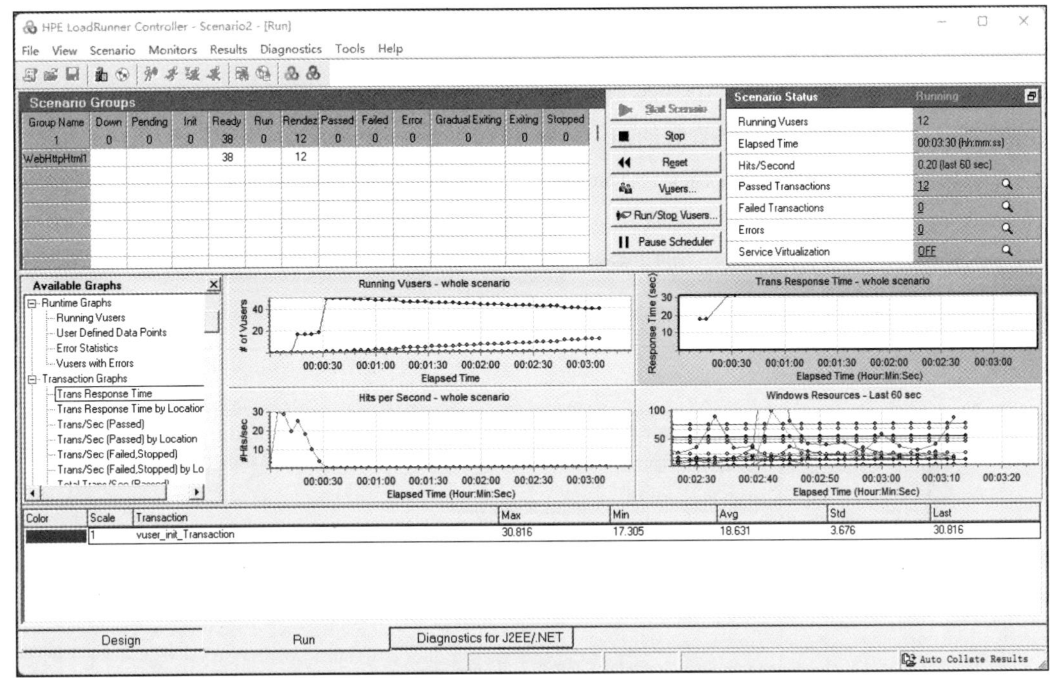

图 7-5-19　场景运行视图

场景运行视图包含以下 5 部分。

（1）场景组。位于左上窗格中，可以查看场景组中 Vuser 的状态。使用该窗格右侧的按钮可以启动、停止和重置场景，查看单个 Vuser 的状态，并且可以手动添加更多的 Vuser，从而增加场景运行期间应用程序上的负载。

（2）场景状态。位于右上窗格中，可以查看负载测试的概要，其中包括正在运行的 Vuser 的数量以及每个 Vuser 操作的状态。

（3）可用图树。位于中部左侧窗格中，可以查看 LoadRunner 图列表。要打开图，可在该树中选择一个图，然后将其拖动到图查看区域中。

（4）图查看区域。位于中部右侧窗格中，可以自定义显示以查看 1～8 个图（选择“View”→“View Graphs”命令）。

（5）图例。位于底部窗格中，可以查看选定图中的数据。

7.5.6　分析测试结果

前面所有的准备都是为了这一步。需要分析大量的图表，生成各种不同的报告，最后得出结论。

测试运行结束时，LoadRunner 将提供一个深入分析部分，此部分由详细的图和报告组成。可以将多个场景的运行结果组合在一起进行比较，也可以使用自动关联工具将所有包含能够对响应

时间产生影响的数据的图合并，并确定出现问题的原因。使用这些图和报告，可以容易地识别应用程序中的性能瓶颈，并确定需要对系统进行哪些更改来提高系统性能。

选择“Results”→“Analyze Results”命令，可以打开场景运行结果的分析器（Analysis）。

1. Analysis 窗口概述

Analysis 窗口包括下列 3 个主要部分。

（1）图树。在左侧窗格中，Analysis 将显示可以打开查看的图。可以在此处显示打开 Analysis 时未显示的新图，或删除不想再查看的图。

（2）图查看区域。在右侧窗格中，Analysis 在此区域显示图。默认情况下，当打开一个会话时，Analysis 概要报告将显示在此区域。

（3）图例。位于底部窗格中，可以查看选定图中的数据。

Analysis 窗口如图 7-5-20 所示。

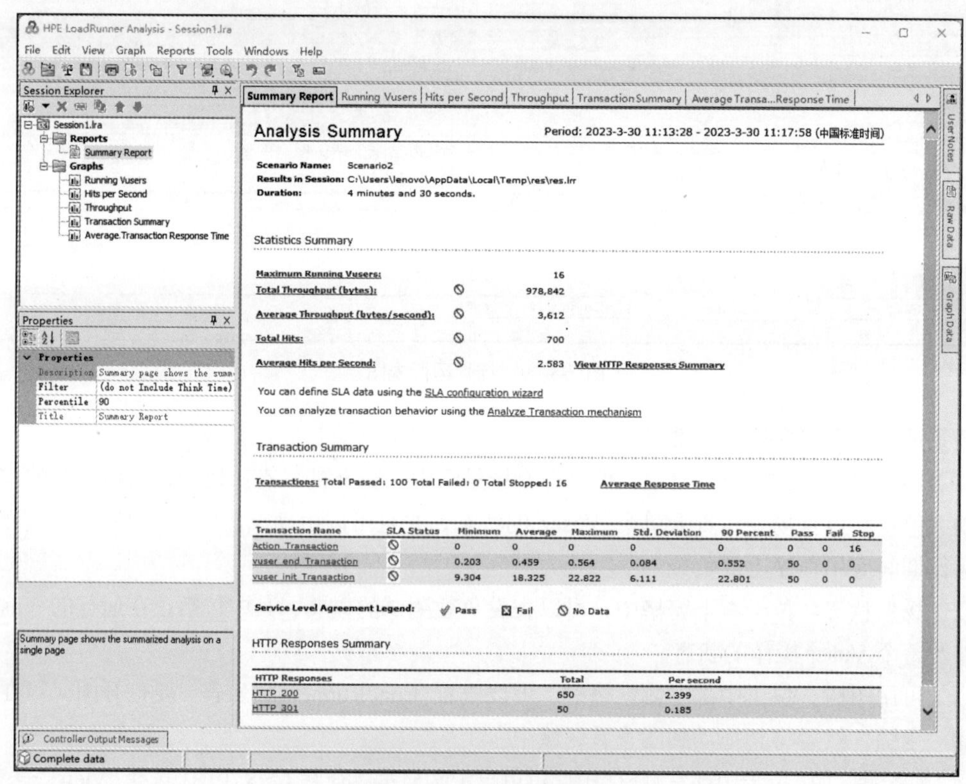

图 7-5-20 Analysis 窗口

2. 发布结果

可以以 HTML 或 Microsoft Word 报告的形式发布 Analysis 会话的结果。该报告使用设计者模板创建，并且包括所提供的图和数据的解释和图例。

HTML 报告可以在任何浏览器中打开和查看。要创建 HTML 报告，请执行下列操作。

（1）在“Reports”菜单中选择“HTML Report”命令。

（2）设置报告的文件名和保存该报告的路径。单击“保存”按钮。Analysis 将创建报告并将其显示在 Web 浏览器中。注意：HTML 报告的布局与 Analysis 会话的布局十分相似。单击浏览器左侧的链接可以查看各种图。每幅图的描述都显示在窗口底部。

任务实训

使用 LoadRunner 对飞机订票系统进行性能测试

一、实训目的

1. 掌握 LoadRunner 的使用方法。
2. 能熟练搭建 LoadRunner 的测试环境。
3. 能熟练使用 LoadRunner 对系统进行性能测试。

实训资源

资源码 X-7-5

二、实训内容

1. 查找性能测试工具 LoadRunner 的相关学习资源，自主学习。
2. 下载实训报告，按要求分步完成以下操作。

（1）创建性能测试脚本。

（2）设计并运行场景。

（3）生成性能测试分析结果。

3. 整理实训报告并按要求提交。

复习提升

复习资源

资源码 F-7-5

扫码复习相关内容，完成以下练习。

分析题

请选择任务实训中的 Web 系统中的另一功能进行性能测试，并分析测试结果。

任务 7-6　使用禅道模拟测试管理

任务引入

禅道项目管理软件（以下简称“禅道”）是国产的开源项目管理软件，结合国内研发现状，整合了需求管理、任务管理、Bug 管理、测试用例管理、计划发布等功能，完整地覆盖了软件研发项目的生命周期。禅道明确地将产品、项目、测试三者的概念区分开，产品人员、开发团队、测试人员三者各司其职，互相配合又互相制约，通过需求、任务、Bug 来进行互动，帮助团队高效沟通，提升团队工作效率和产品研发质量。

问题导引

预习资源

资源码 Y-7-6

1. 如何在禅道中新建测试用例？
2. 如何在禅道中提交缺陷报告？
3. 禅道中缺陷的状态有哪些？

7.6.1 测试管理工具简介

测试管理工具是指在软件开发过程中，对测试需求、计划、测试用例和实施过程进行管理，对软件缺陷进行跟踪处理的工具。通过使用测试管理工具，测试人员或开发人员可以更方便地记录和监控每个测试活动、测试阶段的结果，找出软件的缺陷和错误，记录测试活动中发现的缺陷和改进建议；测试用例可以被多个测试活动或测试阶段复用，可以输出测试分析报告和统计报表。有些测试管理工具可以更好地支持协同操作、共享中央数据库、支持并行测试和记录，大大提高了测试效率。

下面介绍几种测试管理工具。

（1）Jira。

Jira 是 Atlassian 公司开发的项目管理工具，它集项目计划、任务分配、需求管理、缺陷跟踪于一体。Jira 是基于 Java 架构的管理工具，被广泛应用于缺陷跟踪、客户服务、需求收集、流程审批、任务跟踪、项目跟踪和敏捷管理等工作领域。

Jira 提供了友好、直观、可配置的 Web 界面，功能比较全面。目前该软件得到很多软件组织的认可，被项目的管理人员、开发人员、测试人员以及分析人员广泛使用。

（2）TestLink。

TestLink 是一个开源的，用于项目管理、缺陷跟踪和测试用例管理的测试过程管理工具。TestLink 遵循集中测试管理的理念，可以对从测试需求、测试设计到测试执行的测试过程进行全面的管理，同时，它还提供了多种统计和分析测试结果的功能。

（3）Redmine。

Redmine 是一个开源的、基于 Web 的项目管理和缺陷跟踪工具。它集成了项目管理所需的各项功能，同时支持日历和甘特图的展示，可以协助完成项目的可视化显示与时间限制，并进行问题跟踪和版本控制。

这种 Web 形式的项目管理工具通过“项目”的形式把成员、任务（问题）、文档、讨论以及各种形式的资源组织在一起，成员更新任务、文档等内容，进而推动项目的进度，同时系统利用时间线索和各种动态的报表形式自动地给成员汇报项目进度。

（4）禅道。

禅道是国内第一款开源项目管理工具，其核心是基于国际流行的敏捷项目管理方法——Scrum，内置了产品管理和项目管理功能，同时又根据国内研发现状补充了缺陷管理、文档管理、事务管理等功能。在一个软件中就可以将软件研发中的需求、任务、缺陷、测试用例、计划、发布等要素有序地跟踪、管理起来，覆盖了项目管理的核心流程。

下面介绍禅道的安装及使用流程。

7.6.2 禅道的安装

（1）下载安装文件。

进入禅道官网下载所需的禅道版本，如图 7-6-1 所示。

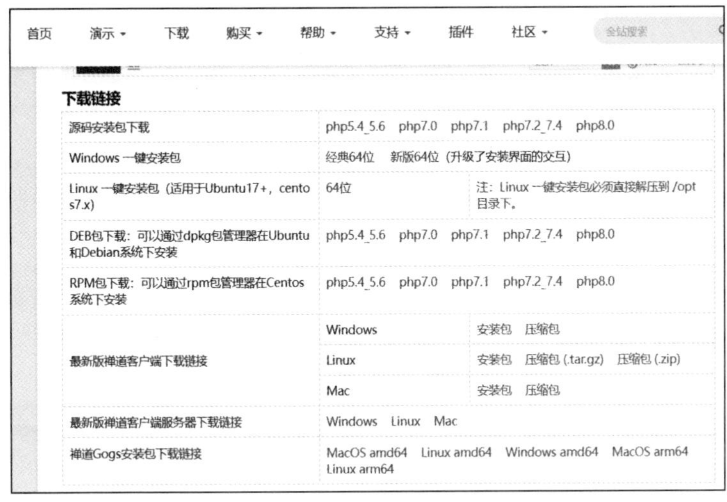

首页　演示　下载　购买　帮助　支持　插件　社区

下载链接

源码安装包下载	php5.4_5.6　php7.0　php7.1　php7.2_7.4　php8.0	
Windows 一键安装包	经典64位　新版64位（升级了安装界面的交互）	
Linux 一键安装包（适用于Ubuntu17+，centos7.x）	64位	注：Linux 一键安装包必须直接解压到 /opt 目录下。
DEB包下载：可以通过dpkg包管理器在Ubuntu和Debian系统下安装	php5.4_5.6　php7.0　php7.1　php7.2_7.4　php8.0	
RPM包下载：可以通过rpm包管理器在Centos系统下安装	php5.4_5.6　php7.0　php7.1　php7.2_7.4　php8.0	
最新版禅道客户端下载链接	Windows	安装包　压缩包
	Linux	安装包　压缩包(.tar.gz)　压缩包(.zip)
	Mac	安装包　压缩包
最新版禅道客户端服务器下载链接	Windows　Linux　Mac	
禅道Gogs安装包下载链接	MacOS amd64　Linux amd64　Windows amd64　MacOS arm64　Linux arm64	

图 7-6-1　禅道下载页面

禅道的 Windows 一键安装包简化了禅道在 Windows 环境下的安装流程，其在 XAMPP 的基础上做了大量精简，并集成了禅道自主开发的集成面板，使用更方便。此处选择 64 位 Windows 一键安装包。

（2）安装禅道。

将下载好的安装包存放到计算机某一个分区的根目录中，比如 C 盘或者 D 盘。注意，必须是根目录。双击下载好的安装包，按照提示一步一步执行，进行安装。

（3）启动禅道。

安装完成后，在安装包目录下会出现两个新的目录 xampp 和 ZenTao，进入 ZenTao 目录，双击文件 ZenTao.exe，出现禅道集成运行环境，系统会自动启动禅道所依赖的 Apache 和 MySQL 服务，如图 7-6-2 所示。

图 7-6-2　禅道集成运行环境

（4）登录禅道。

单击“访问禅道”按钮，进入“禅道登录”页面，输入用户名和密码（禅道初始的用户名和密码分别是 admin 和 123456），单击“登录”按钮，进入禅道首页，如图 7-6-3 所示。

图 7-6-3 禅道首页

测试人员主要关注测试用例管理和 Bug 管理模块，下面将重点介绍这两部分的使用方式。

7.6.3 测试用例管理

禅道中对测试用例的管理主要包括测试用例的创建、编辑、执行等。

（1）创建产品。

禅道中的测试用例管理和 Bug 管理都附属于产品，所以使用测试用例管理和 Bug 管理功能之前需要创建产品。

选择左侧菜单中的“产品”命令，进入“产品”页面，单击页面上方的“产品列表”按钮切换至“产品列表”页面，如图 7-6-4 所示。

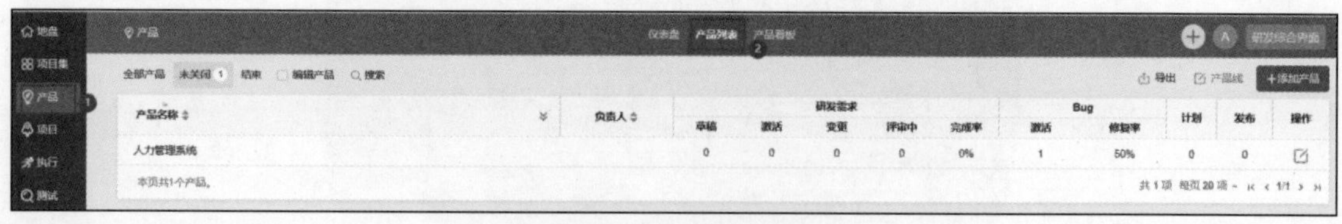

图 7-6-4 “产品列表”页面

单击右侧的“添加产品”按钮，输入产品信息，如图 7-6-5 所示。

（2）创建测试用例。

选择左侧菜单中的“测试”命令，进入“测试”页面，单击页面上方的“用例”按钮切换至“用例”页面，该页面用于测试用例管理，如图 7-6-6 所示。

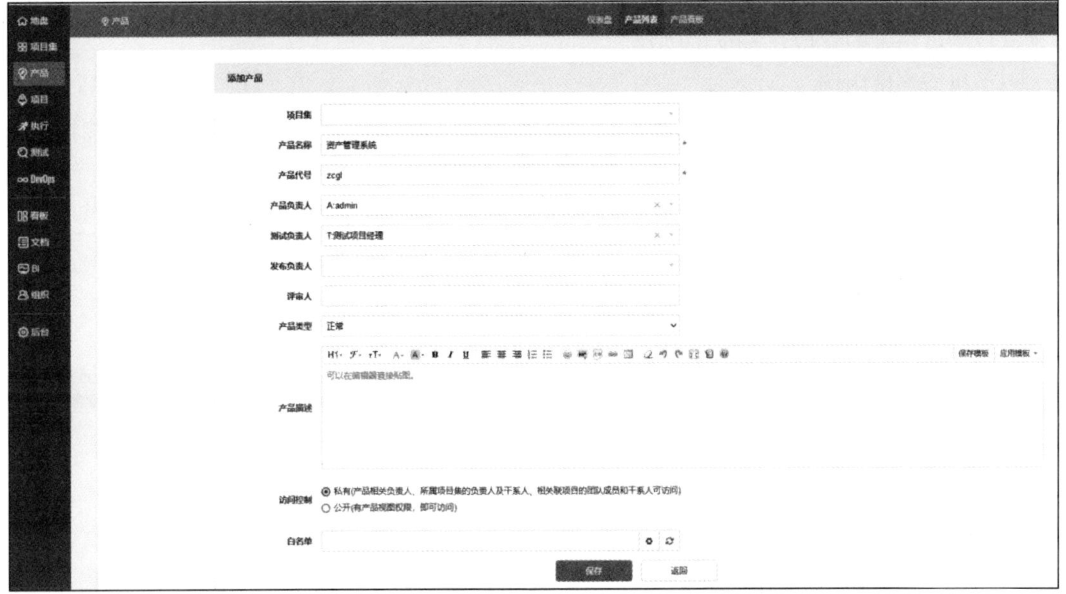

图 7-6-5　添加产品

图 7-6-6　“用例”页面

单击右侧的“建用例”按钮，输入“用例标题”“前置条件”“用例步骤”等信息。以资产管理系统中系统管理员角色的“登录”功能为例，创建一个测试用例，如图 7-6-7 所示。

建用例

所属产品：资产管理系统　　所属模块：/登录

用例类型：功能测试　　自动化　　适用阶段

相关研发需求

用例标题：任务ID不匹配，进行登录　　优先级：3

前置条件：打开资产管理系统首页

用例步骤：

编号	步骤	预期	操作
1	角色选择：系统管理员　分组		+ + ×
2	任务ID：2　分组		+ + ×
3	用户名：student20　分组		+ + ×
4	密码：student20　分组		+ + ×
5	验证码：与图片一致大写小写字母混合　分组		+ + ×
6	输入以上数据，单击'登录'按钮　分组	提示：该任务未分配给当前账号	+ + ×

关键词

附件　+ 添加文件（不超过50M）

保存　返回

图 7-6-7　创建测试用例

每一个测试用例均由若干个步骤组成，每一个步骤都可以设置自己的预期值。这样可以更方便地进行测试结果的管理和 Bug 的创建。

（3）执行测试用例。

在“用例”页面选择某一个测试用例，单击右侧的“执行”按钮 ▶，即可执行该测试用例，根据测试情况填写测试结果，如图 7-6-8 所示。

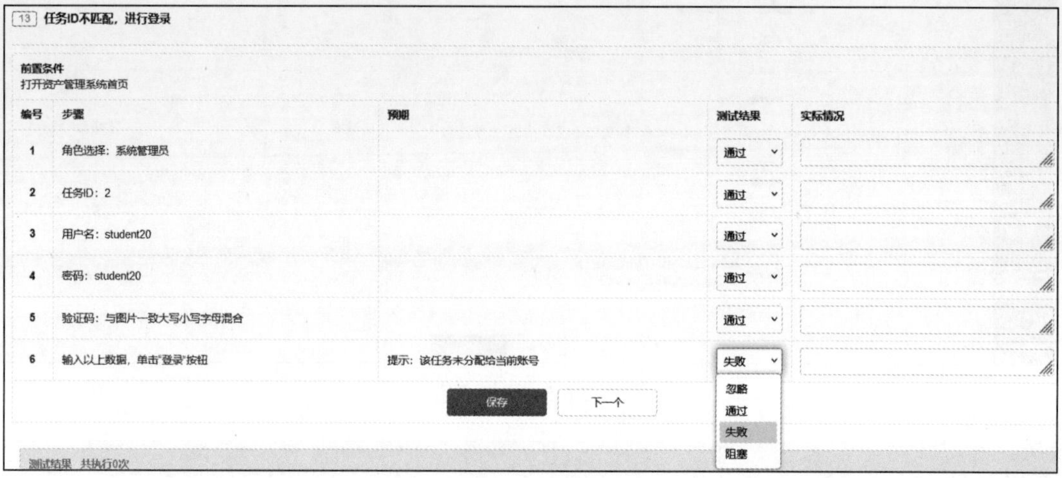

13 任务ID不匹配，进行登录

前置条件
打开资产管理系统首页

编号	步骤	预期	测试结果	实际情况
1	角色选择：系统管理员		通过	
2	任务ID：2		通过	
3	用户名：student20		通过	
4	密码：student20		通过	
5	验证码：与图片一致大写小写字母混合		通过	
6	输入以上数据，单击“登录”按钮	提示：该任务未分配给当前账号	失败	

保存　下一个

忽略
通过
失败
阻塞

测试结果　共执行0次

图 7-6-8　填写测试结果

（4）失败测试用例转 Bug。

对于失败的测试用例，单击右侧的“转 Bug”按钮，可以将其直接转换为 Bug，如图 7-6-9 所示。

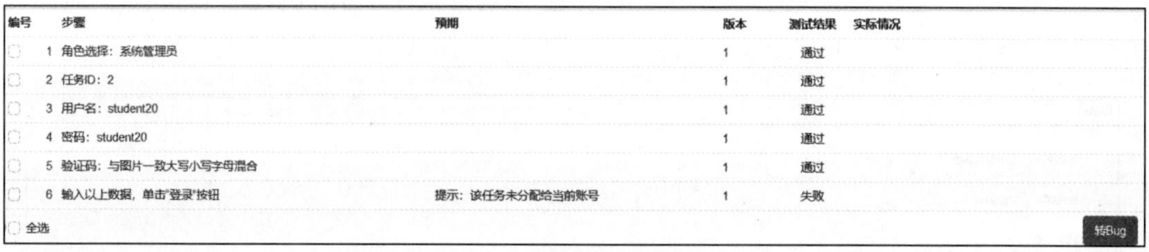

编号	步骤	预期	版本	测试结果	实际情况
1	角色选择：系统管理员		1	通过	
2	任务ID：2		1	通过	
3	用户名：student20		1	通过	
4	密码：student20		1	通过	
5	验证码：与图片一致大写小写字母混合		1	通过	
6	输入以上数据，单击“登录”按钮	提示：该任务未分配给当前账号	1	失败	

全选　转Bug

图 7-6-9　失败测试用例转 Bug

7.6.4　Bug 管理

（1）提出 Bug。

选择左侧菜单中的“测试”命令，进入“测试”页面，单击页面上方的“Bug”按钮切换至“Bug”页面，该页面用于 Bug 管理，如图 7-6-10 所示。

单击右侧的“提 Bug”按钮，输入 Bug 相关信息，创建 Bug。以资产管理系统中系统管理员角色的“部门管理功能”为例，创建一个 Bug，如图 7-6-11 所示。

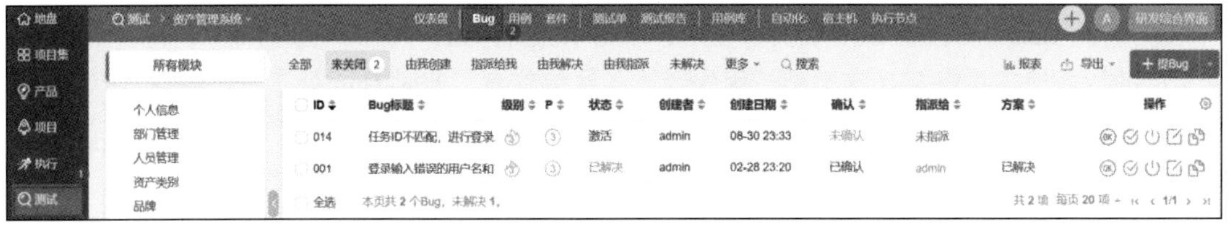

图 7-6-10　“Bug”页面

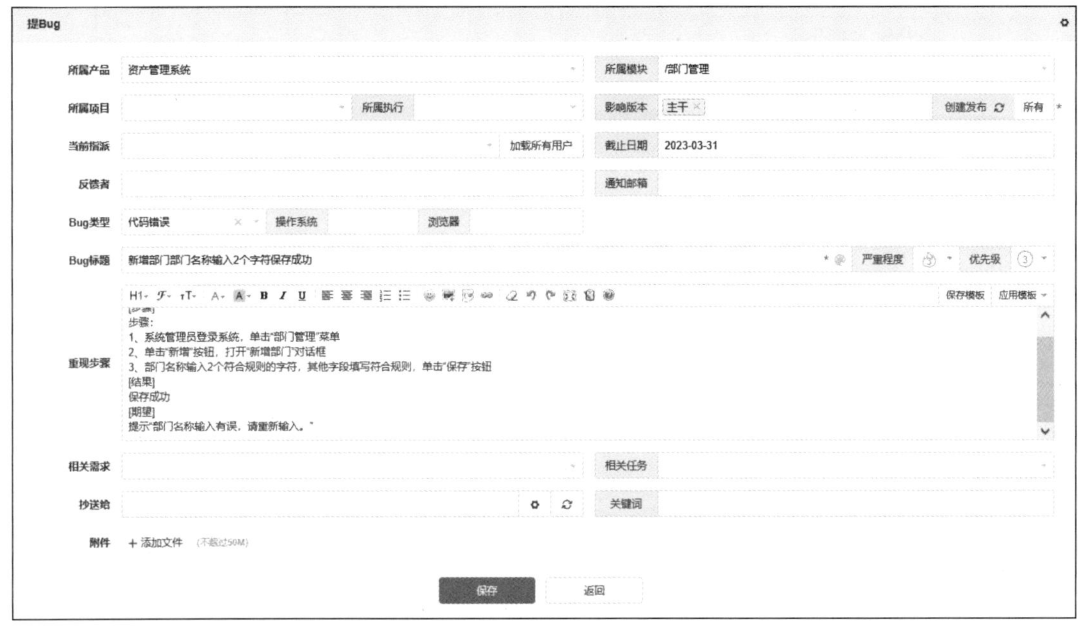

图 7-6-11　创建一个 Bug

① “所属模块”“影响版本”和“Bug 标题”是必填信息。

② 创建 Bug 的时候，可以直接将其指派给某个人员去处理。一般指派给对应开发人员进行问题确认及解决，也可以指派给研发经理或测试主管，经研发经理或测试主管确认后再进行问题指派。此时 Bug 处于“激活”状态。

（2）处理 Bug。

“指派给我”页面列出了所有需要当前用户处理的 Bug，如图 7-6-12 所示。

图 7-6-12　“指派给我”页面

用户可以对缺陷进行如下 5 种操作。

① 确认 Bug。确认该 Bug 确实存在后，单击 Bug 右侧的“确认”按钮，将其指派给研发人员进行处理，并输入 Bug 类型、优先级、备注等信息。此时 Bug 处于“已确认”状态，如图 7-6-13 所示。

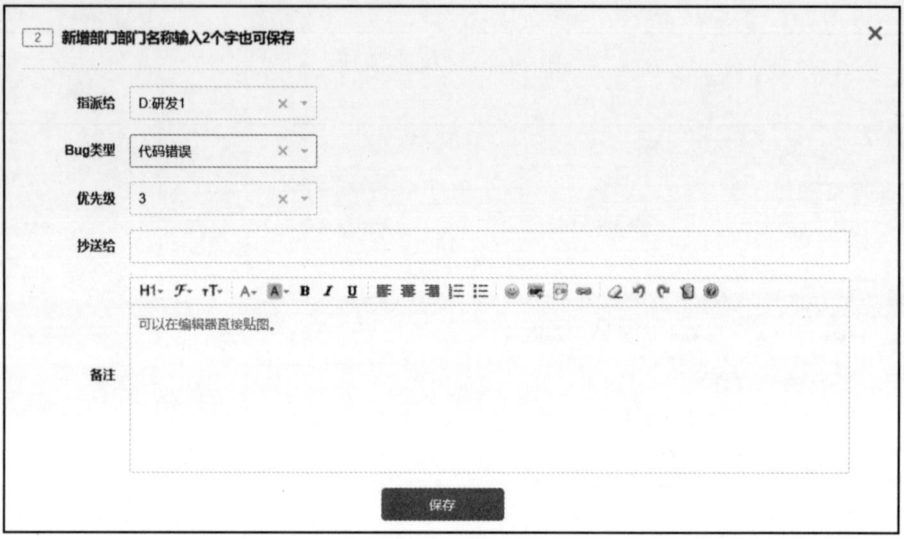

图 7-6-13　确认 Bug

② 解决 Bug。研发人员修复 Bug 后，单击 Bug 右侧的“解决”按钮，输入解决方案、日期、版本，便可将其再指派给测试人员。此时 Bug 处于“已解决”状态，如图 7-6-14 所示。

图 7-6-14　解决 Bug

③ 关闭 Bug。当研发人员解决 Bug 之后，Bug 会重新指派给 Bug 的创建者。这时测试人员可以验证该 Bug 是否已经修复。如果确认已修复，则可以单击 Bug 右侧的“关闭”按钮关闭

该 Bug。此时 Bug 处于“已关闭”状态。

④ 编辑 Bug。单击 Bug 右侧的“编辑 Bug”按钮，可以对 Bug 进行编辑操作。

⑤ 复制 Bug。单击 Bug 右侧的“复制 Bug”按钮，可以复制当前 Bug，在此基础上再做改动，避免重新创建的麻烦。

任务实训

使用禅道编写测试用例和缺陷报告

一、实训目的

1. 掌握禅道的基本使用方法。

2. 能熟练使用禅道进行缺陷管理。

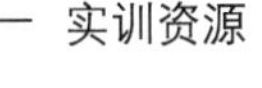

资源码 X-7-6

二、实训内容

1. 下载、安装并运行禅道。

2. 根据任务 6-1 中任务实训的“修改资产类别”功能需求，在禅道中编写测试用例。

3. 将任务 6-1 中任务实训中所撰写的缺陷报告记录在禅道中。

4. 按照要求填写实训报告。

复习提升

扫码复习相关内容，完成以下练习。

资源码 F-7-6

实操题

根据模块需求规格说明书和功能运行截图在禅道中编写测试用例和缺陷报告

1. 理解被测功能的需求，在禅道中编写测试用例。

在资产管理系统中，资产管理员角色的“资产盘点”模块中“资产盘点列表”页面的需求描述如下。

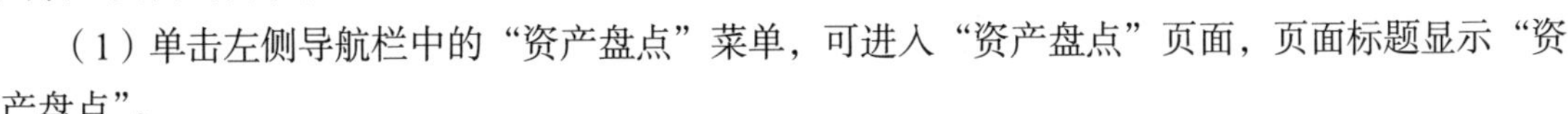

（1）单击左侧导航栏中的“资产盘点”菜单，可进入“资产盘点”页面，页面标题显示“资产盘点”。

（2）面包屑导航显示“首页>资产盘点”，单击“首页”跳转至首页。

（3）资产盘点列表字段显示序号、盘点单号、盘点单名称、盘点状态、盘点开始日期、盘点结束日期、创建时间、操作。创建时间格式为 yyyy-MM-dd hh:mm:ss。

（4）资产盘点列表按照盘点单创建时间降序排列。

（5）资产盘点列表无分页。

2. 根据上面“资产盘点列表”功能的需求描述和图 7-6-15 所示的“资产盘点”页面截图，找一找存在哪些缺陷，并在禅道中编写缺陷报告。

3. 按照要求填写实训报告。

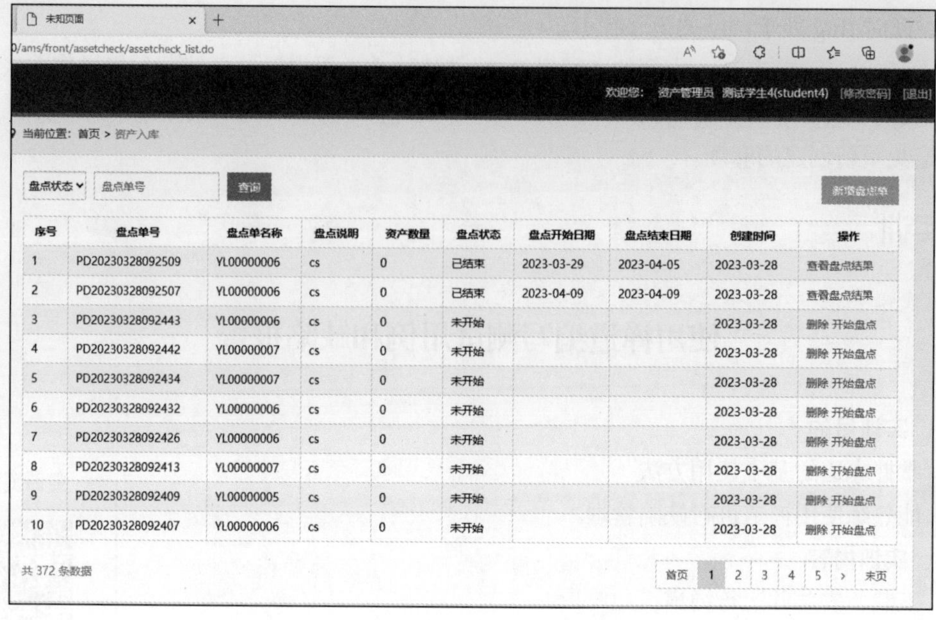

图 7-6-15 “资产盘点列表”页面截图

单元小结

本单元介绍了软件测试自动化的概念，自动化测试的原理、方法及实施流程等理论知识，同时还介绍了目前比较流行的一些自动化测试工具的使用，具体如下。

（1）单元测试工具 JUnit 测试 Java 代码的基本语法和相关实例。

（2）Web 应用程序功能测试工具 Selenium 的安装以及使用。

（3）接口测试工具 Postman 的使用。

（4）性能测试工具 LoadRunner 的使用。

（5）测试管理工具禅道的使用。

现在市场上的自动化测试工具非常多，没有哪个工具在所有环境下都是最优的，因此在进行实际的测试工作时，需要根据自己的实际需求选择自动化测试工具。

单元练习

1. 请简述使用 JUnit 进行单元测试的基本流程，并思考每种断言的区别。

2. Selenium WebDriver 提供了许多用来与浏览器交互的功能和设置。请探讨它是如何实现自动化操作浏览器导航栏以及获取当前页面信息的，比如页面刷新、前进、后退、获取当前页面的标题等，并编写代码实现上述操作。

3. 思考 Postman 如何进行 API 测试。

4. 请简述使用 LoadRunner 进行性能测试的基本流程，并结合实际操作总结 LoadRunner 使用中的常见问题。

5. 在禅道中，可以对缺陷执行哪些操作？

单元八

软件测试项目实战——测试资产管理系统

单元导学

前面介绍的知识和技能是对测试实践经验的总结和理论提升，本单元将在前面介绍的软件测试技术、软件测试项目管理等知识和技能的基础上，围绕资产管理系统展开测试应用实践。资产管理系统是2017年至2022年全国职业院校技能大赛软件测试赛项采用的被测系统，通过该系统可以全面训练测试计划的制订、测试用例的设计、测试实施、测试工具的使用及测试总结报告的撰写。

通过学习本单元，读者能更清晰地了解前期所学习的知识和技能在软件测试实践中的具体应用，掌握如何结合项目实际制订测试计划，了解软件项目测试过程，理解测试用例设计的依据、缺陷报告及缺陷管理，选择合适的测试工具实施软件测试，根据测试结果撰写测试总结报告。本单元涉及的知识和技能对接以下岗位。

- 软件测试项目管理岗位。
- 测试用例设计岗位。
- 软件测试实施岗位。

学习目标

素养园地

资源码 S-8-0

- 能灵活应用软件测试的知识和技能解决实际问题。
- 能针对不同项目采用适当的策略推进软件测试及管理。
- 训练软件测试技术的综合应用能力。
- 具备团队协作的职业素养。

【项目背景】

随着网络技术和信息化技术的飞速发展，事业单位及企业迫切地需要对资产进行数字化、网络化管理。

资产管理系统经过了需求分析、系统设计等，最后形成了较为详细的《资产管理系统需求说明书》，可扫描资源码 Y-8-1 查看，该需求说明书是软件设计及测试用例设计的依据。

【测试规划】

测试规划可以有效降低测试项目的风险，保障测试项目的顺利实施。测试规划具有内部和外部两方面的作用，内部作用是预判测试风险、便于团队沟通、指导测试项目的实施等，外部作用是通过向测试委托方交代测试范围、测试过程、人员配备、测试资源、测试工具等信息，为测试委托方提供信心。

由于测试项目不同、软件公司的背景不同，测试规划文档略有差异，但文档的基本结构和内容大同小异。在实际工作中，可结合项目实际选择适当的模板制订测试规划。

以下是结合资产管理系统的用户需求说明书、项目进度及人员构成撰写的测试规划。

1. 测试概述

（1）项目背景。

随着信息化时代的到来，事业单位及企业迫切地需要对资产进行数字化、网络化管理，计算机软件的使用使资产便于查询、易于管理，提高了资产管理的科学性、准确性，进而提高了管理效率。

（2）编写目的。

编写本测试规划的目的在于为软件开发的项目管理者、软件开发人员和测试人员提供关于资产管理系统的功能测试、自动化测试、性能测试、接口测试的指导。

2. 测试任务

（1）测试目的。

测试的主要目的是为资产管理系统提供质量保证，验证系统是否实现了《资产管理系统需求说明书》中所描述的各项功能。

（2）测试参考文档。

①《资产管理系统需求说明书》。

②《资产管理系统自动化测试要求》。

③《资产管理系统性能测试要求》。

④《资产管理系统接口测试要求》。

（3）测试范围。

① 功能测试。

依据《资产管理系统需求说明书》完成功能测试，主要模块如下。

系统管理员：登录、个人信息、部门管理、人员管理、资产类别、品牌、取得方式、供应商、存放地点、设备用途、报废方式。

资产管理员：登录、个人信息、资产申购、资产入库、资产信息维护、资产借还、资产转移、资产维修、资产报废、资产盘点、资产查询统计。

资产领导：登录、个人信息、资产申购审批、资产报废审批、资产查询统计。

② 自动化测试。

依据《资产管理系统自动化测试要求》使用自动化测试工具 Selenium 编写自动化脚本，完成自动化测试。

③ 性能测试。

依据《资产管理系统性能测试要求》使用性能测试工具 LoadRunner、JMeter 录制脚本，设置检查点、参数、集合点、关联、事务、场景，完成性能测试。

④ 接口测试。

依据《资产管理系统接口测试要求》使用接口测试工具 Postman 进行接口请求设置、参数设置、变量设置、测试断言、数据驱动、cookie 添加等，完成接口测试。

3. 测试资源

（1）软件配置如表 8-1 所示。

表 8-1　软件配置

测试类型	测试工具
功能测试	人工测试
自动化测试	Selenium
性能测试	LoadRunner、JMeter
接口测试	Postman

（2）硬件配置如表 8-2 所示。

表 8-2　硬件配置

设备项	数量	配置
客户端	3	CPU：2.4GHz。内存：16G。硬盘：500G

（3）人力资源分配如表 8-3 所示。

表 8-3　人力资源分配

人员	角色	主要职责	产出
张三	测试负责人	人员安排、把握测试进度 编写测试计划 编写测试总结文档	《测试计划》 《功能测试用例》 《功能测试 Bug 缺陷报告》 《自动化测试报告》 《性能测试报告》 《接口测试报告》 《测试总结》
李四	测试工程师	编写部分测试用例 功能测试 自动化测试	
王五	测试工程师	编写部分测试用例 功能测试 性能测试 接口测试	

4. 测试计划

（1）整体测试进度计划如表 8-4 所示。

表 8-4　整体测试进度计划

测试阶段	时间安排	人员安排
编写测试计划	8 月 1 日～8 月 2 日	张三
编写测试用例	8 月 3 日～8 月 17 日	李四、王五
执行测试用例	8 月 18 日～9 月 1 日	李四、王五
编写测试总结文档	9 月 2 日～9 月 6 日	张三
自动化测试	8 月 1 日～8 月 14 日	李四
性能测试	8 月 15 日～8 月 29 日	王五
接口测试	8 月 30 日～9 月 6 日	王五

（2）功能测试计划如表 8-5 所示。

表 8-5　功能测试计划

内容	描述
测试目标	验证系统是否实现了需求
测试范围	《资产管理系统需求说明书》
应用技术	黑盒测试
执行步骤	执行回归测试、交叉测试
开始标准	单元测试完成
完成标准	发现的缺陷都已经得到修复，重新执行测试验证并通过

（3）自动化测试计划如表 8-6 所示。

表 8-6　自动化测试计划

内容	描述
测试目标	减轻人工测试的工作量
测试范围	《资产管理系统自动化测试要求》
应用技术	Selenium
执行步骤	分析要求，设计并执行脚本
开始标准	功能测试完成
完成标准	发现的缺陷都已经得到修复，重新执行测试验证并通过

（4）性能测试计划如表 8-7 所示。

表 8-7　性能测试计划

内容	描述
测试目标	测试系统的性能是否满足要求
测试范围	《资产管理系统性能测试要求》
应用技术	LoadRunner、JMeter
执行步骤	分析要求，设计并执行脚本
开始标准	功能测试完成
完成标准	测试结果满足系统要求

（5）接口测试计划如表 8-8 所示。

表 8-8　接口测试计划

内容	描述
测试目标	验证系统的接口是否正常
测试范围	《资产管理系统接口测试要求》
应用技术	Postman
执行步骤	分析要求，设计并执行脚本
开始标准	单元测试完成
完成标准	发现的缺陷都已经得到修复，重新执行测试验证并通过

5. 发布标准

发布标准如表 8-9 所示。

表 8–9　　发布标准

测试类型	发布标准
功能测试	测试用例执行率为 100%、高级以上 Bug 全部解决
自动化测试	自动化测试通过率达到 100%
性能测试	性能测试结果满足系统要求
接口测试	各个接口调用正确

6. 相关风险

相关风险如表 8-10 所示。

表 8–10　　相关风险

风险类型	风险详述	应对措施
人员风险	测试开始后，测试人员、技术支持人员可能被调离项目组，无法按照计划参与项目	及时补充测试人员
测试用例风险	测试用例设计不完整，忽视边界条件、异常处理、深层次的逻辑关系等情况	对需求说明书中各个功能点进行全面分析，用对应的测试用例设计方法，秉承“宁可多写，也不遗漏”的原则编写测试用例

【测试用例设计】

与测试计划类似，不同软件公司及不同项目的测试用例设计模板略有差异。较规范的测试项目需严格按照测试阶段分别设计单元测试用例、集成测试用例、系统测试用例、验收测试用例，同时根据需要补充回归测试用例。但受项目人员、时间和进度等方面的限制，一般中小型企业会将测试的主要精力放在基于功能的系统测试上，因此，往往只设计系统测试阶段的功能测试用例。大型软件开发企业会严格按照需求分析、系统设计、概要设计和详细设计的步骤，形成软件需求规格说明书（SRS）、软件概要设计规格说明书（HLD）和软件详细设计规格说明书（LLD），其测试用例设计也会划分为单元测试（UT）用例设计、集成测试（IT）用例设计、系统测试（ST）用例设计和验收测试（UAT）用例设计。

在此，选取资产管理系统中系统管理员的“品牌”模块作为示例，其测试用例设计如表 8-11 所示。测试用例设计表中明确了角色、测试用例编号、测试项目、测试内容、重要级别、预置条件、执行步骤和预期结果等测试用例需包含的关键要素，在实际工作中，测试用例往往还包含测试的软、硬件环境等信息，它们对测试实施来说也很重要。本项目的测试用例编号规则为“系统代号-测试类型-功能点编号-模块测试用例的序列编号”，如 ZCGL-ST-SRS***-***，其中“ZCGL”代表资产管理系统、“ST”表示系统测试、“SRS”表示需求说明、“SRS***”表示按需求说明功能点的序列编号、末尾的“***”为某模块测试用例的序列编号。

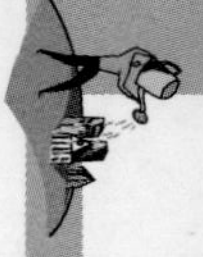

表 8-11 资产管理系统测试用例——品牌［测试用例数（个）：39］

测试用例编号	测试项目	测试内容	重要级别	预置条件	输入	执行步骤	预期结果
角色：系统管理员							
ZCGL-ST-SRS016-001	品牌列表	列表表头文字正确性验证	中	登录成功，单击“品牌”模块	无	查看界面导航、列表表头名称、表格样式显示	1. 面包屑：首页>品牌 2. 左侧菜单：品牌 高亮显示 3. 表头名称显示：序号、品牌名称、品牌说明、状态、创建时间、操作。样式正确 4. 页面标题显示：“品牌” 5. 页面显示：“新增”按钮
ZCGL-ST-SRS016-002	品牌列表	面包屑	低	登录成功	无	单击导航：首页	跳转到首页
ZCGL-ST-SRS016-003	品牌列表	列表排序	低	登录成功，单击“品牌”模块	无	品牌列表有多条品牌数据	列表品牌按照品牌名称升序排列，列表默认显示所有品牌信息
ZCGL-ST-SRS017-001	品牌新增	新增品牌	高	登录成功，进入“品牌”模块	无	单击“新增”按钮	1. 弹出“新增品牌”对话框，对话框标题：新增品牌 2. 显示：品牌名称、品牌说明，“保存”“取消”按钮，对话框有“×”按钮 3. 品牌名称、品牌说明前均显示红色*
ZCGL-ST-SRS017-002	品牌新增	输入全部正确信息，进行新增操作	高	登录成功，进入“品牌”模块。 用户打开“新增品牌”对话框	1. 品牌名称：20 个字长（汉字，同已有品牌名称不重复）。 2. 品牌说明：123awq	输入以上数据，单击“保存”按钮	1. 保存成功，“新增品牌”对话框关闭 2. 添加品牌成功，状态默认为“已启用” 3. 新添加的品牌显示在列表中，创建日期显示创建具体日期，显示格式：2017-03-03 17:20:09 4. 列表操作显示：修改、禁用
ZCGL-ST-SRS017-003	品牌新增	品牌名称不正确（未输入），进行新增操作	高	登录成功，进入“品牌”模块。 用户打开“新增品牌”对话框	1. 品牌名称为空。 2. 品牌说明：123awq	输入以上数据，单击“保存”按钮	提示：品牌名称为必填，请重新输入

续表

测试用例编号	测试项目	测试内容	重要级别	预置条件	输入	执行步骤	预期结果
角色：系统管理员							
ZCGL-ST-SRS017-004	品牌新增	品牌名称不正确（字长不正确，小于3个字），进行新增操作	高	登录成功，进入“品牌”模块。 用户打开“新增品牌”对话框	1. 品牌名称：2个字长（汉字，同已有品牌名称不重复） 2. 品牌说明：123awq	输入以上数据，单击“保存”按钮	提示：品牌名称输入有误，请重新输入
ZCGL-ST-SRS017-005	品牌新增	品牌名称（字长等于3）	高	登录成功，进入“品牌”模块。 用户打开“新增品牌”对话框	1. 品牌名称：3个字长（汉字，同已有品牌名称不重复） 2. 品牌说明：123awq	输入以上数据，单击“保存”按钮	1. 保存成功，“新增品牌”对话框关闭 2. 添加品牌成功，状态默认为“已启用” 3. 新添加的品牌显示在列表中，创建日期显示创建具体日期，显示格式：2017-03-03 17:20:09 4. 列表操作显示：修改、禁用
ZCGL-ST-SRS017-006	品牌新增	品牌名称（字长等于19）	高	登录成功，进入“品牌”模块。 用户打开“新增品牌”对话框	1. 品牌名称：19个字长（汉字，同已有品牌名称不重复） 2. 品牌说明：123awq	输入以上数据，单击“保存”按钮	1. 保存成功，“新增品牌”对话框关闭 2. 添加品牌成功，状态默认为“已启用” 3. 新添加的品牌显示在列表中，创建日期显示创建具体日期，显示格式：2017-03-03 17:20:09 4. 列表操作显示：修改、禁用
ZCGL-ST-SRS017-007	品牌新增	品牌名称不正确（字数不正确，超过20个字长），进行新增操作	高	登录成功，进入“品牌”模块。 用户打开“新增品牌”对话框	1. 品牌名称：21个字长（汉字，同已有品牌名称不重复） 2. 品牌说明：123awq	输入以上数据，单击“保存”按钮	提示：品牌名称输入有误，请重新输入
ZCGL-ST-SRS017-008	品牌新增	品牌名称不正确（名称包含字母），进行新增操作	高	登录成功，进入“品牌”模块。 用户打开“新增品牌”对话框	1. 品牌名称：品牌abcd 2. 品牌说明：123awq	输入以上数据，单击“保存”按钮	提示：品牌名称输入有误，请重新输入

续表

测试用例编号	测试项目	测试内容	重要级别	预置条件	输入	执行步骤	预期结果
角色：系统管理员							
ZCGL-ST-SRS017-009	品牌新增	品牌名称不正确（名称包含数字），进行新增操作	高	登录成功，进入“品牌”模块。 用户打开“新增品牌”对话框	1. 品牌名称：品牌1234 2. 品牌说明：123awq	输入以上数据，单击“保存”按钮	提示：品牌名称输入有误，请重新输入
ZCGL-ST-SRS017-010	品牌新增	品牌名称不正确（名称包含符号），进行新增操作	高	登录成功，进入“品牌”模块。 用户打开“新增品牌”对话框	1. 品牌名称：品牌&%￥ 2. 品牌说明：123awq	输入以上数据，单击“保存”按钮	提示：品牌名称输入有误，请重新输入
ZCGL-ST-SRS017-011	品牌新增	品牌名称（同已有品牌名称重复），进行新增操作	高	登录成功，进入“品牌”模块。 用户打开“新增品牌”对话框	1. 品牌名称：3 个字长（汉字，同已有品牌名称重复） 2. 品牌说明：123awq	输入以上数据，单击“保存”按钮	提示：品牌名称已存在，请重新填写
ZCGL-ST-SRS017-012	品牌新增	品牌说明不正确（未输入），进行新增操作	高	登录成功，进入“品牌”模块。 用户打开“新增品牌”对话框	1. 品牌名称：3 个字长（汉字，同与已有品牌名称不重复） 2. 品牌说明为空	输入以上数据，单击“保存”按钮	提示：品牌说明必填，请重新输入
ZCGL-ST-SRS017-013	品牌新增	品牌说明不正确（字长不正确，超过 500 个字长），进行新增操作	高	登录成功，进入“品牌”模块。 用户打开“新增品牌”对话框	1. 品牌名称：3 个字长（汉字，与已有品牌名称不重复） 2. 品牌说明：输入 501 个字，超过 500 个字	输入以上数据，单击“保存”按钮	提示：品牌说明输入错误，请重新输入
ZCGL-ST-SRS017-014	品牌新增	取消新增品牌	低	登录成功，进入“品牌”模块。 用户打开“新增品牌”对话框	无	单击“新增品牌”对话框中的“取消”按钮	“新增品牌”对话框关闭，未新增成功
ZCGL-ST-SRS017-015	品牌新增	关闭“新增品牌”对话框	低	登录成功，进入“品牌”模块。 用户打开“新增品牌”对话框	无	单击“新增品牌”对话框中的“×”按钮	“新增品牌”对话框关闭，未新增成功

续表

测试用例编号	测试项目	测试内容	重要级别	预置条件	输入	执行步骤	预期结果
角色：系统管理员							
ZCGL-ST-SRS018-001	品牌修改	修改页面内容显示	高	登录成功，进入“品牌”模块	无	单击品牌管理列表中品牌的“修改”按钮	1. 弹出“修改品牌”对话框，对话框标题：修改品牌，对话框有“×”按钮 2. 显示：品牌名称、品牌说明，“保存”“取消”按钮；品牌名称和品牌说明带入正确原值 3. 品牌名称、品牌说明前均显示红色*
ZCGL-ST-SRS018-002	品牌修改	输入全部正确信息，进行修改操作	高	登录成功，进入“品牌”模块。 用户打开“修改品牌”对话框	1. 品牌名称：20 个字长（汉字，同已有品牌名称不重复） 2. 品牌说明：保持原值	输入以上数据，单击“保存”按钮	1. 保存成功，修改品牌成功，对话框关闭 2. 列表品牌信息更新
ZCGL-ST-SRS018-003	品牌修改	品牌名称不正确（未输入），进行修改操作	高	登录成功，进入“品牌”模块。 用户打开“修改品牌”对话框	1. 删除品牌名称，品牌名称为空 2. 品牌说明：保持原值	输入以上数据，单击“保存”按钮	提示：品牌名称必填，请重新输入
ZCGL-ST-SRS018-004	品牌修改	品牌名称不正确（字长不正确，小于 3），进行修改操作	高	登录成功，进入“品牌”模块。 用户打开“修改品牌”对话框	1. 品牌名称：2 个字长（汉字，同已有品牌名称不重复） 2. 品牌说明：保持原值	输入以上数据，单击“保存”按钮	提示：品牌名称输入有误，请重新输入
ZCGL-ST-SRS018-005	品牌修改	品牌名称（字长等于 3）	高	登录成功，进入“品牌”模块。 用户打开“修改品牌”对话框	1. 品牌名称：3 个字长（汉字，同已有品牌名称不重复） 2. 品牌说明：保持原值	输入以上数据，单击“保存”按钮	1. 保存成功，修改品牌成功，对话框关闭 2. 列表品牌信息更新
ZCGL-ST-SRS018-006	品牌修改	品牌名称（字长等于 19）	高	登录成功，进入“品牌”模块。 用户打开“修改品牌”对话框	1. 品牌名称：19 个字长（汉字，同已有品牌名称不重复） 2. 品牌说明：保持原值	输入以上数据，单击“保存”按钮	1. 保存成功，修改品牌成功，对话框关闭 2. 列表品牌信息更新

续表

测试用例编号	测试项目	测试内容	重要级别	预置条件	输入	执行步骤	预期结果
角色：系统管理员							
ZCGL-ST-SRS018-007	品牌修改	品牌名称不正确（字数不正确，超过 20 个字长），进行修改操作	高	登录成功，进入“品牌”模块。 用户打开“修改品牌”对话框	1. 品牌名称：21 个字长（汉字，同已有品牌名称不重复） 2. 品牌说明：保持原值	输入以上数据，单击“保存”按钮	提示：品牌名称输入有误，请重新输入
ZCGL-ST-SRS018-008	品牌修改	品牌名称不正确（名称包含字母），进行修改操作	高	登录成功，进入“品牌”模块。 用户打开“修改品牌”对话框	1. 品牌名称：品牌 abcd 2. 品牌说明：保持原值	输入以上数据，单击“保存”按钮	提示：品牌名称输入有误，请重新输入
ZCGL-ST-SRS018-009	品牌修改	品牌名称不正确（名称包含数字），进行修改操作	高	登录成功，进入“品牌”模块。 用户打开“修改品牌”对话框	1. 品牌名称：品牌 1234 2. 品牌说明：123awp	输入以上数据，单击“保存”按钮	提示：品牌名称输入有误，请重新输入
ZCGL-ST-SRS018-010	品牌修改	品牌名称不正确（名称包含符号），进行修改操作	高	登录成功，进入“品牌”模块。 用户打开“修改品牌”对话框	1. 品牌名称：品牌&%￥ 2. 品牌说明：保持原值	输入以上数据，单击“保存”按钮	提示：品牌名称输入有误，请重新输入
ZCGL-ST-SRS018-011	品牌修改	品牌名称不正确（同已有品牌名称重复），进行修改操作	高	登录成功，进入“品牌”模块。 用户打开“修改品牌”对话框	1. 品牌名称：3 个字长（汉字，同已有品牌名称重复） 2. 品牌说明：保持原值	输入以上数据，单击“保存”按钮	提示：品牌名称已存在，请重新填写
ZCGL-ST-SRS018-012	品牌修改	品牌说明不正确（未输入），进行修改操作	高	登录成功，进入“品牌”模块。 用户打开“修改品牌”对话框	1. 品牌名称：保持原值 2. 删除品牌说明，品牌说明为空	输入以上数据，单击“保存”按钮	提示：品牌说明必填，请重新输入
ZCGL-ST-SRS018-013	品牌修改	品牌说明不正确（字长不正确，超过 500 个字长），进行修改操作	高	登录成功，进入“品牌”模块。 用户打开“修改品牌”对话框	1. 品牌名称：保持原值 2. 品牌说明：输入 501 个字，超过 500 个字	输入以上数据，单击“保存”按钮	提示：品牌说明输入有误，请重新输入

续表

测试用例编号	测试项目	测试内容	重要级别	预置条件	输入	执行步骤	预期结果
角色：系统管理员							
ZCGL-ST-SRS018-014	品牌修改	取消修改品牌	低	登录成功，进入“品牌”模块。 用户打开“修改品牌”对话框	无	单击“修改品牌”对话框中的“取消”按钮	修改品牌取消，未修改成功
ZCGL-ST-SRS018-015	品牌修改	关闭“修改品牌”对话框	低	登录成功，进入“品牌”模块。 用户打开“修改品牌”对话框	无	单击“修改品牌”对话框中的“×”按钮	修改品牌取消，未修改成功
ZCGL-ST-SRS019-001	品牌禁用	禁用操作提示语	高	登录成功，进入“品牌”模块。品牌状态“已启用”	无	单击列表品牌的“启用”按钮	弹窗提示：您正在禁用品牌。禁用不影响历史数据，但禁用后该品牌不能再被使用。 您确认要禁用吗? “确定”“取消”按钮 提示内容标红显示
ZCGL-ST-SRS019-002	品牌禁用	确认禁用	高	禁用品牌弹出提示	无	禁用对话框中单击“确定”按钮	该品牌状态变为“已禁用”，操作中有“修改”“启用”按钮
ZCGL-ST-SRS019-003	品牌禁用	取消禁用	高	禁用品牌弹出提示	无	禁用对话框中单击“取消”按钮	弹窗关闭，品牌状态无变化
ZCGL-ST-SRS020-001	品牌启用	启用操作提示语	高	登录成功，进入“品牌”模块。品牌状态“已禁用”	无	单击列表品牌的“启用”按钮	弹窗提示：您正在启用品牌。您确认要启用吗? “确定”“取消”按钮 提示内容标红显示
ZCGL-ST-SRS020-002	品牌启用	确认启用	高	启用品牌弹出提示	无	启用对话框中单击“确定”按钮	该条品牌状态变为“已启用”，操作中有“修改”“禁用”按钮
ZCGL-ST-SRS020-003	品牌启用	取消启用	高	启用品牌弹出提示	无	启用对话框中单击“取消”按钮	弹窗关闭，品牌状态无变化

【测试实施】

测试实施的依据是测试用例，需按要求搭建测试环境，然后再实施测试。

1. 测试环境搭建

测试实施前，需要全面收集和阅读各种测试相关的资料，包括各阶段形成的设计文档、会议纪要等，以便了解和熟悉被测软件，明确测试所需的软、硬件环境，测试工具的使用等，这是非常重要的测试准备工作，而测试准备经常被测试人员忽略，在接到测试任务时，测试人员往往立即投入测试、记录、分析等具体工作，在测试过程中才发现，要么硬件配置不符合要求，要么网络环境存在问题，甚至软件版本都不符合，这将对测试工作产生极大的负面影响。只有在充分认识被测对象的基础上才能知道它需要什么样的软、硬件配置，才有可能搭建好合理的测试环境，进行有效的测试。

不同的软件对测试环境有不同的要求。例如，对于 PC 端的软件，测试人员需要在不同操作系统下进行测试，如 Windows 系列、UNIX、Linux 系列甚至 macOS 等；而对于一些嵌入式软件，比如手机软件、车载软件，除了在移动端软件操作系统，如 Android、iOS，如果需要测试有关功能模块的耗电情况、手机待机时间等，还需要搭建相应的硬件测试环境。

对于测试要求严格的项目，因受测试资源或环境限制，在单元测试、集成测试、系统测试、验收测试等不同的测试阶段需要搭建不同的测试环境，并按照此顺序逐渐逼近用户所要求的真实环境。

2. 测试执行

测试执行是选择部分或所有测试用例，按要求执行用例并观察其执行结果的过程。执行测试的过程可以划分为单元测试→集成测试→系统测试→验收测试几个阶段，其中每个阶段都包括回归测试。各测试阶段所采用的测试方法略有不同，但通常包含以下 4 步。

（1）理解测试用例并做好执行准备。

理解每一个测试用例，大致了解测试用例之间的关联，据此做好基础测试数据准备。

（2）逐条执行测试用例。

按测试用例描述预置好测试条件，按照执行步骤描述执行测试用例。

（3）检查执行结果。

检查执行结果与预期结果是否一致，一致则测试通过；不一致则表示存在缺陷，将进入缺陷管理流程。

（4）记录测试结果

无论测试通过与否，都应该通过截图等方法保留测试证据，以备查证。当执行结果与预期结果不符时，测试证据应记录得更加清晰、准确，便于再现软件缺陷，此时，测试人员还需提交缺陷报告。

以上是人工进行测试执行的基本步骤，如果采用测试工具，通常测试工具会自动记录输入信息和测试结果，并且还会自动生成一个测试报告。

3. 测试工具的使用

在资产管理系统的测试中，可采用 Postman、Selenium、LoadRunner 和 JMeter 进行部分针对性测试。下面举例说明以上工具在资产管理系统测试中的应用。

（1）Postman 的应用。

对于系统中的接口，可以采用接口测试工具 Postman 编写测试脚本，以此脚本对其进行测试，在此以资产管理系统中的登录接口为例进行说明。

① 登录接口测试描述。

- 接口功能：提供用户登录功能，根据传入的用户名和密码判断登录状态。
- 接口地址：http://192.168.X.XXX/ams/mobile/user/login.do。
- 请求方式：POST。
- 请求参数如表 8-12 所示。

表 8–12　　请求参数

参数	是否必填	类型	说明
username	是	Int	用户名
password	是	Int	密码
taskId	是	Int	任务 ID

- 响应结果如下。

“status”：1，“msg”：“登录成功！”

“status”：0，“msg”：“该任务未分配给当前账号。”

“status”：0，“msg”：“用户名密码不匹配。”

② 接口测试步骤及要求。

- 在 Postman 中新建 Collections 集，测试用例集命名为 Data_Driver。
- 在测试用例集 Data_Driver 下新建 data_driver 脚本。
- 使用 CSV 文件保存接口数据驱动测试数据，CSV 参数名为 username、password、taskId；测试数据（格式：用户名，密码，任务 ID）：student，student，21；student，student1，21；student，student，88。
- 选择测试用例集 Data_Driver，执行“Run”命令，在测试集合运行页面设置执行要求，运行次数为 3 次，请求间隔时间为 1000ms，发送请求的 data 文件导入前面的新建 CSV 数据文件。
- 设置完成，执行测试用例集。

③ 测试用例脚本及结果。

按照要求将测试用例脚本和结果截图并粘贴至对应的位置。

- 测试用例脚本包含 Collections 的名称和设置参数后的 URL 和 Params 相关内容，如图 8-1 所示。
- 测试用例集导入数据后，预览数据如图 8-2 所示。

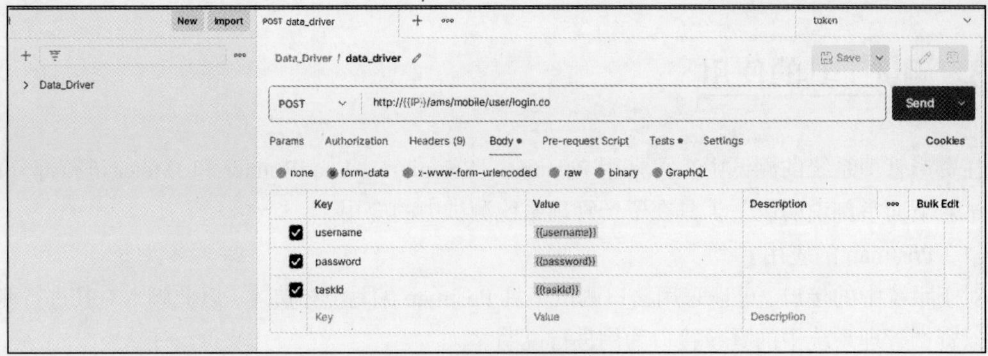

图 8-1　测试用例脚本

PREVIEW DATA

Iteration	username	password	taskId
1	"student"	"student"	"21"
2	"student"	"student1"	"21"
3	"student"	"student"	"88"

图 8-2　预览数据

- 按照 CSV 文件保存的测试数据顺序分别截图 3 个测试用例的测试报告中 Response Body 的内容，需要包括 status 和 msg 部分。

第一个测试用例如图 8-3 所示。

```
            "enable": 1
        }, {
            "bugId": "app_bug_307",
            "enable": 0
        }, {
            "bugId": "app_bug_308",
            "enable": 1
        }, {
            "bugId": "app_bug_309",
            "enable": 0
        }, {
            "bugId": "app_bug_310",
            "enable": 1
        }, {
            "bugId": "app_bug_311",
            "enable": 0
        }],
        "userRole": "资产管理员",
        "userName": "测试学生12",
        "userId": 71
    },
    "msg": "登录成功！",
    "status": 1
}
```

图 8-3　第一个测试用例

第二个测试用例如图 8-4 所示。

Response Body

```
{
    "data": {},
    "msg": "用户名密码不匹配。",
    "status": 0
}
```

图 8-4　第二个测试用例

第三个测试用例如图 8-5 所示。

Response Body


```
{
    "data": {},
    "msg": "该任务未分配给当前账号。",
    "status": 0
}
```


图 8-5　第三个测试用例

（2）Selenium 的应用

对资产管理系统页面的功能进行测试时，可采用自动化测试工具 Selenium 编写脚本进行自动化测试。下面以资产管理系统存放地点下拉框功能测试为例，采用 Selenium 编写测试脚本进行自动化测试。

① 测试需求描述。

通过用户登录页面进入资产管理系统首页，在资产管理系统首页单击左侧“存放地点”按钮元素，进入存放地点页面，对存放地点下拉框元素正确性及下拉选项进行测试；要求在存放地点页面查看全部类型下拉框元素并进行选择，按照测试用例要求实时进行页面截图，保留测试证据。

② 脚本设计。

- 从 Selenium 中引入 webdriver。
- 引入 Selenium 中的 Select 模块。
- 使用 Selenium 的 webdriver()方法打开 Google Chrome 浏览器。
- 在 Google Chrome 浏览器中通过 get()方法发送网址，打开资产管理系统的登录页面。
- 增加智能等待时间 3 秒。
- 查看登录页面中的“用户名”文本框，通过 css_selector 属性定位“用户名”文本框，并输入用户名“student”。
- 查看登录页面中的“密码”文本框，通过 tag_name 属性的复数形式定位“密码”文本框，并输入密码“student”。
- 查看登录页面中的“登录”按钮，通过 xpath()方法定位“登录”按钮，使用 click()方法单击“登录”按钮进入资产管理系统首页。
- 在资产管理系统首页查看左侧“存放地点”按钮，通过 link_text()方法进行定位，使用 click()方法单击“存放地点”按钮进入存放地点页面。
- 在存放地点页面查看全部类型下拉框，通过 name 属性定位全部状态下拉框、通过 Select 模块中的 select_by_visible_text()方法选择下拉框中的“其他”选项。
- 通过 get_screenshot_as_file()方法对页面进行截图操作。

③ 测试脚本及结果。

以下是编写的自动化测试脚本。

```
from selenium import webdriver
from selenium.webdriver.support.select import Select
driver=webdriver.Chrome()
driver.get('http://192.168.5.10/ams')
driver.implicitly_wait(3)

driver.find_element_by_css_selector('#loginName').send_keys('student')
```

```
driver.find_elements_by_tag_name('input')[4].send_keys('student')
driver.find_element_by_xpath('//*[@id="fmedit"]/div[7]/button').click()
driver.find_element_by_link_text('存放地点').click()
Select(driver.find_element_by_name('assetTypeId')).select_by_visible_text('其他')
driver.get_screenshot_as_file('picture.png')
```

（3）LoadRunner 的应用

对资产管理系统进行性能测试时，可采用性能测试工具 LoadRunner 录制脚本、回放脚本、配置参数、设置场景，生成若干虚拟用户进行负载测试，根据工具产生的结果数据进行性能分析。

① 测试需求描述。

本资产管理系统供企业员工使用，要求 30 人同时使用该系统时，系统性能不受影响。采用 LoadRunner 模拟 30 人同时登录该系统进行操作，测试系统性能是否正常。

② 脚本设计。

选择资产管理系统的任意两个常用模块（资产申购模块、资产盘点模块）录制操作脚本备用。

录制脚本一：录制脚本协议选择“Web-HTTP/HTML”。录制用户登录、资产申购模块进行申购登记、用户退出操作，录制完成后脚本命名为 C_SG。录制脚本的具体要求如下。

- 用户登录操作录制在 vuser_init 中，资产申购登记操作录制在 Action 中，用户退出操作录制在 vuser_end 中。
- Action 录制申购登记，申购资产前 4 位为固定值 SGLZ，第 5 位数字可自行设置，对资产申购登记保存操作设置事务，事务名称为 T_SG。对资产申购登记保存操作设置检查点，使用申购登记成功后服务器返回的内容作为检查点，检查申购登记是否成功。

录制脚本二：录制用户登录、资产盘点模块进行新增盘点单操作、用户退出操作。录制完成后将脚本命名为 C_PD。录制脚本的具体要求如下。

- 用户登录操作录制在 vuser_init 中，新增盘点单操作录制在 Action 中，用户退出操作录制在 vuser_end 中。
- Action 录制新增盘点单，盘点单名称为 PDLZ001；新增盘点单勾选 3 个系统预置的资产并且名称以 ZCLZ 开头；对新增盘点单保存操作设置事务，事务名称为 T_PD；对新增盘点单保存操作设置检查点，使用新增盘点单成功后服务器返回的内容作为检查点，检查新增盘点单是否成功。

脚本录制完成后使用回放功能对脚本的正确性进行校验。

脚本一的回放及参数化设置如下。

回放需要对脚本数据进行修改，对申购资产名称进行参数化设置。只参数化固定值 SGLZ 后面的数据，参数名称为 title，参数类型为 Date/Time，格式为%Y%m%d%H%M%S。

设置运行迭代次数为 3，运行完成，查看 LoadRunner 回放日志。

脚本二的回放及参数化设置如下。

- 回放需要对脚本数据进行修改，盘点单名称修改为 PDHF001，选择的资产为系统预置的资产并且资产名称以 ZCHF 开头。回放操作完成，查看 LoadRunner 回放日志。
- 参数化的具体要求如下。

盘点单名称前两位为固定值 YL，不需要参数化，后面的值需进行参数化设置，如 YL{参数化}。参数名称为 title，参数类型为 Date/Time，格式为%m%d%H%M%S，更新方式为 Each iteration。

进入参数列表，在参数列表新建参数化文件 value.dat，文件中含 value1、value2、value3 这 3

个字段：value1 值为资产名称 ZCYL1001-ZCYL1030 的资产信息值；value2 值为资产名称 ZCYL1031-ZCYL1060 的资产信息值；value3 值为资产名称 ZCYL1061-ZCYL1090 的资产信息值。

盘点单勾选的 3 个资产需要进行参数化，参数名称分别为 value1、value2、value3，均使用 value.dat 参数化文件。

value1 参数的“Select column”选择“By name”方式，取值和更新方式分别为“Random”和“Each iteration”。

value2、value3 参数的“Select column”选择“By name”方式，取值为同 value1 相同行。

场景设置如下。

按照要求设置虚拟用户个数以及进行场景配置，配置要求如下。

- 修改脚本一：申购登记事务脚本前添加思考时间，思考时间设置为 20 秒；申购登记运行时设置中设置思考时间选择“Use random percentage of recorded think time”，最小值设置为 1%，最大值设置为 280%。
- 修改脚本二：新增盘点单登记事务脚本前添加思考时间，思考时间设置为 10；新增盘点单运行时设置中设置思考时间选择“Use random percentage of recorded think time”，最小值设置为 1%，最大值设置为 320%。

选择资产申购和新增盘点单两个脚本进行场景设置。

用户分配选择百分比模式，资产申购和新增盘点单脚本各占 50%。

场景配置选择“Scenario”，运行模式选择“Real-world schedule”。

场景策略如下。

虚拟用户运行前进行初始化；增加 30 个用户，每隔 10 秒加载 10 个用户；执行时间 4 分钟；停止所有用户，每隔 5 秒停止 5 个用户。再增加 30 个用户，每隔 10 秒加载 10 个用户；执行时间 4 分钟；停止所有用户，每隔 5 秒停止 5 个用户。

③ 测试脚本及结果。

按照要求将测试脚本和结果截图并粘贴至对应的位置。

- 资产申购登记思考时间脚本及思考时间设置如图 8-6 所示。

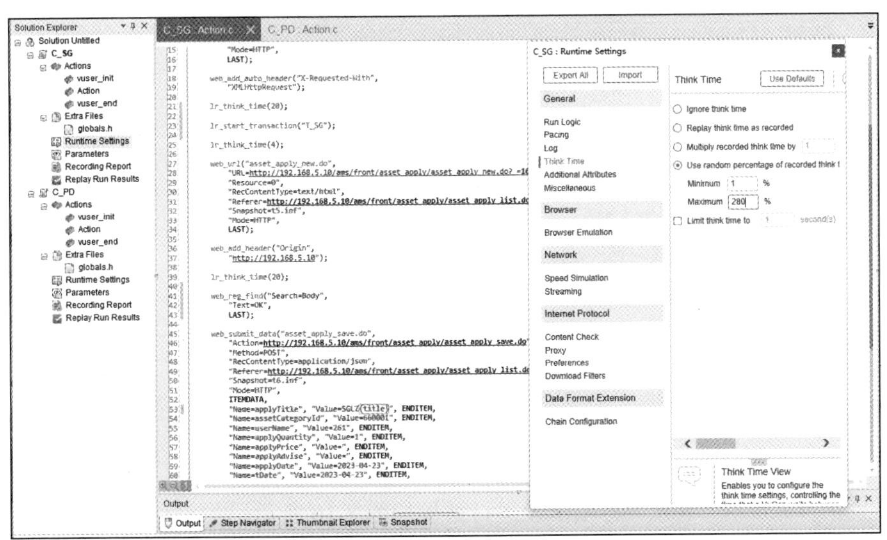

图 8-6　资产申购登记思考时间脚本及思考时间设置

- 新增盘点单思考时间脚本及思考时间设置如图 8-7 所示。

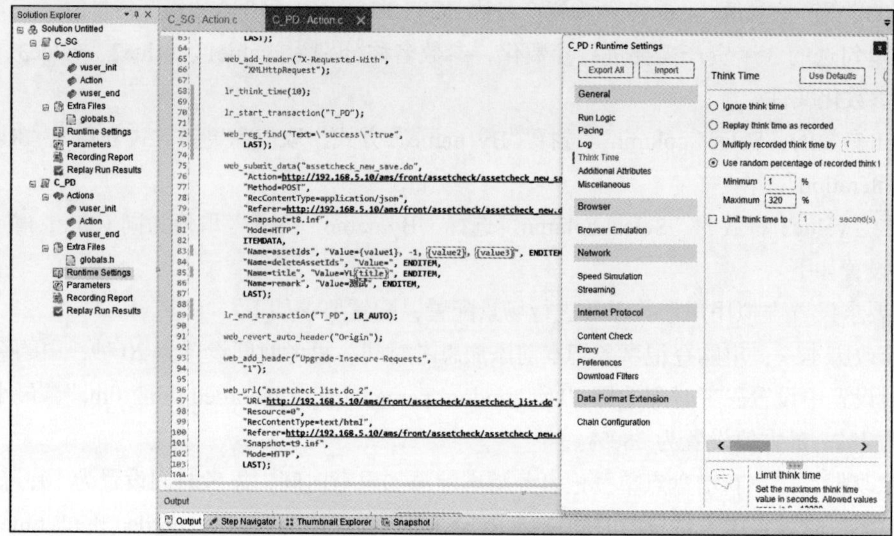

图 8-7　新增盘点单思考时间脚本及思考时间设置

- 申购业务和新增盘点单业务虚拟用户分配如图 8-8 所示。

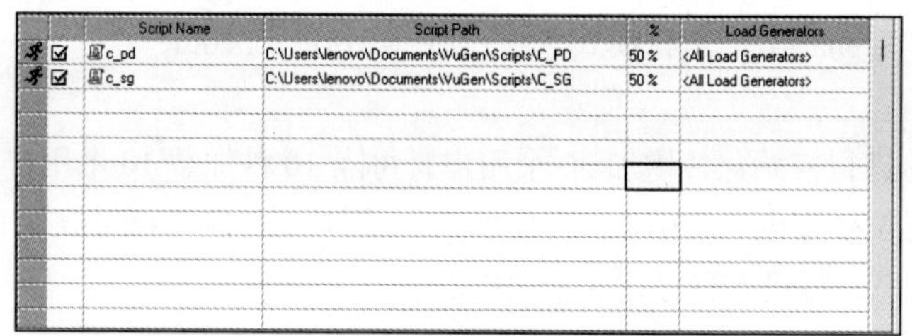

Script Name	Script Path	%	Load Generators
c_pd	C:\Users\lenovo\Documents\VuGen\Scripts\C_PD	50 %	<All Load Generators>
c_sg	C:\Users\lenovo\Documents\VuGen\Scripts\C_SG	50 %	<All Load Generators>

图 8-8　申购业务和新增盘点单业务虚拟用户分配

- Design 中的场景设置策略和交互计划图如图 8-9 所示。

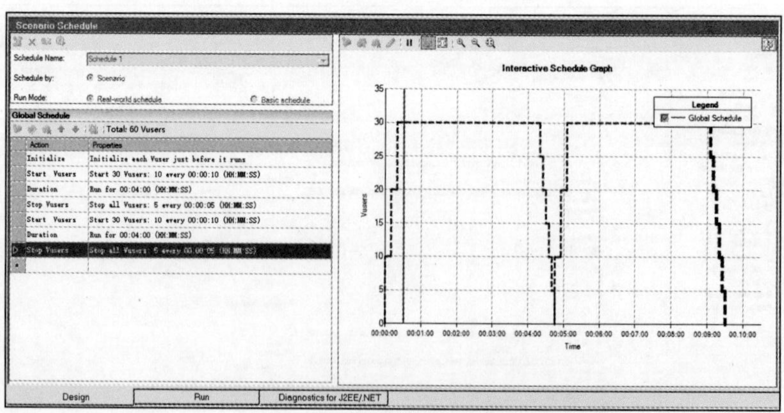

图 8-9　Design 中的场景设置策略和交互计划图

- 场景执行完成后“Run”选项卡及运行结果如图 8-10 所示。
- Running Vusers-Total Transactions per Second 合并图如图 8-11 所示。

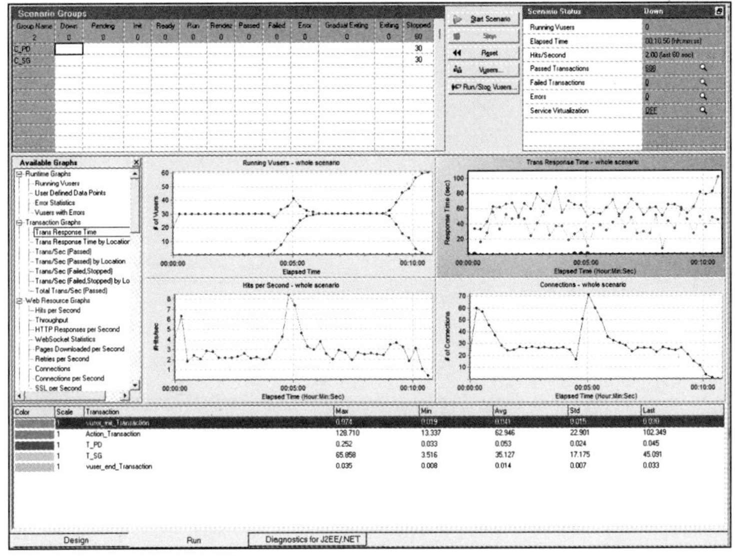

图 8-10　“Run”选项卡及运行结果

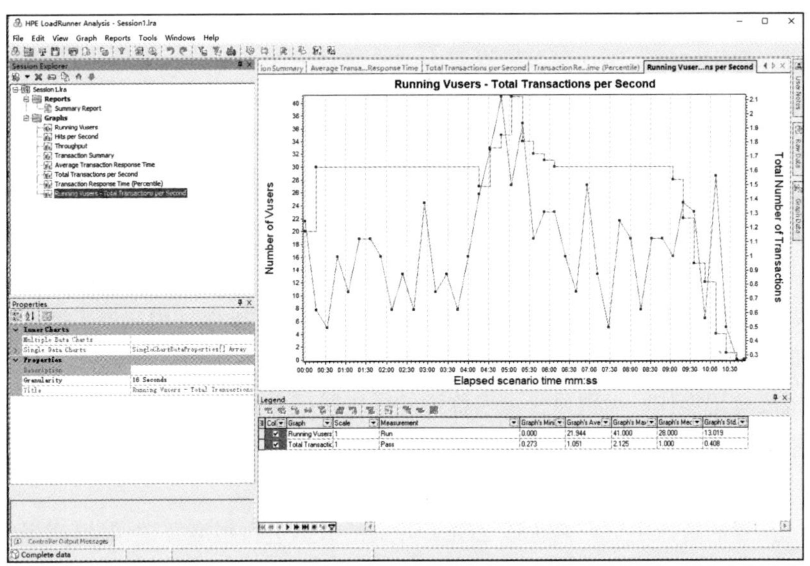

图 8-11　Running Vusers-Total Transactions per Second 合并图

- Transaction Response Time(Percentile)如图 8-12 所示。

（4）JMeter 的应用

除了可以使用 LoadRunner 对系统进行性能测试，还可以使用开源软件 JMeter，它小巧、免安装，可对服务器、网络或对象模拟巨大的负载，在不同压力类别下测试它们的强度并分析整体性能。

① 测试需求描述。

本资产管理系统供企业员工使用，采用 JMeter 模拟多人同时登录该系统进行操作以及用户操作时有停顿等情况，测试系统性能是否正常。

② 脚本设计。

选择资产管理系统的两个常用模块（资产维修模块、资产报废模块）录制操作脚本备用，脚本文件名称为 C_WX_BF，测试计划名称为 C_WX_BF。

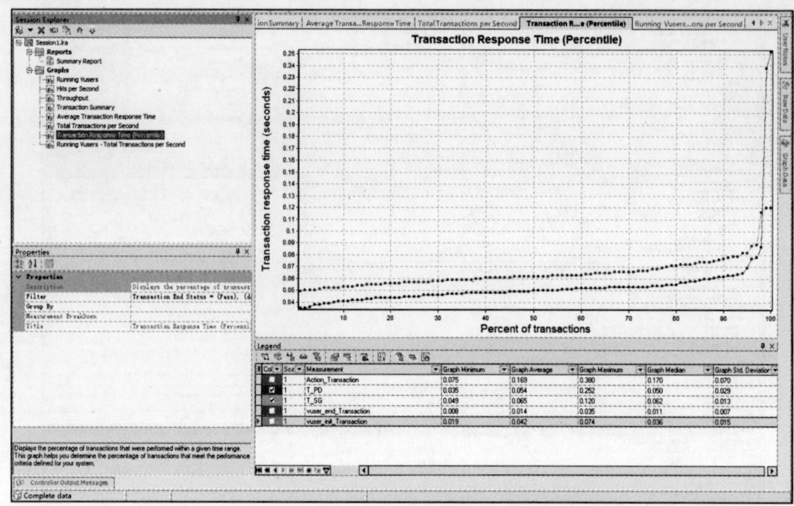

图 8-12　Transaction Response Time(Percentile)

录制脚本一：录制用户登录、资产维修模块进行维修登记、用户退出操作。脚本名称为 C_WX。录制脚本的具体要求如下。

- 资产维修登记操作，该步骤名称设置为“维修登记保存”。
- 资产维修登记操作完成后返回资产维修列表，设置该步骤名称为“维修登记返回”。
- HTTP 请求 Body 中若带有参数，必须选择参数上传方式。
- 对系统预置的资产中资产名称以 ZCLZ 开头的数据进行维修登记；对资产维修登记保存操作设置事务，事务名称为 T_WX；维修登记成功设置检查点，使用维修资产名称作为检查点，检查维修登记是否成功。

录制脚本二：录制用户登录、资产报废模块进行报废登记操作、用户退出操作。脚本名称为 C_BF。录制脚本的具体要求如下。

- 资产报废登记操作，设置该步骤名称为“报废登记保存”。
- 资产报废登记操作完成后返回资产报废列表，设置该步骤名称为“报废登记返回”。
- HTTP 请求 Body 中若带有参数，必须选择参数上传方式。
- 对系统预置的资产中资产名称以 ZCLZ 开头的数据进行报废登记；对资产报废登记保存操作设置事务，事务名称为 T_BF；报废登记成功设置检查点，使用报废资产名称作为检查点，检查报废登记是否成功。

脚本录制完成后使用回放功能对脚本的正确性进行校验，回放及参数化设置如下。

脚本一的回放及参数化设置如下。

- 使用系统预置的资产并且资产名称以 ZCHF 开头的数据进行回放，检查点检查资产名称，查看 JMeter 回放日志。
- 参数化的具体要求如下。

对系统预置的资产中资产名称以 ZCYL 开头的数据进行资产维修登记参数配置；资产名称参数名称为 value，使用 CSV 数据文件设置实现参数化。CSV 数据文件名称为 value.dat，输入 20 条资产信息值。CSV 数据文件名称为“资产名称参数化”。

检查资产名称，检查点参数名称为 title，使用 CSV 数据文件设置实现参数化。CSV 数据文件名称为 title.dat，输入 20 条资产信息值。CSV 数据文件名称为“检查点参数化”。

脚本二的回放及参数化设置如下。

- 对系统预置的资产中资产名称以 ZCHF 开头的数据进行回放；检查点检查资产名称，查看 JMeter 回放日志。
- 参数化的具体要求如下。

对系统预置的资产中资产名称以 ZCYL 开头的数据进行报废登记参数配置，使用 CSV 数据文件设置实现参数化。CSV 数据文件名称为 zichan.dat，文件中含 value 和 title 两个字段，第一列为 value 值，第二列为 title 值，中间以逗号分隔；title 为资产名称，value 为资产名称对应的 value 值；输入 20 条资产 value 和 title 对应值。

报废登记资产名称进行参数化设置，参数名称为 value，使用 zichan.dat 参数化文件。

检查点中的资产名称进行参数化设置，参数名称为 title，使用 zichan.dat 参数化文件。

场景设置如下。

- 脚本修改：维修登记操作前添加思考时间，思考时间设置为随机延迟的最大时间 6 秒+固定延迟时间 5 秒。
- 脚本修改：报废登记操作前添加思考时间，思考时间设置为 7 秒固定延迟偏移+4 秒偏差。
- 资产维修业务设置虚拟用户数量 10，资产报废业务设置虚拟用户数量 6。
- 场景配置。

资产维修场景配置：取样器错误后停止测试；10 秒启动全部虚拟用户，循环次数为 20 次。

资产报废场景配置：取样器错误后停止测试；6 秒启动全部虚拟用户，循环次数为 10 次。

- 使用非 GUI 模式运行。

③ 测试脚本及结果。

按照要求将测试脚本和结果截图并粘贴至对应的位置。

- 维修登记思考时间如图 8-13 所示。

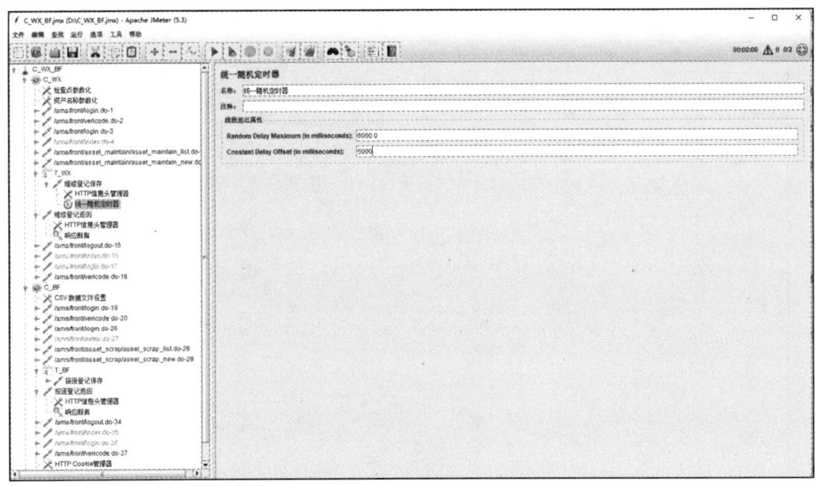

图 8-13　维修登记思考时间

- 报废登记思考时间如图 8-14 所示。
- 维修登记场景设计如图 8-15 所示。
- 报废登记场景设计如图 8-16 所示。

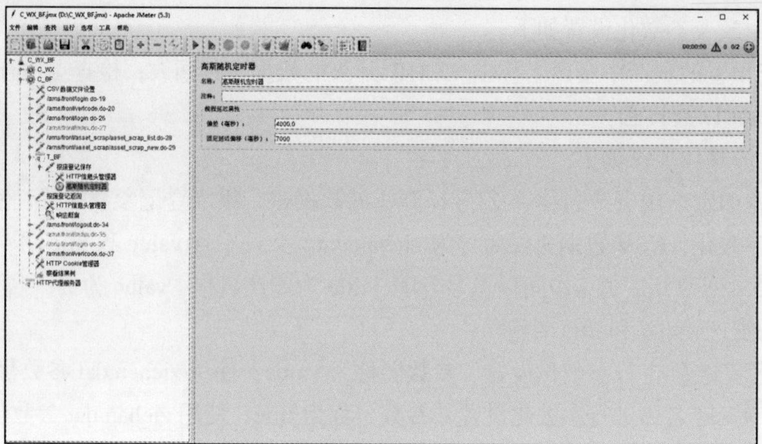
图 8-14　报废登记思考时间

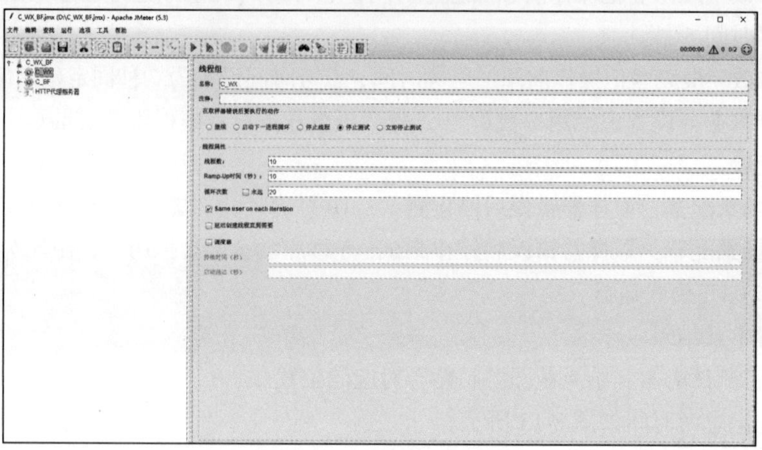
图 8-15　维修登记场景设计

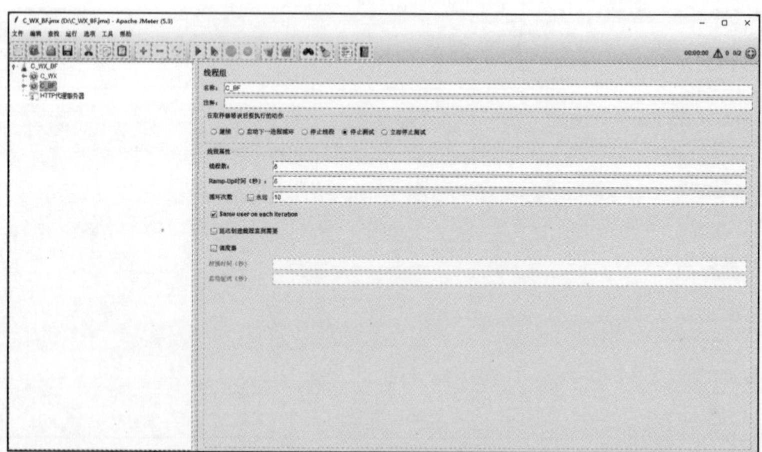
图 8-16　报废登记场景设计

- 非 GUI 运行窗口如图 8-17 所示。
- Dashboard-Statistics 如图 8-18 所示。
- Transactions Per Second 如图 8-19 所示。

```
Windows PowerShell
安装最新的 PowerShell，了解新功能和改进！https://aka.ms/PSWindows

PS D:\软件\apache-jmeter-5.3\bin> jmeter -n -t d:\C_WX_BF.jmx -l d:\jmt\zuoy.jtl -e -o d:\jmt\zuoy
Creating summariser <summary>
Created the tree successfully using d:\C_WX_BF.jmx
Starting standalone test @ Sun Apr 23 10:27:19 CST 2023 (1682216839024)
Waiting for possible Shutdown/StopTestNow/HeapDump/ThreadDump message on port 4445
Warning: Nashorn engine is planned to be removed from a future JDK release
summary +    126 in 00:00:11 =   11.6/s Avg:    11 Min:     1 Max:    81 Err:     0 (0.00%) Active: 16 Started: 16 Finis
hed: 0
summary +    540 in 00:00:31 =   17.6/s Avg:    11 Min:     1 Max:    70 Err:     0 (0.00%) Active: 16 Started: 16 Finis
hed: 0
summary =    666 in 00:00:42 =   16.0/s Avg:    11 Min:     1 Max:    81 Err:     0 (0.00%)
summary +    566 in 00:00:31 =   18.3/s Avg:    12 Min:     1 Max:   134 Err:     0 (0.00%) Active: 14 Started: 16 Finis
hed: 2
summary =   1232 in 00:01:12 =   17.0/s Avg:    11 Min:     1 Max:   134 Err:     0 (0.00%)
summary +    345 in 00:00:30 =   11.6/s Avg:     9 Min:     1 Max:    97 Err:     0 (0.00%) Active: 11 Started: 16 Finis
hed: 5
summary =   1577 in 00:01:42 =   15.5/s Avg:    11 Min:     1 Max:   134 Err:     0 (0.00%)
summary +    364 in 00:00:29 =   12.7/s Avg:     9 Min:     1 Max:    64 Err:     0 (0.00%) Active: 10 Started: 16 Finis
hed: 6
summary =   1941 in 00:02:11 =   14.8/s Avg:    11 Min:     1 Max:   134 Err:     0 (0.00%)
summary +    327 in 00:00:32 =   10.1/s Avg:     8 Min:     0 Max:    24 Err:     0 (0.00%) Active: 7 Started: 16 Finish
ed: 9
summary =   2268 in 00:02:43 =   13.9/s Avg:    10 Min:     0 Max:   134 Err:     0 (0.00%)
summary +     72 in 00:00:16 =    4.5/s Avg:     9 Min:     2 Max:    21 Err:     0 (0.00%) Active: 0 Started: 16 Finish
ed: 16
summary =   2340 in 00:02:59 =   13.1/s Avg:    10 Min:     0 Max:   134 Err:     0 (0.00%)
Tidying up ...    @ Sun Apr 23 10:30:18 CST 2023 (1682217018508)
... end of run
```

图 8-17　非 GUI 运行窗口

Statistics

Requests	Executions			Response Times (ms)							Throughput	Network (KB/sec)	
Label	#Samples	KO	Error %	Average	Min	Max	Median	90th pct	95th pct	99th pct	Transactions/s	Received	Sent
Total	2340	0	0.00%	8.71	0	134	9.00	14.00	19.00	55.59	21.44	42.29	15.91
/ams/front/asset_maintain/asset_maintain_list.do-5	200	0	0.00%	9.78	3	23	11.00	13.00	13.95	22.98	1.17	3.81	1.48
/ams/front/asset_maintain/asset_maintain_list.do-5-0	200	0	0.00%	2.35	0	18	2.00	3.00	5.00	7.97	1.17	0.38	0.71
/ams/front/asset_maintain/asset_maintain_list.do-5-1	200	0	0.00%	7.36	2	17	9.00	10.00	10.00	15.00	1.17	3.22	0.75
/ams/front/asset_maintain/asset_maintain_new.do-6	200	0	0.00%	2.18	0	7	2.00	3.00	3.00	4.99	1.17	0.30	0.53
/ams/front/asset_scrap/asset_scrap_list.do-28	60	0	0.00%	10.65	3	18	14.00	16.00	16.00	18.00	0.65	2.78	0.42
/ams/front/asset_scrap/asset_scrap_new.do-29	60	0	0.00%	25.90	3	48	34.50	38.90	40.95	48.00	0.65	2.40	0.32
/ams/front/login.do-1	200	0	0.00%	8.66	2	41	9.00	10.00	11.00	21.91	1.17	5.22	0.79
/ams/front/login.do-3	200	0	0.00%	7.69	3	15	8.00	10.90	11.00	13.00	1.17	3.27	0.80
/ams/front/login.do-18	60	0	0.00%	8.13	2	40	8.00	11.00	13.90	40.00	0.66	1.75	0.46
/ams/front/login.do-26	60	0	0.00%	15.93	5	23	19.00	22.00	22.95	23.00	0.65	1.52	1.14
/ams/front/login.do-26-0	60	0	0.00%	8.62	2	12	10.50	11.90	12.00	12.00	0.66	0.21	0.58
/ams/front/login.do-26-1	60	0	0.00%	7.22	3	12	8.00	11.00	11.00	12.00	0.66	1.30	0.55
/ams/front/logout.do-15	200	0	0.00%	10.74	3	30	12.00	15.00	15.00	26.97	1.17	3.60	1.15
/ams/front/logout.do-15-0	200	0	0.00%	2.41	0	14	2.00	3.00	3.00	13.94	1.17	0.30	0.54
/ams/front/logout.do-15-1	200	0	0.00%	8.23	2	34	9.00	10.00	10.00	15.99	1.17	3.21	0.61
/ams/front/logout.do-34	60	0	0.00%	17.02	6	62	20.00	22.00	22.00	62.00	0.62	2.09	1.11
/ams/front/logout.do-34-0	60	0	0.00%	6.59	2	21	8.00	9.00	9.00	21.00	0.62	0.17	0.32
/ams/front/logout.do-34-1	60	0	0.00%	2.22	0	10	2.00	3.00	3.00	10.00	0.62	0.28	0.37
/ams/front/logout.do-34-2	60	0	0.00%	7.05	2	21	9.00	10.00	10.00	21.00	0.62	1.65	0.42
/ams/front/vericode.do-2	200	0	0.00%	8.78	2	30	10.00	11.90	12.00	13.86	1.17	2.42	0.63
/ams/front/vericode.do-19	200	0	0.00%	9.09	2	14	10.00	11.00	13.00	13.99	1.17	2.42	0.63
/ams/front/vericode.do-26	60	0	0.00%	7.75	2	11	10.00	10.90	11.00	11.00	0.65	1.30	0.38
/ams/front/vericode.do-37	60	0	0.00%	7.48	2	11	9.00	11.00	11.00	11.00	0.62	1.29	0.37
T_BF	60	0	0.00%	59.32	18	134	57.50	70.50	96.60	134.00	0.65	0.11	0.46
T_WX	200	0	0.00%	4.59	3	13	4.60	5.00	6.00	9.99	1.17	0.30	0.67
报废登记保存	60	0	0.00%	59.32	18	134	57.50	70.90	95.85	134.00	0.62	0.11	0.43
报废登记添加	60	0	0.00%	17.70	3	42	19.00	24.90	40.25	42.00	0.62	2.66	0.33
维修登记保存	200	0	0.00%	4.66	3	13	4.50	5.00	6.00	9.98	1.17	0.30	0.37
维修登记添加	200	0	0.00%	13.01	3	23	13.00	15.90	19.90	21.00	1.17	3.60	1.57
维修登记添加-0	200	0	0.00%	3.04	1	6	3.00	4.00	4.00	4.80	1.17	0.33	0.61
维修登记添加-1	200	0	0.00%	9.58	2	19	10.00	12.00	15.00	18.00	1.17	3.21	0.76

图 8-18　Dashboard-Statistics

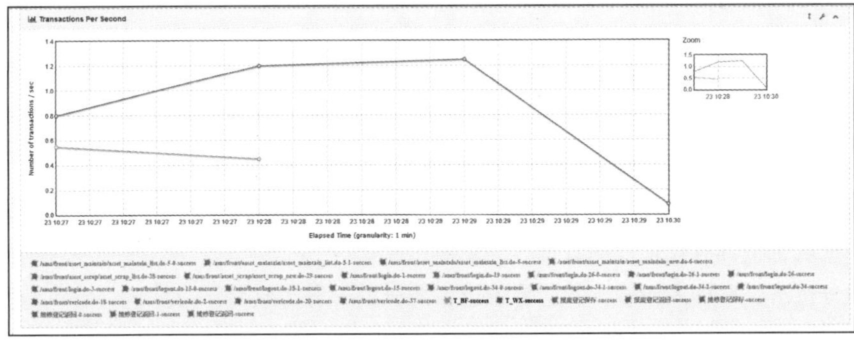

图 8-19　Transactions Per Second

【测试总结】

实际上，规范的软件测试项目管理要求在测试的每个阶段都有相应的测试总结，并且测试软件的每个版本时也有相应的测试总结。但由于软件成本、类别、开发企业规模等方面的差异，并不是所有项目都能完整地进行各个阶段的测试并进行测试总结。但完成测试后，对整个项目的测试工作做回顾总结是必不可少的，总结的主要目的是不断提升软件质量，提升企业软件开发效能等。测试总结无严格的格式、字数限制，不同的企业、不同类型的软件或不同的项目测试总结报告格式略有差异，但基本组成要素大同小异。

以下是资产管理系统完成系统测试后撰写的测试总结报告，可作为其他项目测试总结报告撰写的参考。

1. 测试概述

（1）项目背景。

随着网络技术和信息化技术的飞速发展，事业单位及企业迫切地需要对资产进行数字化、网络化管理，计算机软件的使用使资产便于查询、易于管理，可以提高资产管理的准确性，进而提高管理效率。

（2）编写目的。

本测试总结报告为资产管理系统测试总结报告，目的是总结各个测试阶段的测试情况，为软件质量的评价提供依据。

2. 测试结果文档

①《测试计划》。
②《功能测试用例》。
③《功能测试 Bug 缺陷报告》。
④《自动化测试报告》。
⑤《性能测试报告》。
⑥《接口测试报告》。
⑦《测试总结》。

3. 测试设计

（1）功能测试方法设计介绍。

设计测试用例的方法有等价类划分法、边界值分析法等。

等价类划分法：把所有可能的输入数据（即程序的输入）划分成若干部分（子集），然后从每一个子集中选取少量具有代表性的数据作为测试用例。

边界值分析法：对输入或输出的边界值进行测试的一种黑盒测试方法。

一般，我们在设计测试用例的时候，需要将等价类划分法和边界值分析法结合起来使用。

（2）自动化测试方法设计介绍。

使用自动化测试工具 Selenium 对页面元素进行识别定位，编写自动化脚本、执行脚本，模拟用户在网页上进行操作。

（3）性能测试方法设计介绍。

使用性能测试工具 LoadRunner、JMeter 录制脚本、回放脚本、配置参数、设置场景、执行脚本，模拟用户的并发等场景，检验系统的性能。

（4）接口测试方法设计介绍。

使用接口测试工具 Postman 编写脚本、回放脚本、配置参数、设置场景、执行脚本，模拟客户端向服务器发送请求。

4. 测试回顾

（1）功能测试过程回顾。

本次功能测试共设计测试用例 2114 个，所有测试用例均执行，其中通过了 1983 个测试用例，本次功能测试用例的通过率为 93.8%。

（2）自动化测试过程回顾。

本次自动化测试设计的所有测试用例均执行且全部测试通过，通过率为 100%。

（3）性能测试过程回顾。

本次性能测试使用 LoadRunner 和 JMeter 进行脚本录制、脚本设置、测试回放、设置场景、执行测试、分析结果。

（4）接口测试过程回顾。

本次接口测试设计的所有测试用例均执行且全部测试通过，通过率为 100%。

5. 测试用例汇总

测试用例汇总如表 8-13 所示。

表 8-13　　测试用例汇总

设备端	功能模块	测试用例数（个）	测试用例编写人	执行人
Web	报废方式	87	李四	李四
Web	部门管理	72	李四	李四
Web	存放地点	87	李四	李四
Web	登录	16	李四	李四
Web	个人信息	12	王五	王五
Web	供应商	167	王五	王五
Web	品牌	80	王五	王五
Web	取得方式	80	王五	王五
Web	人员管理	121	李四	李四
Web	设备用途	87	李四	李四
Web	首页	3	李四	李四
Web	资产报废	195	李四	李四
Web	资产报废审批	45	王五	王五
Web	资产查询统计	48	王五	王五
Web	资产借还	75	王五	王五
Web	资产类别	80	王五	王五
Web	资产盘点	302	李四	李四
Web	资产入库	70	李四	李四
Web	资产申购	195	李四	李四
Web	资产申购审批	45	李四	李四
Web	资产维修	98	王五	王五
Web	资产信息维护	87	王五	王五
Web	资产转移	62	王五	王五
测试用例合计（个）		2114		

6. Bug 汇总

Bug 汇总如表 8-14 所示。

表 8-14　　Bug 汇总

设备端	功能模块	Bug 严重程度划分/个						Bug 类型划分/个			
		严重	很高	高	中	低	合计	功能	UI	建议性	合计
Web	部门管理	5	0	2	6	0	13	9	2	2	13
Web	存放地点	0	1	4	6	1	12	8	2	2	12
Web	登录	0	0	2	0	0	2	2	0	0	2
Web	个人信息	0	0	0	3	0	3	2	1	0	3
Web	供应商	0	0	4	5	1	10	8	1	1	10
Web	品牌	0	0	1	2	2	5	4	1	0	5
Web	取得方式	0	3	4	6	1	14	11	1	2	14
Web	人员管理	4	1	0	0	2	7	5	0	2	7
Web	资产查询统计	0	0	3	0	0	3	3	0	0	3
Web	资产报废	0	0	6	2	1	9	4	5	0	9
Web	资产借还	0	0	5	0	3	8	5	3	0	8
Web	资产类别	0	0	3	3	2	8	5	2	1	8
Web	资产盘点	0	0	6	1	1	8	6	2	0	8
Web	资产入库	0	1	5	0	3	9	6	3	0	9
Web	资产申购	0	0	2	1	1	4	2	2	0	4
Web	资产维修	0	0	5	0	3	8	6	2	0	8
Web	资产转移	0	0	6	0	2	8	6	2	0	8
合计（个）		9	6	58	35	23	131	92	29	10	131

7. 测试结论

（1）功能测试。

对系统进行功能测试，覆盖 27 个模块，设计测试用例 2114 个，发现 Bug 131 个。

主流浏览器中主要为功能相关的 Bug，界面相关问题较少。

（2）自动化测试。

根据自动化测试要求设计的测试用例全部通过，没有发现 Bug。

（3）性能测试。

通过对系统进行性能测试，系统的平均响应时间、并发用户数、吞吐率等达到系统要求。

（4）接口测试。

根据接口测试要求设计的测试用例全部通过，没有发现 Bug。

对系统功能测试、自动化测试、性能测试和接口测试的结果进行分析，得知系统功能较完善，实现了需求说明书中所描述的各项功能，符合上线的要求。